国家出版基金项目
NATIONAL PUBLICATION FOUNDATION

"十四五"时期国家重点出版物出版专项规划项目
新一代人工智能理论、技术及应用丛书

智能文本输入技术

史元春 易 鑫 喻 纯 王运涛 著

科学出版社
北 京

内 容 简 介

文本输入是最基本的人机交互任务，新型自然交互接口上的文本输入难题是如何在低信噪比的输入数据上实现高准确度的智能推理。本书提出的自然交互意图贝叶斯推理框架，关联起意图表达的心理模型、动作模型和意图模型，可实现小数据样本上可解释的、高准确率的意图推理，能够大幅提升文本输入效率，并可泛化到手势等自然动作交互接口上。本书全面系统介绍了点击行为建模方法、离散与连续输入信号的意图推理方法，涉及在触屏、穿戴等多种终端上的智能输入法，内容新颖，兼具学术性和实践性，是作者的多年研究总结，其中多项技术已经成功实现到手机、眼镜等终端产品上，技术性能国际领先。

本书作为系统全面展示智能文本输入技术的专著，对输入性能优化、新型用户终端接口设计实现的研发人员和人机交互研究的师生，具有很高的参考价值。

图书在版编目（CIP）数据

智能文本输入技术 / 史元春等著. --北京：科学出版社，2024.12. --（新一代人工智能理论、技术及应用丛书）. --ISBN 978-7-03-080651-2

Ⅰ. TP391.14

中国国家版本馆 CIP 数据核字第 2024VL7844 号

责任编辑：孙伯元 / 责任校对：崔向琳
责任印制：赵　博 / 封面设计：陈　敬

科　学　出　版　社　出版
北京东黄城根北街 16 号
邮政编码：100717
http://www.sciencep.com

北京中科印刷有限公司印刷
科学出版社发行　各地新华书店经销
*

2024 年 12 月第　一　版　开本：720×1000　1/16
2025 年 3 月第二次印刷　印张：14 1/2
字数：290 000

定价：150.00 元
（如有印装质量问题，我社负责调换）

"新一代人工智能理论、技术及应用丛书"序

科学技术发展的历史就是一部不断模拟和扩展人类能力的历史。按照人类能力复杂的程度和科技发展成熟的程度,科学技术最早聚焦于模拟和扩展人类的体质能力,这就是从古代就启动的材料科学技术。在此基础上,模拟和扩展人类的体力能力是近代才蓬勃兴起的能量科学技术。有了上述的成就做基础,科学技术便进展到模拟和扩展人类的智力能力。这便是 20 世纪中叶迅速崛起的现代信息科学技术,包括它的高端产物——智能科学技术。

人工智能,是以自然智能(特别是人类智能)为原型、以扩展人类的智能为目的、以相关的现代科学技术为手段而发展起来的一门科学技术。这是有史以来科学技术最高级、最复杂、最精彩、最有意义的篇章。人工智能对于人类进步和人类社会发展的重要性,已是不言而喻。

有鉴于此,世界各主要国家都高度重视人工智能的发展,纷纷把发展人工智能作为战略国策。越来越多的国家也在陆续跟进。可以预料,人工智能的发展和应用必将成为推动世界发展和改变世界面貌的世纪大潮。

我国的人工智能研究与应用,已经获得可喜的发展与长足的进步:涌现了一批具有世界水平的理论研究成果,造就了一批朝气蓬勃的龙头企业,培育了大批富有创新意识和创新能力的人才,实现了越来越多的实际应用,为公众提供了越来越好、越来越多的人工智能惠益。我国的人工智能事业正在开足马力,向世界强国的目标努力奋进。

"新一代人工智能理论、技术及应用丛书"是科学出版社在长期跟踪我国科技发展前沿、广泛征求专家意见的基础上,经过长期考察、反复论证后组织出版的。人工智能是众多学科交叉互促的结晶,因此丛书高度重视与人工智能紧密交叉的相关学科的优秀研究成果,包括脑神经科学、认知科学、信息科学、逻辑科学、数学、人文科学、人类学、社会学和相关哲学等学科的研究成果。特别鼓励创造性的研究成果,着重出版我国的人工智能创新著作,同时介绍一些优秀的国外人工智能成果。

尤其值得注意的是,我们所处的时代是工业时代向信息时代转变的时代,也是传统科学向信息科学转变的时代,是传统科学的科学观和方法论向信息科学的科学观和方法论转变的时代。因此,丛书将以极大的热情期待与欢迎具有开创性的跨越时代的科学研究成果。

　　"新一代人工智能理论、技术及应用丛书"是一个开放的出版平台，将长期为我国人工智能的发展提供交流平台和出版服务。我们相信，这个正在朝着"两个一百年"奋斗目标奋力前进的英雄时代，必将是一个人才辈出百业繁荣的时代。

　　希望这套丛书的出版，能给我国一代又一代科技工作者不断为人工智能的发展做出引领性的积极贡献带来一些启迪和帮助。

李衍达

前　　言

文本输入是人机交互中最基本的任务之一，是人向计算机表达交互意图和传递交互指令的重要方式。文本输入指用户通过特定的交互接口，向计算机输入文字、符号等信号的过程。当前，文本输入的主要方式包括语音输入、手写输入和键盘输入（含物理键盘、软键盘、虚拟键盘等）。

近 20 年来，智能手机和可穿戴设备（如智能手表、虚拟现实/增强现实眼镜）等新型终端逐渐普及，更加丰富了人机交互的场景和方式。随着大语言模型应用的不断推出，文本作为提示词（prompt）的主要承载形态，其输入效率与便利性将更加深远地影响到人与计算机的关系。然而，与传统的物理键盘、鼠标相比，新型终端上的交互接口在交互效率上面临诸多挑战，主要表现为输入信噪比降低和输出信道（生理反馈）受限。比如，在触摸屏上，由于缺少物理键盘的触觉反馈，用户需要将视觉注意力频繁地在手指的输入区域和文本的显示区域之间切换。相比物理键盘，这反而使输入速度降低，也更难实现盲打的体验。

为了解决智能终端上的文本输入效率问题，工业界一直在研发具有自动纠错能力的输入法技术，在用户偶然敲错按键时，对输入结果进行纠错。然而，这种方式依赖用户输入的熟练度、输入纠错能力弱，还无法满足新型自然交互的需求，如何实现兼顾交互自然性和高效性的文本输入技术，成为研究者关注的问题。

为了实现这一目标，需要为文本输入算法赋予"智能"，使其具有更加灵活和准确的输入推理能力。

本书结合作者在人机交互领域多年的研究工作，针对智能文本输入这一主题的相关概念和前沿技术进行了系统的介绍。内容围绕自然交互意图的贝叶斯推理引擎和计算框架，涵盖了文本输入中的点击行为建模、离散输入信号的意图推理方法、连续输入信号的意图推理方法，以及文本输入技术的扩展与应用等方面，并通过对触屏软键盘、空中虚拟键盘、虚拟/增强现实等典型交互接口上的文本输入应用样例进行介绍和分析，阐述如何针对具体的交互接口设计实现智能文本输入技术。该技术框架下实现的文本输入技术可在低信噪比的输入数据上大幅提升输入准确率，并显著提升输入速度。本书内容全面新颖，学术性强，结构合理清晰，是作者多年研究成果的总结，多项技术成果已经成功实现到手机、眼镜等终端产品上,具有国际领先的技术性能。本书对文本输入性能优化、新型用户终端输入接口的设计实现,具有很强的理论指导价值。本书共 12 章,具体内容如下。

第 1 章介绍文本输入研究的背景和基础知识,包括自然人机界面上的文本输入接口的演变、经典的贝叶斯输入意图推理方法,以及对文本输入技术的常见评测方法等。

第 2~4 章针对文本输入中的点击行为建模这一重要方法进行介绍,探讨不同的界面和输入方式对其影响。文本输入过程是由人逐一输入字符来实现的,在广泛应用的触摸屏上,由于触觉反馈的缺失,人们难以像在物理键盘上一样进行快速、准确的按键点击。因而,对人们的点击行为进行建模,有助于智能文本输入算法拟合和补偿人的行为偏差,从而实现更高效、准确的输入。

第 5~8 章介绍针对离散输入信号的意图推理方法,以及其使能的不同输入方式。其中离散输入是人们生活中最熟悉的文本输入方式,其特点是用户输入每个字符时,其传感信号是离散的。例如,在触摸屏上点击按键时,输入信号为不同位置的点击事件,手指在不同按键间的移动过程并不会产生屏幕上的触摸信号。离散输入信号的特点是其对输入进行了分割,能较为准确地判断输入的字符数量。但缺失了部分移动行为信息,因此,给输入意图推理带来了挑战。

第 9~11 章介绍针对连续输入信号的意图推理方法,以及其使能的不同输入方式。连续输入信号广泛存在于新型交互接口上,如悬空操作、可穿戴设备传感等。其特点是用户的完整输入行为都能被传感和记录,但挑战是需要对“点击”行为和“移动”行为进行准确的区分。

第 12 章对本书所介绍的方法在更广泛的人机交互任务中的推广性以及在实际商业产品中的应用价值进行讨论。

为便于阅读,本书提供部分彩图的电子版文件,读者可自行扫描前言二维码查阅。

由于作者水平有限,书中难免有不妥或疏漏之处,恳请读者批评指正。

部分彩图二维码

目　　录

"新一代人工智能理论、技术及应用丛书"序

前言

第1章　绪论 ·· 1

1.1　自然人机界面的发展 ······························· 1

1.2　文本输入接口的演变 ······························· 3

1.3　文本输入中的意图推理：贝叶斯方法 ··············· 6

1.4　文本输入技术的评测方法 ··························· 9

1.4.1　评测实验中的任务集 ························· 10

1.4.2　优化混淆度的评测任务集 ····················· 10

参考文献 ·· 18

第2章　点击行为连续时空运动特征建模 ··················· 21

2.1　针对平面触摸行为的FTM模型 ······················ 21

2.1.1　FTM模型的理论推导与计算 ···················· 22

2.1.2　FTM模型的拟合性能 ·························· 29

2.2　针对空中点击行为的多指关联运动模型 ·············· 35

2.2.1　模型参数测量实验 ·························· 35

2.2.2　模型参数测量实验结果 ······················ 38

参考文献 ·· 42

第3章　触摸落点分布统计模型 ··························· 46

3.1　超小尺寸全键盘上的打字模式测量实验 ·············· 47

3.2　打字模式测量实验结果 ····························· 49

3.3　高精度贝叶斯算法的输入效果验证 ·················· 56

3.4　不同设备上的输入效果一致性验证 ·················· 60

参考文献 ·· 64

第4章　视觉反馈对输入行为的影响机制 ··················· 67

4.1　利用余光输入的触摸模型测量实验 ·················· 70

4.2　贝叶斯算法输入性能模拟 ··························· 74

4.3　利用余光输入的性能测试实验 ······················ 75

4.4　GlanceType：在余光打字中支持直视输入 ············ 79

4.5　真实输入任务中的性能评测实验 ……………………………………… 80

4.6　本章小结 ………………………………………………………………… 83

参考文献 ……………………………………………………………………… 83

第5章　盲式拇指输入中的一阶贝叶斯方法 …………………………… 86

5.1　无视觉反馈的输入数据采集实验 ……………………………………… 87

5.2　无视觉打字的键盘模型 ………………………………………………… 90

5.2.1　无视觉打字的心理模型 …………………………………………… 90

5.2.2　从打字数据中生成用户键盘 ……………………………………… 91

5.2.3　从用户打字数据中拟合用户键盘 ………………………………… 92

5.3　无视觉打字的输入意图识别算法 ……………………………………… 95

5.4　通用算法输入性能评测实验 …………………………………………… 99

5.5　个性化算法的输入性能评测实验 …………………………………… 103

参考文献 …………………………………………………………………… 106

第6章　十指盲打输入中的一阶贝叶斯方法 ………………………… 108

6.1　键盘模型拟合问题的定义 …………………………………………… 109

6.1.1　键盘模型 ………………………………………………………… 109

6.1.2　问题的简化 ……………………………………………………… 110

6.1.3　键盘模型参数的估计 …………………………………………… 111

6.1.4　键盘模型与按键模型 …………………………………………… 111

6.2　十指盲打行为分析实验 ……………………………………………… 112

6.3　文本输入意图识别算法 ……………………………………………… 118

6.4　输入性能评估实验 …………………………………………………… 122

6.5　本章小结 ……………………………………………………………… 125

参考文献 …………………………………………………………………… 126

第7章　面向帕金森病患者的防误触文本输入 ……………………… 128

7.1　帕金森病患者的输入行为建模 ……………………………………… 129

7.2　松弛贝叶斯算法 ……………………………………………………… 135

7.3　输入性能评测实验 …………………………………………………… 137

7.4　本章小结 ……………………………………………………………… 141

参考文献 …………………………………………………………………… 142

第8章　面向视障用户的自适应文本输入 …………………………… 145

8.1　VIPBoard 的设计 ……………………………………………………… 146

8.2　触摸模型测量实验 …………………………………………………… 149

8.3　输入性能评估实验 …………………………………………………… 151

8.4　本章小结 ……………………………………………………………… 157

参考文献 ·· 157

第9章　间接手势输入中的轨迹补偿方法 ······················ 159

9.1　确定键盘区域的形状 ·································· 160

9.1.1　阶段1：运动空间形状 ························· 160

9.1.2　阶段2：评测不同的键盘形状 ··················· 161

9.2　建模间接手势输入行为特征 ···························· 165

9.3　补偿第一落点的不精确性 ······························ 170

9.4　间接触摸手势输入性能评测 ···························· 172

参考文献 ·· 179

第10章　空中裸手十指盲打 ································· 182

10.1　ATK：空中十指盲打输入技术 ······················ 182

10.2　输入效果评测实验 ·································· 186

参考文献 ·· 190

第11章　基于智能指环的泛在表面十指盲打 ····················· 192

11.1　基于FTM模型的触摸检测 ·························· 193

11.1.1　触摸检测算法 ····························· 193

11.1.2　触摸检测算法性能评测 ······················· 195

11.2　智能打字指环的交互设计 ···························· 197

11.3　智能打字指环的解码器设计 ·························· 200

11.3.1　建立打字行为数据集 ························· 200

11.3.2　智能打字指环单词解码算法 ··················· 203

11.4　文本输入性能评测实验 ······························ 206

11.4.1　评测实验介绍 ····························· 206

11.4.2　智能打字指环的评测结果 ····················· 207

11.4.3　与手机打字速度进行比较 ····················· 211

参考文献 ·· 212

第12章　讨论与总结 ····································· 214

12.1　扩展为自然交互意图的贝叶斯推理引擎 ·················· 214

12.2　关键方法和技术验证 ································ 216

第1章 绪 论

1.1 自然人机界面的发展

人机界面(human computer interface，HCI)是人与计算机之间传递、交换信息的桥梁，在人机交互中承担着沟通人的交互意图与机器的控制指令之间的媒介角色。在过去的几十年，人机界面经历了从命令行界面(command-line interface，CLI)到图形用户界面(graphical user interface，GUI)两个主要发展阶段的演变(图 1-1(a)和图 1-1(b))。在命令行界面上，用户使用键盘按照一定的规则输入字符，以形成可供机器识别的命令和参数，并触发计算机进行执行。其优点是键盘的设计符合人体工学、有相对较高的输入正确率，以及几乎不需要冗余的操作，所以熟练的用户可以达到非常高的交互效率，同时，通过规则的设计，命令行界面也能支持丰富灵活的指令形式。但是，命令行界面的缺点在于交互凭记忆、不直观，由于机器命令与自然语言的构造规则往往相去甚远，所以用户需要记忆大量的指令，有时甚至需要具备计算机领域的专业知识和技能，才能达到较高的使用效率。这对于新手和普通用户而言学习成本很大，也显著影响了普通用户使用命令行界面时的体验。

为了改进这一问题，自 20 世纪 70 年代起，研究者提出了图形用户界面的新范式，即图形用户界面将命令和数据以图形的方式展示给用户，用户以所见即所得(what you see is what you get, WYSIWYG)的方式与显示的界面元素进行交互。图形用户界面一般包括窗口(window)、图标(icon)、菜单(menu)和指针(pointer)四类主要的交互元素。用户通过控制指针来对窗口、图标和菜单等显示元素进行指点(pointing)操作，从而完成交互任务。广义的图形用户界面泛指一切用图形表征程序命令和数据的界面系统，但在狭义上，图形用户界面一般指个人计算机(personal computer，PC)上的二维 WIMP 界面。此时，用户与界面交互的设备一般是键盘和鼠标。图形用户界面的一大优势是摆脱了抽象的命令，利用人们与物理世界交互(点选、打开、拖动等)的经验来与计算机交互，显著降低了用户的学习和认知成本。然而，图形用户界面的基本操作是指点，即用户需要使用指针来选择交互目标，因而其往往对用户指点操作的精度有较高的要求。在人机交互研究中，已有无数的工作验证了人在精确运动中的速度-精度制约关系[1]，因此，对精度的要求往往限制了用户在该界面上的交互效率。此外，由于鼠标设备所在的控制域与界面呈现的显示域是分离的，用户需要对目标进行间接的交互操作，这增加了一定的交互难度。

近二十年，人机界面的发展越来越强调交互的自然性，即用户的交互行为与其生理和认知的习惯相吻合，随之出现的主要的交互界面形式为触摸交互界面和三维交互界面(图 1-1(c)和图 1-1(d))。在触摸交互界面上，用户通过手指在屏幕上直接操作显示的交互内容。触摸交互界面一般包括页面(page)、控件(widget)、图标(icon)和手势(gesture)四类主要的交互元素[2]，用户不再需要操控鼠标甚至笔这样的交互工具，直接用手指，通过触摸、长按、拖拽等手势动作操控手指接触的目标，或者通过绘制手势的方式触发交互指令。目前，触摸界面主要存在于智能手机和可穿戴设备(如智能手表)等设备上。触摸交互界面的优势是充分利用了人们触摸物理世界中物体的经验，将间接的交互操作转化为直接的交互操作，从而在保留了一部分触觉反馈的同时，进一步降低了用户的学习和认知成本。然而，触摸操作受困于著名的"胖手指问题"[3]，即由于手指本身较目标尺寸通常更大且柔软，以及手指点击时对于屏幕显示内容的遮挡，在触摸屏上点击时往往难以精确地控制落点的位置，输入信号的粒度远远低于交互元素的响应粒度。同时，触摸交互界面的形态仍然为二维界面，这限制了一些与三维交互元素的交互操作。

(a) 命令行界面　　　　　　　　(b) 图形用户界面

(c) 触摸交互界面　　　　　　　　(d) 三维交互界面

图 1-1　人机界面的发展

三维交互界面的出现进一步提升了人机界面的自然性。在三维交互界面中，用户一般通过身体(如手部或身体关节)做出一些动作(如空中的指点行为，或者肢体的运动轨迹等)，以与三维空间中的界面元素进行交互，计算机通过捕捉用户的动作并进行意图推理，以触发对应的交互功能。目前，三维交互界面主要存在于体感交互、虚拟现实、增强现实等交互场景中。三维交互界面的优势是进一步突破了二维交互界面的限制，将交互扩展到三维空间中。因此，用户可以按照与物理世界中相同的交互方式，与虚拟的三维物体进行交互，从而进一步提升交互自然度，降低学习成本。不过，三维交互的挑战在于由于完全缺乏触觉反馈，用户动作行为中的噪声相对较大，而且交互动作与身体的自然运动较难区分，因而输入信号的信噪比相对较低，较难进行交互意图的准确推理，限制了交互输入的准确度。此外，由于相对于图形用户界面和触摸交互界面，动作交互的幅度一般较大，所以交互的效率也较低，更容易让用户感到疲劳。同时，由于动作与命令之间的映射关系在空间对象操控之外的交互语义往往是不明确的，实际上也存在认知和记忆成本上的问题。

表 1-1 汇总比较了几种交互界面的特点，可以看出，随着交互界面的演变，交互的自然性逐渐提高，但由于交互接口尺寸的限制和触觉等反馈信道的受限，输入的精度和交互效率反而逐渐降低。这种交互自然性和高效性之间的制约关系，成为人机交互研究中的难题，如何在两者之间取得兼顾和平衡，是具有重要理论和实践意义的研究问题。

表 1-1 几种交互界面的特点

交互界面	交互接口尺寸	触觉反馈	输入精度	交互效率	自然性
命令行界面	大	有	高	高	低
图形用户界面	大	有	中	中	中
触摸交互界面	小	部分	较低	较低	较高
三维交互界面	大	无	低	低	较高

1.2 文本输入接口的演变

文本输入指人通过人机界面向计算机输入文本信息的过程，是人表达交互意图和输入交互命令最主要的方式之一，也是最基本的人机交互任务之一。其中，文本信息往往包括字母、数字、符号等。当前，文本输入的主要方式包括语音输入、手写输入和键盘输入(含物理键盘、软键盘、虚拟键盘等)。

语音输入时，系统根据用户说出的语音信号识别输入的文本，其优势在于可以在手无法进行输入的场景(如拎着东西时)下实现文本输入。然而，语音输入的挑战在于现在的语音输入技术识别正确率有限，特别是在输入环境有噪声时问题尤其明显，这要求用户必须清晰、大声、慢速地说出文本。此外，在一些特定的场景(如开会时)中，语音在社交礼仪上也并不适合用于文本输入，因此，目前语音输入技术(如 Apple Siri)还没有成为非常主流的文本输入方式。

手写输入时，用户使用手指或触控笔在界面上写出希望输入的字符的形状，计算机基于形状识别的方法推理输入的符号。手写输入的优势在于利用了人们在物理世界中书写符号的经验，学习成本较低，但其劣势在于需要逐个字符进行书写，因而输入效率很低。

在生活中，计算机上历史悠久和最广为使用的文本输入方式是键盘输入。键盘由一系列按照规则排布的按键组成，每个按键对应于一个或多个字符，用户通过点击按键来输入对应的字符。键盘的种类主要包括物理键盘(physical keyboard)、软键盘(soft keyboard)和虚拟键盘(virtual keyboard)三种，其中，物理键盘的按键为机械或电路形式，用户一般通过十指盲打来进行输入；软键盘往往显示在显示器或触摸屏上，用户通过鼠标点击或手指触摸进行输入；而虚拟键盘不提供实体的键盘布局，用户更多凭借对按键位置的认知经验和肌肉记忆进行文本输入。对应于不同的输入设计目标，键盘的布局有非常多的变体(图 1-2)，其中，最常见的为 QWERTY 布局，该布局从传统的打字机按键布局继承而来，目的是将连续的字母搭配分别拆分到左右手。此外，还有专门针对法语输入的 AZERTY 布局、针对中文输入的 T9 布局等。与语音输入和手写输入相比，键盘输入的优势是，一般情况下，输入一个字符只需要一次击键操作，而且用户可以使用多指盲打的方式进一步提升输入速度，所以熟练用户可以达到非常高的输入速度。而且，数量众多的按键提供了非常丰富的输入字符集。但是，其缺点在于为了达到熟练使用需要较长时间的练习。此外，在一些输入精度不高的交互界面(如触摸屏)上，用户击键行为的正确率也不高。

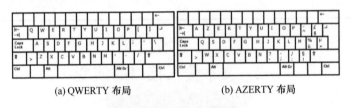

(a) QWERTY 布局   (b) AZERTY 布局

(c) T9 布局

图 1-2   几种不同的键盘布局

与前面提到的人机界面的发展相对应，键盘接口的形态也在不断发生改变(图 1-3)。在命令行界面和图形用户界面上，文本输入的主要接口是物理键盘，其优势是具有丰富的触觉反馈，因而击键的正确率很高。此外，用户往往同时使用十个手指进行盲打，因而每个手指的移动距离很短，输入的速度也很快。研究显示，普通用户在物理键盘上平均能达到 60～100 单词/分钟(words per minute，WPM)的输入速度[4]。

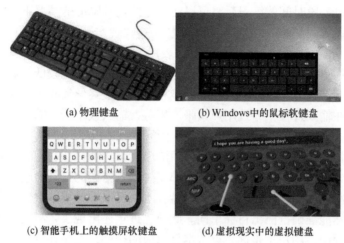

(a) 物理键盘　　　　　　　　(b) Windows中的鼠标软键盘

(c) 智能手机上的触摸屏软键盘　　　　(d) 虚拟现实中的虚拟键盘

图 1-3　不同的键盘接口形态

为了解决物理键盘不可用时的文本输入需求，人们提出了软键盘的概念，即在屏幕上显示一个键盘的布局，用户使用鼠标点击键盘上的按键来输入字符。然而，由于无法进行双手盲打，而只能由一个鼠标来依次点击不同按键，所以鼠标运动的距离相对较长。此外，由于鼠标需要准确点击每个按键，考虑到人运动中的速度-精度制约[1]，所以输入的速度十分缓慢。

随着触摸交互界面的出现，人们开始将软键盘的技术转移到触摸屏上，即在触摸屏上显示键盘的布局，用户通过手指触摸的方式点击按键从而输入字符。如今，绝大部分的智能手机都支持软键盘文本输入，研究显示，人在智能手机软键盘上的输入速度能达到物理键盘的近一半(30～40WPM)[5]。然而，受限于触摸交互的"胖手指问题"，在触摸屏软键盘上的击键行为无法像在物理键盘和鼠标软键盘上那样精确，特别是在一些尺寸较小的键盘上(如智能手表)，输入的信噪比更低，造成了大量的输入错误。同时，触摸屏上的误触(如在触摸桌面上的手掌误触[6]，以及单手操作手机时的手掌大鱼际误触等)也构成了输入错误的一部分，对文本输入中的意图推理提出了挑战。

近年来，伴随着虚拟现实和增强现实等三维交互界面的发展，虚拟键盘文本输入技术逐渐进入人们的视野。该类技术通过显示一个键盘的布局，模拟出一个空中的虚拟键盘，用户通过手部运动或控制器控制光标的位置，在键盘上进行按键选择操作。然而，这种通过光标选择的交互方式需要用户进行刻意的瞄准和确认动作，与人们在现实世界中物理键盘上的输入行为习惯并不一致，因而输入体验不够自然。而且这种键盘往往没有或只有非常弱的输入纠错功能，于是为了保证输入的精度，用户不得不仔细瞄准，从而难以达到较高的输入速度。

需要指出的是，传统的文本输入往往通过物理键盘或较大尺寸的软键盘来实现。用户经过一段时间的练习后，可以在一定的视觉瞄准的情况下，实现基本无错误的文本输入。然而，在可穿戴设备、虚拟/增强现实等新一代自然交互场景中，用户往往面临着交互接口尺寸小(智能手表)、缺乏触觉反馈(三维空中交互)等挑战，这使得用户难以保证输入的准确性，输入信号的信噪比较低。此时，传统的无纠错功能的文本输入技术输入正确率显著下降，最终导致其无法完成文本输入任务，或者在输入过程中导致用户紧张、疲劳，输入效率低，输入体验差。

为了解决这一难题，研究者和业界逐渐开始探索从有噪声的文本输入信号中推理输入意图的方法，并提出了一些实用的技术。例如，在桌面电脑上，Apple Pages 和 Microsoft Word 等文本编辑器都支持输入错误的自动纠正，在智能手机上，搜狗输入法、Google Keyboard 等键盘技术都可以在触摸落点位置发生小幅度偏移时，仍然能准确推测出目标单词。此外，近年还出现了"滑动输入"键盘，即在输入过程中，用户不是逐一点击字母对应的按键，而是在键盘上画出一条连续的轨迹依次穿过这些字母，从而一次性输入整个单词。这些允许用户进行非精准的文本输入的方法在实践中获得了很大的成功，显著提升了在对应场景下的文本输入体验。

然而，目前的技术仍然具有两方面的限制：①这些商业技术的输入纠错能力参差不齐，而其内部算法都不对外公开，因而难以对它们进行完整的评测和对比，或者较难基于它们的结果推动研究领域的发展；②已有技术多是针对物理键盘和触摸屏软键盘的输入接口，以及用户输入状态而设计。新一代的自然人机界面带来了接口尺寸极小、缺乏触觉反馈等新的挑战，要求算法有更加强大的纠错能力。此外，用户在快速、放松的输入状态下，输入噪声也会进一步增大，这些都对输入纠错算法的能力提出了新的挑战。本书针对自然文本输入中的意图推理问题进行研究，特别地，针对键盘输入这一最常见的输入接口，研究可适用于更低输入信噪比情况的意图推理方法，具有明确的理论意义和实用价值。

1.3　文本输入中的意图推理：贝叶斯方法

在进行文本输入意图推理时，在研究和实践中最常用的方法是 Goodman 等[7]提出的经典统计解码方法，其本质是贝叶斯方法。该方法体现为一个概率模型，它预先维护一个包含所有合法单词的词库，在输入过程中，将用户的输入视为一个包含噪声的随机信号，并在给定该信号的前提下，计算词库中每个单词的似然度，并且将那些似然度最高的单词作为输入纠错结果。我们形式化地定义文本输

入的意图推理问题为: 设 I 是输入信号的序列, W 是词库中的任意一个候选单词, 需要寻找的是使 $P(W|I)$ 最大的 W。根据贝叶斯公式, 有

$$P(W|I) = \frac{P(I|W) \times P(W)}{P(I)} \tag{1-1}$$

由于在输入预测时, $P(I)$ 对于每个 W 都是相同的, 不会对不同单词的似然度相对大小产生影响, 因而在计算时可以将它约去, 得到

$$P(W|I) \propto P(I|W) \times P(W) \tag{1-2}$$

在研究中, 将 $P(W)$ 称为语言模型(language model), 其量化了不同单词出现的概率。在实际应用中, 这个概率值可以利用多种不同的模型进行估计, 如 N 元词频或基于神经网络的语言模型等。$P(W|I)$ 称为点击模型(touch model), 其量化了用户的输入信号中的噪声。可以看出, 该贝叶斯方法同时考虑了用户输入行为的规律和语言本身的信息, 从而能得到较好的输入意图推理效果。该算法已经被证明在很多智能键盘技术中都有效[8-11]。

值得注意的是, 经典的贝叶斯方法针对的都是触摸屏软键盘输入接口, 此时, I 为一系列触点的二维坐标。在实践中, 很多键盘算法假设用户在输入时不会产生多输、漏输、交换等错误[8,9], 因而输入落点和目标字符之间可以建立确定性的一一映射关系。进一步地, 人们常常假设落点之间是相互独立的。在这种情况下, 可以将计算进行简化, 得到

$$P(I|W) = \prod_{i=1}^{n} P(I_i | W_i) \tag{1-3}$$

其中, n 是输入落点的数量。

此时, $P(I|W)$ 的计算就分解为对每次落点独立计算概率, 并将结果相乘。虽然这些假设限制了算法只能解决一部分的输入错误, 但在一些对应场景下的效果仍然是可以接受的。

自然文本输入任务中, 贝叶斯算法在解决意图推理问题上有如下三点天然的优势。

(1) 贝叶斯方法比较适合输入数据种类丰富且输入信息之间相关性较强时的推理任务。在自然文本输入中, 随着交互界面的升级和交互接口的多样化, 人在交互中产生的输入信息呈现出多通道信号融合的趋势(如综合利用视觉传感、声音传感、电容传感等信号)。此时, 多种输入信号之间的相关性为贝叶斯方法提供了天然的推理条件。而且, 贝叶斯方法的计算结果具有清晰的概率意义, 可以很容易与语言模型等模块, 或者其他输入信道(如加速度计[10])相结合, 以进一步提升特定情况下的文本输入性能。

(2) 新的输入接口往往带来新的交互挑战, 此时已有的算法难以达到令人满

意的效果。因此，在新技术出现的初期，研究者只能在实验室进行小样本(几十名被试)的用户实验，并基于采集的用户数据进行算法的设计和优化。而贝叶斯方法引入了先验概率，可以有效地在训练数据量较少的情况下仍然保持比较好的推理效果。

(3) 贝叶斯方法的计算结果依赖于对人输入行为的建模和对语言信息的建模，这两者分别描述了人本质的运动能力和语言本身的结构，从而可以在保持计算方法一致性的前提下，在不同的交互接口之间方便推广。

基于以上分析，本书将贝叶斯方法作为自然文本输入中意图推理的主要方法进行研究。具体而言，我们将面向多种输入接口，从提升基本贝叶斯方法的计算精度、面向不确定性输入映射扩展计算方法以及扩充算法先验知识方面优化文本输入中现有的贝叶斯方法，进而提升自然文本输入的交互性能。此外，我们还将基于贝叶斯方法的思想，提出文本输入测试集的优化方法，以完善技术的评测环节。

本书可以将智能算法分为如下三类。

(1) 黑盒子(如隐变量机器学习类方法)：这一类算法不需要大量的人力建模，但强烈地依赖于训练数据。在拥有大量覆盖所有应用情况的数据的条件下，其具有良好的拟合效果，否则效果较差。另外，其训练数据需要大量的人工标注，实际应用中有困难。

(2) 白盒子(如决策树方法)：这一类算法来源于人们对客观规律的数学建模，具有较强的推广性。在实践中，往往只需要基于少量的数据确定模型参数即可。但是，客观规律模型的建立需要耗费人力。

(3) 灰盒子(如贝叶斯方法)：这一类算法结合上述两者的特点，通过概率统计方法将人的知识引入到算法模型中，对于无法确定的变量、关系，通过黑盒子的方法来完成。其同时具有对规律的可解释性和对数据的忠诚性。

相比于更加直接的模板匹配类方法，以及更加复杂的机器学习类方法，作为"灰盒子"的贝叶斯方法具有两者融合的优势。

一方面，其对训练数据的规模要求较小，可以在样本量不多时就产生较好的结果。而与之对比，机器学习类方法需要大量的训练数据以实现较好的效果，模板匹配类方法也由于建模过于简单而容易受样本噪声等因素的影响。与之对比，贝叶斯方法在给出单一的分类或回归结果之外，还能计算出结果的置信度，因而对于移动、可穿戴这些交互行为模糊、数据包含噪声的场景，贝叶斯方法对交互意图的推断有着更加丰富的适用性。

另一方面，得益于贝叶斯方法中的人工建模，可以在一定程度上把握意图推理问题的核心规律。因而，其模型参数往往具有直接的概率或物理意义，参数的取值也更容易从数据中通过统计等简单方法获得。在个性化和迁移到不同场景等需求中，用户的数据往往具有某一类似的特性，但随着时间的变化或在不同的场景中，在具体数值上有一定的差别。在这种情况下，隐变量类机器学习类方法在选定模型结构后，其训练结果完全由训练数据决定，因而针对新交互情境下的交互行为，往往难以通过参数的微调实现模型的迁移，而需要重新训练，从而带来可观的人力和计算开销。而与之对比，贝叶斯方法可以在保持核心建模不变的前提下，通过参数的动态调整得到适应于新用户或新场景的模型。

贝叶斯方法虽然具有如上优势，但其本身仍然具有一定的适用范围和局限性。

如上所述，贝叶斯方法的优势在特定的交互环境中才有明显的体现，如移动、可穿戴环境等。在这些环境下，用户的交互行为数据往往具有模糊性，且常常包含噪声。例如，在空中利用手势交互时，不同手势之间常常具有一定的相似性，因此难以根据数据进行确定的分类。在触摸屏文本输入中，人们点击单个按键时常常产生偏差，而贝叶斯方法可以将每次点击的不确定度量化，进而利用整个输入过程的信息推测目标单词。但是，对于判断用户的输入状态等任务而言，贝叶斯方法的效果就会受到限制。例如，若要判断用户是否睡着、手机的握持姿势、用户的身份区分等，系统可能针对不同的情境有着不同的行为，此时就无法通过贝叶斯方法来进行概率化的判断，而需要使用机器学习等方法来进行更准确的确定性判断。

另外，贝叶斯方法需要人工建模，因而其受限于人对问题本质的把握能力，模型的复杂度也是有限的。与此对应，贝叶斯方法更适用于推理相对浅层的交互意图，如眼睛的焦点位置、文本输入的目标单词等，而相对深层的交互意图则难以被人工建模来描述，如推断认知模型、预测未来交互行为等。此外，基于图像等相对复杂的输入信号，人们往往也需要利用更高维度的模型来进行意图推理，此时，机器学习类方法就可以发挥对应的优势。

1.4 文本输入技术的评测方法

与其他人机交互领域的研究工作类似，在评测文本输入技术的效果时，一种广为使用的方法是通过文本输入实验招募被试，并要求他们输入一些任务句子，同时测量输入速度和正确率。必要时，还会同时让用户采用其他文本输入技术完成文本输入任务，从而对不同技术的输入性能进行对比。给定任务句子的抄写任务的一个好处是强化了评测结果的内部效度。首先，所有被试输入的是同样的文本，所以能消除被试们输入各不相同的文本时带来的差别。其次，抄写任务不要求被试自己构思一些东西来输入，从而减少了思考时间对输入速度带来的差异。最后，同样的任务使得结果更加可重复，而且也使得不同文本输入技术之间的比较更加方便。

　　然而，抄写任务的缺点是评测结果的外部效度较低，即由于实验中使用的任务句子数量很有限，在这些任务上测量得到的结果很难被推广到真实的使用场景下。在文本输入实验中，内部效度和外部效度的制约已经被很多研究者广泛讨论过[12-16]。

1.4.1　评测实验中的任务集

　　为了对已有研究工作中使用的测试集有一个整体了解，本书分析了 2003～2016 年所有发表在 CHI(ACM Conference on Human Factors in Computing Systems)和 UIST(ACM Symposium on User Interface Software and Technology)两大顶级会议上的、在输入评测中使用 MacKenzie 短语集[12]的论文。一共统计了 44 篇论文，63 个不同的用户实验。很一致地，所有的论文都使用随机抽样的方法来从中获得评测用的测试集。我们特别关注的问题有：每个实验的平均被试数，以及每个被试和每个条件下测试的平均句子数，其中条件是实验的最小单元(如环节或模块)。

　　图 1-4(a)展示了被试数量，图 1-4(b)展示了每个条件和被试的测试句子数，两项指标都大致符合高斯分布。一个实验中的平均被试数为 14.1(标准差=8.5，中位数=12)。每个条件和被试的平均测试句子数为 28.3(标准差=18.0，中位数=24)。此外，这两项指标的分布几乎相互独立，线性拟合的 R^2 仅为 0.01。因此，对于合并所有被试的分析而言，大约每个条件会测试 14×28=392 个句子。对于用户独立的分析，大约每个条件和被试会测试 28 个句子。

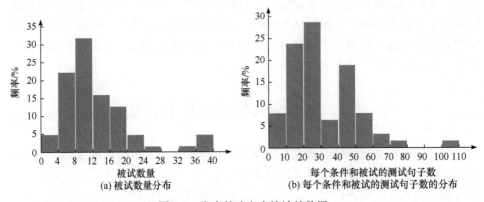

图 1-4　发表的论文中统计的数据

1.4.2　优化混淆度的评测任务集

　　在选取评测实验所用的句子时，研究者提出了一些抽样的准则，以保证抽样出的测试集真实反映了目标语言的特征。例如，测试集上的二元字母频率应能代表目标语言[17]，以及测试集句子的可记忆性应该被最大化[14]。我们认为，目标语言的单词混淆度也应该在测试集中有所体现。单词混淆度量化了在用户的输入存在噪声时，一个单词在键盘上与其他单词混淆的难易程度。或者换句话说，在键盘上正确输入一个单词的难度。例如，"in"常常被错输入成"on"，因为字母"i"和"o"在键盘上彼此距离很近，而且"in"和"on"都是非常高频的单词。与之对比，"plus"就很容易输入正确，因为没有很容易与它混淆的干扰项。

在研究中，一些研究者已经注意和提出了单词混淆度的概念[18-20]。然而，他们都没有将计算结果解释为直接的概率意义。此外，也没人正式地研究单词混淆度对文本输入评测结果的影响。因此，在"直觉"之外，研究中几乎没有关于单词混淆度的定量结果，研究者想用这方面的知识来改进文本输入评测方法也十分困难。

计算单词混淆度时的一个关键概念是单词之间的"距离"。已有工作常常根据键盘布局上单词之间的空间距离来计算[20]。与之类似，本书将两个单词之间的距离定义为

$$\mathrm{dis}(A, B) = \frac{1}{S_{\mathrm{key}}^2} \times \sum_{i=1}^{n} \| A_i - B_i \|_2^2 \tag{1-4}$$

其中，A 和 B 是两个长度都是 n 的单词；A_i 和 B_i 分别是 A 和 B 的第 i 个字母键中心的二维位置；$\|\cdot\|_2$ 表示欧氏范式；S_{key} 是按键的尺寸，用于指标的归一化。

假设用户在输入目标单词时的落点数量总是正确的，我们仅仅考虑长度相等的单词对。$\mathrm{dis}(A, B)$ 越小，代表 A 和 B 在键盘上的位置越相近，因而就更容易与彼此相混淆。

有了单词之间的距离定义之后，进一步按照已有工作[20]定义单词 W 的混淆度，即

$$\mathrm{clarity}(W) = \min_{x \in L(n)-W} \mathrm{dis}(W, X) \tag{1-5}$$

其中，n 为 W 的长度；$L(n)$ 为词典中所有长度为 n 的单词的集合。

在式(1-5)中，$\mathrm{clarity}(W)$ 可以被解释为 W 和词典中所有其他长度相等的单词之间的最小距离。混淆度越小，那么 W 就越容易与其他单词混淆。特别地，如果 W 是 $L(n)$ 中唯一的单词，那么定义 $\mathrm{clarity}(W)$ 为无穷大，因为此时没有其他的单词可能与 W 相混淆。

值得注意的是，Smith 等[20]也提出了一个计算单词距离的公式：

$$\mathrm{dis}(A, B) = \frac{1}{n} \times \sum_{i=1}^{n} \| A_i - B_i \|_2 \tag{1-6}$$

然而，式(1-4)和式(1-6)之间有两处重要的不同：①相对于使用欧氏范式计算，

本书使用了欧氏范式的平方，与之对应，使用 S_{key} 根据键盘尺寸对计算结果进行归一化；②本书没有将结果根据单词的长度(n)归一化。

下面，证明这种修改可以使得计算的结果具有更加明确的概率解释。设 λ 为用户希望输入单词 A，但产生的输入落点实际上对应单词 B 的概率。我们现在可以这样计算 λ，即

$$\lambda = \prod_{i=1}^{n} P(B_i \mid A_i) \tag{1-7}$$

其中，n 是 A 和 B 的长度。

在触摸屏软键盘上，研究者广泛认为落点分布符合二维高斯分布[5,7,21]。为了计算简单，假设高斯分布在 X 和 Y 方向上的标准差是相等的，因此

$$P(B_i|A_i) = \frac{1}{2\pi\sigma^2} \exp\left\{ -\frac{1}{2\sigma^2} \left[(B_{i,x} - A_{i,x})^2 + (B_{i,y} - A_{i,y})^2 \right] \right\} \tag{1-8}$$

结合式(1-7)和式(1-8)，有

$$\lambda = \left(\frac{1}{2\pi\sigma^2} \right)^n \exp\left(-\frac{1}{2\sigma^2} \| A_i - B_i \|_2^2 \right) \tag{1-9}$$

结合式(1-4)和式(1-9)，可以发现，通过使用欧氏范式的平方，本书对于"距离"的定义描述了用户的输入信号产生混淆的概率。本质上，这里的平方形式反映了用户输入中的二维高斯噪声。根据对称性，当 A 和 B 彼此交换时，计算结果也是不变的。最终，通过除以 S_{key}^2 项，根据键盘尺寸对距离进行归一化，使结果在不同尺寸的键盘上是一致的。

为了得到优化混淆度的评测任务集，聚焦在通过选择"合适的"句子来优化抄写任务的外部效度。将测试集的抽样问题形式化地定义为：设 S 是用于进行文本输入实验的良好候选句子(在本章中为 MacKenzie 短语集[12])，需要寻找 S 的最优子集(称为 $\hat{S}$)使得其在一些特征上是最能代表目标语言(如英语)的。本章中使用处理后的 Enron Corpus[22]来近似描述英语的特征(称为 U)。

在为文本输入实验选取测试集时，可记忆性和代表性是被研究者广为接受的两类指标[12-14,16]。在抄写任务中，句子需要容易记忆，以最小化被试额外的认知处理时间的差别，这一点十分重要。同时，由于速度和正确率是文本输入实验中最重要的评测指标，所以希望在 $\hat{S}$ 上测量得到的智能键盘的输入速度和正确率能代表其在 U 上的效果。

已经证明了测试集的混淆度会影响测量的输入速度和正确率。此外，二元字母频率已经被广泛用于预测输入速度[19,23-25]和设计有代表性的测试集[13,17]。研究者常常将运动效率 $\overline{MT}$ 计算为所有的字母对(二元字母)的 Fitts 法则[1]运动时间 $T_{i,j}$

按照语言模型中的二元字母频率 $P_{i,j}$ 加权求和的结果，即

$$\overline{\text{MT}} = \sum_i \sum_j P_{i,j} \times T_{i,j} \tag{1-10}$$

其中

$$T_{i,j} = a + b\log_2\left(\frac{A_{i,j}}{S_{\text{key}}} + 1\right) \tag{1-11}$$

$A_{i,j}$ 是按键 i 和 j 之间的距离；S_{key} 是按键的尺寸；a 和 b 是与输入接口相关的系数。

基于这些事实，将"代表性"的定义具体为单词混淆度和二元字母频率。此外，将抽样的句子的可记忆性作为第三个指标。现在，我们讨论这些指标的计算细节。

1. 单词混淆度指标

基于 Kolmogorov-Smirnov(K-S)测试[26]来衡量 $\hat{S}$ 和 U 中的单词混淆度的分布的相似度。K-S 测试是统计中比较两个样本分布时一种广为使用的非参数测试，它对于待分析的变量分布不做出任何假设，因而可应用在广泛的场景中。定义一个新指标 $D(\hat{S},U)$ 来量化 $\hat{S}$ 和 U 上单词混淆度分布的差别，计算方法为

$$D(\hat{S},U) = \sup_t \left| F_{\hat{S}}(t) - F_U(t) \right| \tag{1-12}$$

其中

$$F_U(t) = \frac{1}{n}\sum_{i=1}^{n} 1\{x_i \leqslant t\}, \quad x_i \in U \tag{1-13}$$

在式(1-13)中，n 是 U 的大小，$F_U(t)$ 是一个分段函数，描述了 x 的累积频率。即对于任何一个 t 值，$F_U(t)$ 代表了 U 中小于等于 t 的样本的比例。在式(1-12)中，$F_{\hat{S}}(t) - F_U(t)$ 量化了 $\hat{S}$ 相对于 U 的整体混淆度。该值越小，那么 $\hat{S}$ 相对于 U 就越简单。例如，在前一个实验中，简单、中等和困难的该数值分别为-0.29、-0.17 和 0.29。与之对应，三个测试集的 $D(\hat{S},U)$ 分别是 0.29、0.17 和 0.29。

图 1-5 示意了 $D(S_1,S_2)$ 的计算方法(点线和实线分别对应于测试集 S_1 和 S_2 的经验分布函数，黑色箭头的长度对应于 $D(S_1,S_2)$，该指标可以被解释为两个经验分布函数之间的最大竖直距离。很容易看出，$D(S_1,S_2) \in [0,1]$。只有当两个分布相等时，$D(S_1,S_2) = 0$，以及只有当两个分布的范围没有相交时，$D(S_1,S_2) = 1$。S 相对于 U 越有代表性，那么 $D(S,U)$ 就越接近 0。

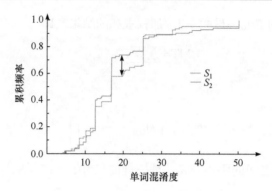

图 1-5　单词混淆度指标的示意图

2. 二元字母频率指标

二元字母频率表是一个 26×26 的表格，描述了在词库上统计出的每个二元字母组的概率。为了定量描述 $\hat{S}$ 和 U 上的二元字母频率表的相似性，采用 Paek 等[17] 提出的方法，将代表性计算为

$$D(\hat{S}\|U) = \sum_{x,y \in \chi} p_{\hat{S}}(x,y)\log_2 \frac{p_{\hat{S}}(x,y)}{p_U(x,y)} \tag{1-14}$$

其中，x 是 26 个英文字母的集合；$p_{\hat{S}}(x,y)$ 和 $p_U(x,y)$ 分别是 $\hat{S}$ 和 U 中二元组 xy 的概率；$D(\hat{S}\|U)$ 可以被解释为相对熵，或者两个概率分布之间的 K-L 散度，$D(\hat{S}\|U)$ 永远是非负的，而且只有在两个二元字母频率表完全相等时才会等于 0。S 相对于 U 越有代表性，相对熵就越接近 0。

3. 可记忆性指标

很多研究强调了在设计测试集时考虑可记忆性的必要性[12-14,16]。Leiva 等[14] 发现，单个句子 $\hat{S}_i$ 的可记忆性可以被计算为

$$\text{CER}(\hat{S}_i) = -11.65 + 0.83 \cdot \text{Nw} + 0.48 \cdot \text{SDchr} + 6.94 \cdot \text{OOV} - 1.00 \cdot \text{LProb} \tag{1-15}$$

其中，Nw 是句子中单词的数量；SDchr 是每个单词中字母数量的标准差；OOV 是低频单词的比例；LProb 是在 U 上计算得到的这个句子的概率。

将 $\hat{S}$ 的整体可记忆性计算为 $\hat{S}$ 中所有句子可记忆性的均值，即

$$\text{Mem}(\hat{S}) = \frac{1}{N}\sum_{i=1}^{N}\text{CER}(\hat{S}_i) \tag{1-16}$$

其中，N 是 $\hat{S}$ 中句子的数量；$\hat{S}_i$ 是 $\hat{S}$ 中第 i 个句子。$\text{Mem}(\hat{S})$ 越小，那么记住 $\hat{S}$ 中

的句子就越容易。

为了合理地为这三项指标加权，通过优化估计每个指标可能的最小值和最大值，然后对每个指标以线性的方式进行归一化，使得最差的得分对应于 0.0，最好的得分对应于 1.0。如 Paek 等[17]所报告的，测试集的规模会影响其特征的取值，所以选择四种不同的测试集规模：20、40、80 和 160，并且为不同规模的测试集分别建立归一化系统。

本章使用一种结合模拟退火和最近邻搜索的优化方法。对于 $D(\hat{S}, U)$ 和 $D(\hat{S} \| U)$ 分别进行了 20 轮的优化，每一轮以一个随机的测试集作为起点，算法运行 2000 个温度，每个温度迭代 500 次。对于 $\mathrm{Mem}(\hat{S})$，很容易从理论上计算出最小值和最大值，分别是选择最容易/最难记忆的句子得到。优化得到的结果展示在表 1-2 中。

表 1-2 用于归一化的指标范围

测试集规模	单词混淆度指标		二元字母频率指标		可记忆性指标	
	min	max	min	max	min	max
20	0.011	0.435	0.259	1.820	−0.853	4.513
40	0.007	0.392	0.130	1.295	−0.482	4.204
80	0.004	0.321	0.072	0.879	−0.056	3.780
160	0.002	0.260	0.049	0.552	0.427	3.274

通过进行帕累托优化来解测试集抽样这个多目标优化问题，该方法近期被成功地用于优化键盘布局[19,20]和键盘算法[27]。在这个方法中，我们计算一系列的最优测试集，这一系列的测试集共同构成了帕累托面。面上的每个测试集称为帕累托最优，代表无法在不损失其他指标的情况下，提升它的任一指标。不是帕累托最优的解称为被支配，表示至少存在一个帕累托最优解，在各方面指标上都不差于它。分析帕累托最优解可以揭示出多个优化目标之间的制约关系。此外，帕累托集合提供了一个广大范围的最优解，使得研究者可以选择最符合他们特定需求的解。

帕累托优化过程与已有工作中[20,27]的类似，包含三个步骤：①指标归一化；②帕累托面初始化；③帕累托面扩展。在第一阶段，使用表 1-2 中的归一化系统作为每个指标可能的最小值和最大值。在第二阶段中，为三项指标的线性组合均匀选取了 49 种不同的权重，并在每个组合中运行了 4(尺寸)×20(轮)×3000(温度)×1000(迭代)=2.4×10^8 次迭代。在第三个阶段中，进行 500 轮扩展来填充帕累托面。

图 1-6 展示了不同测试集规模对应的三维帕累托面，浅灰色的点表示在不同平面上的投影。随着规模的增加，帕累托面分别包含 3420、6973、21247 和 57292

个测试集，这些是从超过 $1.1×10^{10}$ 个候选测试集中选择而来。每个帕累托面都可以被看成一个三维的性能目标的设计空间，人们可以根据使用场景来从中具体选择。帕累托面上的每个测试集都对应于三个指标的某种权衡下的最优解，面上的每个测试集相比其他任何测试集，都至少在一个指标上更高。整体上，拥有更高混淆度得分、二元字母频率得分和可记忆性得分的测试集更可能有速度和正确率方面更高的外部效度，也更容易记忆。

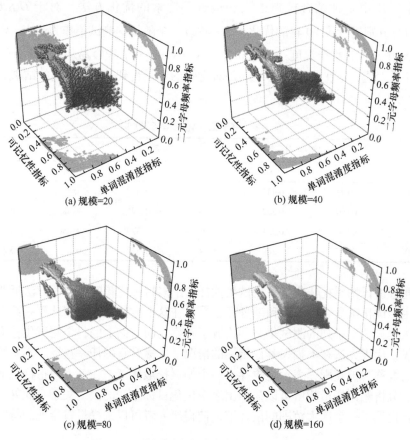

图 1-6　不同测试集规模对应的三维帕累托面

现在，重点分析在三个指标上大约达到均匀组合的测试集(三维帕累托面上与空间 45°线最接近的点)。如 Dunlop 等[19]和 Smith 等[20]所报告的，选择几个指标上大约相等的解是合适的，因为这样的解最可能适用于最广泛的用户需求。将每个测试集称为"T-规模"，其中"T"代表"三方面优化"，"规模"取值为 20、40、80 或 160。表 1-3 展示了这些三优化的测试集(最后三行表示已有工作中的测试集)，以及已有工作中的一些优化测试集的指标得分。我们将这些测试集和其他单优化、双优化的测试集结果公开发布在互联网上，以供研究者和设计者使用。

表 1-3 测试集指标得分的比较

测试集	规模	每句单词数	字母/单词	单词混淆度指标	二元字母频率指标	可记忆性指标
T-20	20	4.4	4.6	0.888	0.882	0.887
T-40	40	4.5	4.5	0.901	0.900	0.901
T-80	80	4.6	4.5	0.902	0.903	0.904
T-160	160	4.9	4.6	0.891	0.891	0.891
Enron-Mem1	40	5.4	3.9	0.767	0.697	0.710
Enron-Bi40	40	6.2	4.1	0.720	0.824	0.609
Enron-Mem_Bi	40	6.1	3.9	0.705	0.756	0.609

4. 指标间的制约

在图 1-6 中，帕累托面在三个平面上的投影都非常接近(1.0, 1.0)，表明这些指标几乎彼此是正交的。实际上，在表 1-3 中，四个三优化的测试集的指标得分都非常接近 0.90。这个发现非常令人鼓舞，因为它表明这三个指标可以被同时优化，而且随着测试集规模的变化，这个结论仍然保持一致。

5. 测试集规模的影响

有趣的是，整体而言，小规模的三优化测试集刚好是大规模三优化测试集的子集。表 1-4 展示了每两种测试集之间相同的句子数量。大致上，我们有 T-20⊂T-40 ⊂T-80⊂T-160。例如，T-40 中所有的 40 句话都在 T-80 中，T-80 中，77/80 的句子都在 T-160 中。因此，基于这些结果，人们可以很容易生成任意规模的近似三优化测试集。例如，为了得到 T-50，人们可以从 T-80 中选择 50 个句子，而不用从原始的 500 个句子中选择。

表 1-4 每两种测试集之间相同的句子数量

	T-20	T-40	T-80	T-160
T-20	—			
T-40	17	—		
T-80	19	40	—	
T-160	20	40	77	—

6. 与已有测试集的比较

为了更好地理解测试集在优化空间中的可能性，将本章结果与 Enron-Mobile 测试集[13]进行比较。表 1-3 展示了 Mem1、Bi40 和 Mem_Bi 测试集的得分。这三个测试集都由 Enron Corpus 中的 40 个句子组成，并且分别根据可记忆性、二元字母频率或者两者同时进行了优化。如表 1-3 所示，T-40 测试集相比于这三个测试集，在所有三个指标上都表现出了明显的优势。相信其关键的原因是我们在优化中考虑了更多的因素，以及优化过程更加详尽和系统。

同时，优化得到的测试集比随机抽样显示出了明显的优势。与随机抽样相比，三优化的测试集在混淆度、二元字母频率和可记忆性得分上分别高出了 6%、20% 和 80%，这会明显改善文本输入评测实验中测量的速度和正确率的外部效度。

参 考 文 献

[1] Fitts P M. The information capacity of the human motor system in controlling the amplitude of movement. Journal of Experimental Psychology, 1954, 47(6): 381-391.

[2] Wang F, Fan Q, Deng H, et al. PWIG-interactive paradigm of direct touch interaction. Advanced Materials Research, 2013, 765-767: 1722-1725.

[3] Albinsson P A, Zhai S M. High precision touch screen interaction//Proceedings of the SIGCHI Conference on Human Factors in Computing Systems, 2003: 105-112.

[4] Grudin J T. Error patterns in novice and skilled transcription typing//Cooper W E. Cognitive Aspects of Skilled Typewriting. New York: Springer, 1983: 121-143.

[5] Azenkot S, Zhai S M. Touch behavior with different postures on soft smartphone keyboards//Proceedings of the 14th International Conference on Human-Computer Interaction with Mobile Devices and Services, 2012: 251-260.

[6] Schwarz J, Xiao R, Mankoff J, et al. Probabilistic palm rejection using spatiotemporal touch features and iterative classification//Proceedings of the SIGCHI Conference on Human Factors in Computing Systems , 2014: 2009-2012.

[7] Goodman J, Venolia G, Steury K, et al. Language modeling for soft keyboards//Proceedings of the 7th International Conference on Intelligent User Interfaces, 2002: 194-195.

[8] Findlater L, Wobbrock J. Personalized input: Improving ten-finger touchscreen typing through automatic adaptation//Proceedings of the SIGCHI Conference on Human Factors in Computing Systems, 2012: 815-824.

[9] Goel M, Jansen A, Mandel T, et al. ContextType: Using hand posture information to improve mobile touch screen text entry//Proceedings of the SIGCHI Conference on Human Factors in Computing Systems, 2013: 2795-2798.

[10] Weir D, Pohl H, Rogers S, et al. Uncertain text entry on mobile devices//Proceedings of the SIGCHI Conference on Human Factors in Computing Systems, 2014: 2307-2316.

[11] Goel M, Jansen A, Mandel T, et al. ContextType: Using hand posture information to improve

mobile touch screen text entry//Proceedings of the SIGCHI Conference on Human Factors in Computing Systems, 2013: 2795-2798.

[12] MacKenzie I S, Soukoreff R W. Phrase sets for evaluating text entry techniques//CHI'03 Extended Abstracts on Human Factors in Computing Systems, 2003: 754-755.

[13] Vertanen K, Kristensson P O. A versatile dataset for text entry evaluations based on genuine mobile emails//Proceedings of the 13th International Conference on Human Computer Interaction with Mobile Devices and Services, 2011: 295-298.

[14] Leiva L A, Sanchis-Trilles G. Representatively memorable: Sampling the right phrase set to get the text entry experiment right//Proceedings of the SIGCHI Conference on Human Factors in Computing Systems, 2014: 1709-1712.

[15] Kristensson P O, Vertanen K. Performance comparisons of phrase sets and presentation styles for text entry evaluations//Proceedings of the 2012 ACM International Conference on Intelligent User Interfaces, 2012: 29-32.

[16] Sanchis-Trilles G, Leiva L A. A systematic comparison of 3 phrase sampling methods for text entry experiments in 10 languages//Proceedings of the 16th International Conference on Human-Computer Interaction with Mobile Devices & Services, 2014: 537-542.

[17] Paek T, Hsu B J P. Sampling representative phrase sets for text entry experiments: A procedure and public resource//Proceedings of the SIGCHI Conference on Human Factors in Computing Systems, 2011: 2477-2480.

[18] Kristensson P O, Zhai S M. Relaxing stylus typing precision by geometric pattern matching//Proceedings of the 10th International Conference on Intelligent User Interfaces, 2005: 151-158.

[19] Dunlop M, Levine J. Multidimensional Pareto optimization of touchscreen keyboards for speed, familiarity and improved spell checking//Proceedings of the SIGCHI Conference on Human Factors in Computing Systems, 2012: 2669-2678.

[20] Smith B A, Bi X J, Zhai S M. Optimizing touchscreen keyboards for gesture typing//Proceedings of the 33rd Annual ACM Conference on Human Factors in Computing Systems, 2015: 3365-3374.

[21] Fowler A, Partridge K, Chelba C, et al. Effects of language modeling and its personalization on touchscreen typing performance//Proceedings of the 33rd Annual ACM Conference on Human Factors in Computing Systems, 2015: 649-658.

[22] Klimt B, Yang Y. Introducing the Enron Corpus//First Conference on Email and Anti-Spam, Mountain View, 2004, 45: 92-96.

[23] Bi X J, Smith B A, Zhai S M. Quasi-qwerty soft keyboard optimization//Proceedings of the SIGCHI Conference on Human Factors in Computing Systems, 2010: 283-286.

[24] MacKenzie I S, Zhang S X, Soukoreff R W. Text entry using soft keyboards. Behaviour & Information Technology, 1999, 18(4): 235-244.

[25] Silfverberg M, MacKenzie I S, Korhonen P. Predicting text entry speed on mobile phones//Proceedings of the SIGCHI Conference on Human Factors in Computing Systems, 2000: 9-16.

[26] Massey F J. The Kolmogorov-Smirnov test for goodness of fit. Journal of the American Statistical Association, 1951, 46(253): 68-78.

[27] Bi X J, Ouyang T, Zhai S M. Both complete and correct? Multi-objective optimization of touchscreen keyboard//Proceedings of the SIGCHI Conference on Human Factors in Computing Systems, 2014: 2297-2306.

第 2 章 点击行为连续时空运动特征建模

文本输入由一次次的点击行为组成，因而，对于人类点击行为规律的理解，是实现高效、准确的文本输入的重要基础。而在一次典型的点击行为中，手指的运动并不是瞬间完成的，而是从自然状态开始运动，并按照某种特定的时间-空间特征完成，最终停止，恢复到自然状态。从传感器所检测到的信号来看，这一过程产生了一系列具有连续时空运动特征的信号序列。而对人点击行为的理解和建模，就是对这一信号中的连续时空特征进行量化和建模。具体而言，本章将针对触摸屏和空中交互这两类最典型和常见的手指点击交互界面，分别介绍针对其特定的时空运动特征的建模过程和结果。

2.1 针对平面触摸行为的 FTM 模型

触摸交互是自然人机交互的重要组成部分，是人主动控制手指触摸交互表面，通过点击、长按、滑动等手势向计算机输入信息的方式。触摸屏作为触摸交互的主要载体已问世数十年，然而，触摸交互在高效能、泛在性和防误触方面仍存在突出的挑战性问题：触摸检测的正确率应高于 99%，延迟应控制在 24ms 以内，以保障交互效率和避免人察觉到延迟[1]；在人机物融合的趋势下，需要研究如何在触摸屏之外的泛在表面(如桌面、墙面、人体等)支持触摸交互；在多指参与的触摸交互场景中，有意触摸和无意触碰混杂，只有从人的触摸意图层面出发，才有可能从根本解决误触问题。本章提出手指触摸运动 (finger touch movement, FTM)模型，揭示触摸发生前后极短时间内手指的运动规律，即手指位移、速度和加速度的时空运动轨迹。该模型为解决触摸交互在高效能、泛在性和防误触方面的挑战性问题提供了计算理论基础。

最优控制理论是数学最优化的分支，研究使动力控制系统的性能指标实现最优化的综合方法。自最优控制理论被提出以来[2]，该理论被广泛应用于空间技术[3]、运筹学[4]、经济调控[5,6]等重要领域。1985 年，Flash 等[7]指出，最优控制理论还可用于描述人的手部运动过程：人在组织手部运动时，大脑不会具体地控制肩关节和肘关节的旋转角度，而是将注意力集中在手掌，试图在规定时间内，最平稳地将手部从初始点移动到目标点。其中，"最平稳地"指的是急动度最小化，即人下意识地最小化手部运动急动度平方的积分：

$$\min \int_0^{t_1} \left(\left(\frac{\mathrm{d}^3 x(t)}{\mathrm{d}t^3} \right)^2 + \left(\frac{\mathrm{d}^3 y(t)}{\mathrm{d}t^3} \right)^2 + \left(\frac{\mathrm{d}^3 z(t)}{\mathrm{d}t^3} \right)^2 \right) \mathrm{d}t \tag{2-1}$$

其中，急动度是加速度对时间的导数；$x(t)$、$y(t)$ 和 $z(t)$ 是手部位置在直角坐标系三个轴上的分量随时间变化的函数。

受到这份研究的启发，通过实验验证发现，式 (2-1) 同样适用于作为手指触摸运动的约束条件，这就是本章提出的基于急动度最小化的 FTM 模型。

2.1.1　FTM 模型的理论推导与计算

1. FTM 模型的运动方程

FTM 模型是描述触摸发生前后极短时间内手指运动规律的模型，其运动方程是触摸运动中手指位置 x 与时间 t 关系的函数。FTM 模型的运动方程简称触摸运动方程。如图 2-1 所述，触摸交互中 2D 坐标精度问题已经被充分研究，更多的待解决问题来自触摸交互的效能、泛在性和防误触问题，因此，本章中的手指位置 x 只考虑手指在交互表面上的高度，而不考虑手指在交互表面上的 2D 坐标。触摸运动方程在时间轴上的起点是人产生触摸意图的瞬间 $t=0$，终点是人在心理上认为的触摸动作结束时间 $t=t_1$，这段时间内包含了手指接触交互表面的瞬间 $t = t_c$ $(0 < t_c < t_1)$。

为方便理解，此处引入无约束运动模型，该模型基于如图 2-1 所示的假想情形："若在触摸瞬间交互表面凭空消失，人会在规定时间 t_1 内，最平稳地将手指从初始点 x_0 移动到目标点 x_1"。其中，"最平稳地"指的是最优控制理论对肢体运动的约束(式(2-1))，在此约束下解得无约束运动模型的方程为

$$x(\tau) = x_0 + (x_1 - x_0)\left(6\tau^5 - 15\tau^4 + 10\tau^3\right) \tag{2-2}$$

其中，$\tau = t / t_1$ 是触摸运动的时间进度。

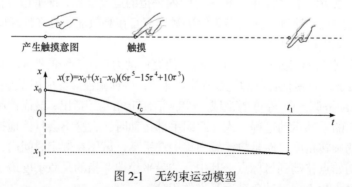

图 2-1　无约束运动模型

　　上述公式中 $x_0 > 0$ 是容易理解的，即人在产生触摸意图时手指位于交互表面的上方。但值得注意的是，公式中有 $x_1 < 0$，其含义是：人在组织一次触摸运动时，其心理并非将手指带到交互表面上，而是将手指带到交互表面之下的一个虚构点上。

　　然而，如图 2-2 所示，在实际情况下，交互表面的存在阻挡了上述运动过程，手指在接触到交互表面时瞬间停止了。在手指接触到交互表面之前（$t < t_c$），手指运动的时空轨迹符合无约束运动模型(式(2-2))；而在手指接触到交互表面之后（$t > t_c$），手指静止在交互表面上。因此，FTM 模型的核心公式——触摸运动方程应为下述分段函数，即

$$x(\tau) = \begin{cases} x_0 + (x_1 - x_0)(6\tau^5 - 15\tau^4 + 10\tau^3), & \tau \leqslant \tau_c \\ 0, & \tau > \tau_c \end{cases} \quad (2\text{-}3)$$

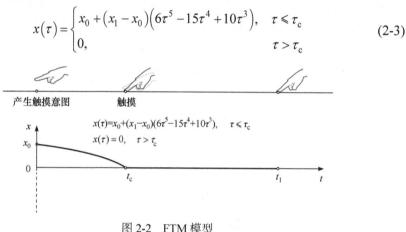

图 2-2 FTM 模型

　　通过函数对时间进度 τ 的求导不难发现，FTM 模型同时揭示了手指速度 v 和加速度 a 的变化规律，即

$$v(\tau) = \begin{cases} (x_1 - x_0)(30\tau^4 - 60\tau^3 + 30\tau^2), & \tau \leqslant \tau_c \\ 0, & \tau > \tau_c \end{cases} \quad (2\text{-}4)$$

$$a(\tau) = \begin{cases} (x_1 - x_0)(120\tau^3 - 180\tau^2 + 60\tau), & \tau \leqslant \tau_c \\ 0, & \tau > \tau_c \end{cases} \quad (2\text{-}5)$$

　　综合以上公式可以看出，触摸运动由两部分构成：一是触摸前的手指向下运动过程，二是触摸后手指停留在交互表面上。其中，手指向下运动过程的时空轨迹较为复杂，是本节讨论的重点，本节剩余内容主要介绍手指向下运动过程的建模。

2. 单位触摸运动方程

描述一次触摸的手指向下运动过程只需要三个参数，分别是 x_0、x_1 和 t_1。其中，x_0 是人产生触摸意图时手指的位置，x_1 是人组织这次触摸运动时假想的目标点，t_1 是人组织触摸运动时假想的运动时长。触摸运动轨迹的拟合过程，就是求解 x_0、x_1 和 t_1 的过程。

如图 2-3 所示是单位触摸运动方程，是归一化的触摸运动时空轨迹（$x_0 = 0$，$x_1 = 1$，$\tau = t / t_1$），其位移、速度和加速度的轨迹如图所示。值得注意的是，任何触摸运动方程都是单位触摸运动方程在 X 轴和 Y 轴上分别缩放和平移的结果，因此观察单位触摸运动方程能帮助研究者理解触摸运动过程。例如，在触摸运动中点 $t = t_1 / 2$ 处，人对手指施加的力发生转向，手指运动速度达到最大值；在 $t = 0.21t_1$ 的时间点附近，人对手指施加的力达到最大值。

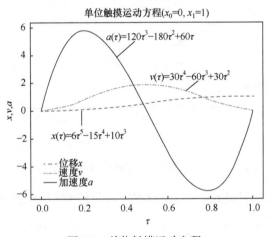

图 2-3　单位触摸运动方程

3. 触摸运动方程的推导过程

本节将介绍触摸运动方程的推导过程。FTM 模型建立在两个前提条件（假设或简化）之上，以保证该模型的简洁性，这有利于 FTM 模型的计算和应用。

（1）前提一：触摸交互中手指的向下运动过程符合无约束运动模型。若交互表面凭空消失，人会在规定时间 t_1 内，将手指从初始点 x_0 移动至虚构的目标点 x_1，且运动过程最小化了手指的急动度平方积分（式(2-1)）。

（2）前提二：手指在初始点 x_0 和目标点 x_1 上静止。在这两点上手指的速度和加速度为零。

前提一来自 Flash 等对手部肢体运动的急动度最小化假设。一方面，该假设已经在先前研究中得到了充分的验证，证明其对肢体运动的拟合良好；另一方面，本节将该假设应用于对手指触摸运动的描述，提出了 FTM 模型，也良好地拟合了触摸运动的实验数据。

前提二是本节对触摸运动规律的有意简化。事实上，x 在触摸运动的初始点和目标点上仅仅是接近于静止，而非完全静止：①在初始点上手指可能有初速度（$v_0 \neq 0$）；②在目标点上手指可能有一个向上的加速度（$a_1 > 0$）。尽管与事实有一定的偏差，FTM 模型仍然保留了"手指在初始点 x_0 和目标点 x_1 上静止"这一简化：一方面，由于手指在初始点和目标点上的速度和加速度很小，该简化对拟合精度的影响也较小；另一方面，该简化将触摸运动方程的待拟合参数限制在三个以内（x_0、x_1 和 t_1），提高了 FTM 模型的可计算性和实用性。综上所述，触摸运动中手指的向下运动过程等价于以下最优化问题，即

$$\begin{cases} x(t) \\ \text{s.t. } x(0) = x_0, x'(0) = x''(0) = 0, x(t_1) = x_1, x'(t_1) = x''(t_1) = 0 \\ \min \dfrac{1}{2} \int_0^{t_1} \left(\dfrac{\mathrm{d}^3 x}{\mathrm{d} t^3} \right)^2 \mathrm{d}t \end{cases} \tag{2-6}$$

读者可能注意到，手指运动应受到人的运动能力的限制，例如，手指运动存在速度和加速度的上限。然而，上述最优化问题未包含对运动能力做出条件约束，这是因为，该最优化问题的解恰好不会超出手部运动能力的限制。求解上述最优化问题即可得到无约束运动模型的方程（式(2-2)），结合交互表面对手指无约束运动的阻挡，进一步可推得完整的触摸运动方程（式(2-3)）。

4. 更复杂的触摸运动方程

第 3 部分提到，本章的 FTM 模型经过了有意简化。如果没有这些简化，触摸运动方程会变得复杂，不利于 FTM 模型参数的拟合。但可以肯定的是，在急动度最小化假设的约束下，触摸运动方程的形式总是可以求解的，例如：

(1) 若手指在目标点 x_1 上存在一个向上的加速度（$a_1 > 0$），则触摸运动方程如下所示，待拟合参数有 x_0、x_1、t_1 和 a_1，即

$$x(\tau) = \begin{cases} x_0 + (x_1 - x_0)\left[\left(6 + \dfrac{a_1}{2}\right)\tau^5 + (-15 - a_1)\tau^4 + \left(10 + \dfrac{a_1}{2}\right)\tau^3 \right], & \tau \leqslant \tau_c \\ 0, & \tau > \tau_c \end{cases} \tag{2-7}$$

(2) 若手指在初始点 x_0 上存在一个初速度（$v_0 \neq 0$），则触摸运动方程如下所示，待拟合参数有 x_0、x_1、t_1 和 v_0，即

$$x(\tau) = \begin{cases} x_0 + (x_1 - x_0)\left[(6 - 3v_0)\tau^5 + (-15 + 8v_0)\tau^4 + (10 - 2v_0)\tau^3 \right], & \tau \leqslant \tau_c \\ 0, & \tau > \tau_c \end{cases} \tag{2-8}$$

对实验数据的拟合发现，目前常用运动传感器的性能还不足以支撑对上述复杂触摸运动方程的拟合，因此上述方程可作为未来的探索方向，而本节采用简化的触摸运动方程(式(2-3))。

5. FTM 模型的计算方法

触摸运动的计算方法指的是利用位移、速度、加速度等运动传感信号拟合触摸运动方程参数的算法。如图 2-4 所示是常用的运动传感设备，其中，图(a)是基于双目视觉的代表性位移传感器 Kinect[8]，可捕捉人体四肢和手指的三维坐标；图(b)是惯性传感器，属于嵌入式设备，可传感自身的加速度和角速度。从运动传感方法的角度来看，常见的针对手指的方法有基于视觉方法的位移传感[9-23]，以及基于惯性传感器的加速度传感[24-31]。由于大多数速度传感器利用位移除以时间来计算速度，相比于位移传感不提供额外的信息，因此本节不讨论速度信号。

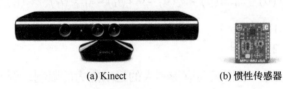

(a) Kinect　　　　(b) 惯性传感器

图 2-4　常用的运动传感设备

实验观察发现，触摸运动中手指向下运动过程的时长在 50～100ms。因此，触摸运动的计算应利用触摸发生前 50ms 的数据拟合触摸运动方程。假设位移传感器的采样频率为 f_x，加速度传感器的采样频率为 f_a，则触摸发生前 50ms 内的测量数据为

$$\begin{cases} [x_m(1),x_m(2),\cdots,x_m(N_x)], & N_x=\lfloor 0.05f_x \rfloor \\ [a_m(1),a_m(2),\cdots,a_m(N_a)], & N_a=\lfloor 0.05f_a \rfloor \end{cases} \tag{2-9}$$

触摸运动的计算方法可定义为利用上述测量数据拟合触摸运动方程(式(2-3))中参数 x_0、x_1 和 t_1 的算法。触摸运动的计算方法分为两步：①通过卡尔曼滤波融合各运动传感信号，降低信号的噪声；②通过最小二乘法拟合触摸运动方程。

6. 卡尔曼滤波

在所有可能的在线滤波方法中，卡尔曼滤波对带有高斯白噪声的线性系统有着最佳的估计效果[32]，对于位移、速度和加速度等运动信号而言，卡尔曼滤波是很好的预处理方法。如本章所述，针对手指的运动传感方法中最常见的是位移和加速度传感，因此本节将介绍如何利用卡尔曼滤波处理位移和加速度信号，其结果是平滑了位移信号，同时估算速度。设位移信号的误差服从正态分布 $(0, \sigma_x^2)$，

加速度信号的误差服从正态分布 $(0, \sigma_a^2)$，设 $x = (x, \dot{x})^{\mathrm{T}}$，则卡尔曼滤波的状态空间表达式为

$$x(k+1) = A_d x(k) + B_d a_m(k) + u \tag{2-10}$$

$$x_m(k) = [1, 0] x(k) + w = Hx(k) + w \tag{2-11}$$

其中，$u \sim (0, Q)$，$Q = \begin{bmatrix} 0 & 0 \\ 0 & \sigma_a^2 \end{bmatrix}$；$w \sim (0, \sigma_x^2)$；$A_d = \begin{bmatrix} 1 & T_a \\ 0 & 1 \end{bmatrix}$，$B_d = \begin{bmatrix} T_a^2/2 \\ T_a \end{bmatrix}$，$T_a = \dfrac{1}{f_a}$；$H = [1, 0]$。

计算得到卡尔曼滤波的协方差矩阵 Q_d 和 R_d 为[33]

$$Q_d = \sigma_a^2 \begin{bmatrix} T_a^3/2 & T_a^2/2 \\ T_a^2/2 & T_a \end{bmatrix} \tag{2-12}$$

$$R_d = \frac{\sigma_x^2}{T_a} \tag{2-13}$$

由此卡尔曼滤波算法可以总结如下。

(1) 时间更新为

$$\hat{x}(k+1|k) = A_d \hat{x}(k|k) + B_d a_m(k) \tag{2-14}$$

$$P(k+1|k) = A_d P(k|k) A_d^{\mathrm{T}} + Q_d \tag{2-15}$$

(2) 测量更新为

$$\hat{x}(k+1|k+1) = \hat{x}(k+1|k) + K(k+1)\left[x_m(k+1) - H\hat{x}(k+1|k) \right] \tag{2-16}$$

$$P(k+1|k+1) = \left[I - K(k+1)H \right] P(k+1|k) \tag{2-17}$$

其中，卡尔曼增益为

$$K(k+1) = P(k+1|k)H^{\mathrm{T}}\left[HP(k+1|k)H^{\mathrm{T}} + R_d \right]^{-1} \tag{2-18}$$

通过上述卡尔曼滤波即可估计第 k 帧的位移和速度。若位移信号的采样间隔 T_d 和加速度信号的采样间隔 T_a 不同，且 $\dfrac{T_d}{T_a} = M$ 为整数，则在每 M 帧同时执行时间更新和测量更新，其余帧只执行时间更新，即

$$\hat{x}(k+1|k+1) = \hat{x}(k+1|k) = A_d \hat{x}(k|k) + B_d a_m(k) \tag{2-19}$$

$$P(k+1|k+1) = P(k+1|k) = A_d P(k|k) A_d^{\mathrm{T}} + Q_d \tag{2-20}$$

7. 最小二乘拟合

拟合触摸运动方程(式(2-3))的过程是求解未知量 x_0、x_1 和 t_1 最大似然值的过程。本节提到，拟合触摸运动方程需要用到最近 50ms 内的运动传感信号，设近 50ms 内的第一帧数据($x_m(1), a_m(1)$)对应触摸运动方程的时间戳 t_s，即时间序列 $\left[x_m(1), x_m(2), \cdots, x_m(N_x)\right]$ 和 $\left[a_m(1), a_m(2), \cdots, a_m(N_a)\right]$ 对应触摸运动方程中 $t \in [t_s, t_s + 0.05]$ 的部分，则 t_s 也是一个需要求解的未知量。由于传感器误差符合正态分布，应采用最小二乘法拟合触摸运动方程，求解以下最优化问题，即

$$\begin{cases} x_0, x_1, t_1, t_s \\ \min \dfrac{\sum\limits_{k=1}^{N_x}\left(x_m(k) - x(t_s + kT_x)\right)^2}{\sigma_x^2} + \dfrac{\sum\limits_{k=1}^{N_a}\left(a_m(k) - a(t_s + kT_a)\right)^2}{\sigma_a^2} \end{cases} \tag{2-21}$$

在计算机算法中，求解最优化问题的方法有很多[34-36]，本章使用的最优化算法为信赖域方法[37]，在 Python 的科学计算工具包 Scipy 中，信赖域方法的名称是 "trust-constr"。拟合时还需给未知参数设置合理的初始估计值和取值范围，以提高拟合的效率和准确性。表 2-1 展示了各未知参数的初始值估计和约束条件，其中的距离单位为米(m)，时间单位为秒(s)。

表 2-1　触摸运动参数的初始值估计和约束条件

未知参数	初始值	下限	上限
x_0 /m	0.01	$x_m(1)$	0.03
x_1 /m	−0.035	−0.07	0
t_1 /s	0.25	0.1	0.4
t_s /s	0.01	0	0.05

表 2-1 中，各未知参数的初始值估计和取值范围均来自对大量触摸交互事件的观测。其中，初始值估计来自大量触摸运动的均值，例如，x_0 的初始值为 0.01m，这是因为，触摸交互发生之前人的手指在交互表面上方平均为 1cm。同理，t_1 的初始值为 0.25s，原因是触摸运动过程的时长约为 250ms。表格中的上限和下限覆盖了大多数触摸交互的取值范围，例如，x_0 的下限为 $x_m(1)$，这是因为，在触摸事件发生前的 50ms 时，大部分情况下手指已经进入了向下运动的过程，因此人产生触摸意图时手指与交互表面的距离 x_0 一定不小于 $x_m(1)$。

在实际应用中，若仅有位移传感信号或加速度传感信号，本节介绍的计算方法也是可以运作的：只需将式(2-21)中待最优化函数中传感信号缺失的项置为零即

可，但拟合的准确性必然会受到影响。

2.1.2 FTM 模型的拟合性能

本节将介绍 FTM 模型的评测实验，实验收集了人在几种典型的触摸交互任务中手指的运动信号，其中，触摸交互任务包括单次点击、连续点击、滑动手势、长按手势和拖拽手势。运动信号包括基于视觉方法的手指位移信号和基于惯性传感器的手指加速度信号。除了运动信号外，实验还利用压敏触摸板收集了手指触摸之后向下的压力信号。根据上述数据，本节讨论 FTM 模型的提出过程，评测该模型的拟合精度。

本节通过用户实验收集被试在不同交互任务下的手指运动信号，建立触摸动作数据集。

1. 实验设计和过程

从校园中招募了 12 名被试(4 名女性，8 名男性)，被试的年龄从 19 岁到 25 岁不等，平均年龄为 23.8 岁，标准差为 2.27 岁。所有的被试都是右利手。如图 2-5 所示，桌子上摆放着一块压敏触摸板，作为实验的交互表面，收集触摸的压力信号。被试的手指上绑上了一个惯性传感器，用于收集手指的加速度信号。在触摸板的远端有一个高速双目摄像头，用于收集手指的位移信号。实验分为五个阶段，在五种不同的触摸交互任务下收集被试的触摸运动信号。

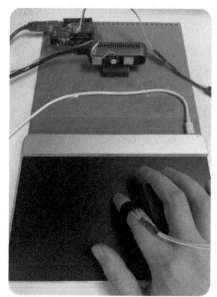
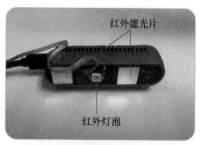

图 2-5　FTM 模型评测实验设备

(1) 单次点击。被试在触摸板上用食指点击 50 次。被试以自己喜欢的方式以任意触点位置、点击力度和角度进行触摸，但是被试需保证每两次点击之间有停顿，先将手指移动至目标触摸位置上方，瞄准之后再进行点击。实验共收集到 600 个单次点击数据片段。

(2) 连续点击。被试在触摸板上用食指连续点击 50 次。在这一组实验中，为了保证被试的触摸是连续且快速的，实验者规定被试在一左一右两个目标点上快速来回点击。实验共收集到 600 个连续点击数据片段。

(3) 滑动手势。被试在触摸板上用食指滑动 50 次。被试在执行滑动手势时，想象自己在手机上做切屏动作，左滑和右滑交替进行。实验共收集到 300 次左滑数据和 300 次右滑数据。

(4) 长按手势。被试在触摸板上用食指长按 50 次。被试以自己喜欢的方式以任意触点位置、触摸力度、时长和角度长按，在长按的过程中手指不可以移动，长按的时长只要求能与单次点击区分开。被试需要保证在每次长按之前先将手指移动至目标触摸位置上方。实验共收集到 600 个长按数据片段。

(5) 拖拽手势。被试在触摸板上用食指执行拖拽手势 50 次。被试在执行拖拽手势时，想象触摸板上有一个手机应用图标，并将该图标左右来回拖动。实验共收集到 300 次向左拖拽数据和 300 次向右拖拽数据。

在每两段实验之间，被试休息 1min，以防止疲劳。数据收集实验的总时长为 15min。在数据收集实验后，实验者还组织了一项非正式的实验，名为"触摸踏空实验"。如图 2-6 所示，被试用食指点击一个白色盒子，实验者用高速双目摄像头捕捉被试点击盒子的过程。在被试连续点击数次之后，实验者要求被试闭上双眼并继续点击。数秒后实验者迅速移开盒子，此时被试的手指触摸运动会"踏空"，这时的手指运动轨迹是触摸踏空实验采集的重点，高速摄像头记录这一"踏空"的触摸运动过程，用于验证触摸交互中手指的向下运动过程是否符合无约束运动模型(式(2-2))。对于每名被试，触摸踏空实验只会收集一次手指运动轨迹，这是为了避免被试知道实验意图之后，其触摸心理发生改变。

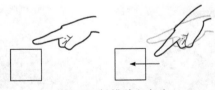

图 2-6　触摸踏空实验

2. 实验设备

图 2-5 所示的实验设备，包含一个 Sensel 压敏触摸板、RealSense 双目摄像头[38]和一个 GY-91 惯性传感器。Sensel 压敏触摸板是本实验的交互表面，被试在触摸

板上执行触摸交互。压敏触摸板左右宽度为 240ms，上下宽度为 138ms，包含 185×105 个传感元件，间距为 1.25ms，每个传感单元可以感应到大约 30000 个级别的压力，范围从 49mN 到 49N 不等。本实验通过压敏触摸板收集触摸的触点位置和压力随着时间变化的信号。

RealSense 双目摄像头可通过自带的计算机视觉方法跟踪裸手的手指位置，但是精度不够。为了提高传感精度，实验者改装了双目摄像头，将其改装成原理类似 Optitrack 的针对红外反光标记点的高精度坐标跟踪系统。实验者在两个红外摄像头之间加装了一个波长为 980nm 的红外光灯泡，并用波长为 980nm 的窄通玻璃片盖住两个红外摄像头。这样一来，双目摄像头就只能看见反射红外光的物体，大大提升了图像质量。在实验中，被试在食指指甲上贴上正方形红外反射贴纸，双目摄像头可以追踪红外反射贴纸中心点的位置——红外图像中贴纸处像素为最亮的白色，通过简单的阈值方法就可以求出中心点的二维坐标，再根据双目成像原理求出手指的三维坐标，精度 σ_x 可达 0.2ms 左右。在代码实现方面，实验者调用了 RealSense 的高帧率模式，帧率为 300 帧/s。

商用的 GY-91 惯性传感器体积较大，为了将穿戴传感器对用户的影响降到最低，实验者自行设计电路图，将 GY-91 的核心元件 MPU8250 嵌入一块宽度为 8mm、厚度小于 2mm 的线路板中。实验中，实验者用魔术贴将传感元件直接固定在被试的手指上，传感元件通过细长的杜邦线连接到 Arduino(Uno R3)开发板上，可收集六轴的运动信号，包括三轴原始加速度和三轴角速度。其中，原始的加速度信号是线性加速度和重力混杂的结果，系统通过 Madgwick 滤波器[39]将原始加速度分解为线性加速度和重力方向加速度。惯性传感单元的工作频率为 1000Hz，精度 σ_a 为 0.5m/s² 左右。

3. 实验数据统计

本触摸动作数据集共包含 12×5×50=3000 次触摸。实验者通过一个交互程序，人工剔除了明显错误的数据，例如，有的时候双目视觉追踪手指位置的算法会失败，导致手指位置信号发生跳变；有的时候由于被试的指甲太长，触摸板没有及时报告触摸事件。在剔除了错误数据之后，实验共记录了超过 2800 条有效的触摸交互数据。

表 2-2 是触摸动作数据集的统计数据，括号中的数值为标准差。时间单位为毫秒(ms)，距离单位为厘米(cm)，力的单位为牛(N)，速度单位为米每秒(m/s)。方程参数 x_0 指的是人产生触摸意图时的手指高度，其均值为 0.96cm，即在触摸交互当中，人的非交互手指悬在交互表面上的高度为 0.96cm。触摸时间 t_c 指的是从人产生触摸意图到手指接触交互表面所需的时间，均值为 75ms。触摸时长

$T\left(T = T_{up} - T_{c}\right)$ 指的是人的手指接触交互表面的时长，表格中只统计了短促的触摸交互的时长，均值为 112ms。触摸速度 v_c 指的是手指接触交互表面瞬间的速度，均值为 0.25m/s。力度峰值 F 指的是手指接触到交互表面以后，手指向下按压的力度的最大值，其均值为 181g。统计上述数据对触摸交互技术有帮助，举例来说，在 2.1.1 节中，使用最优化方法拟合触摸运动方程时需要给各未知参数设置初始值和取值范围，初始值设定为表 2-2 中的均值是较为合理的，而取值范围也可以根据上述实验结果来设计。

表 2-2　触摸动作数据集的统计

统计值	单次点击	连续点击	长按手势	滑动手势	拖拽手势	总体平均
方程参数 x_0 /cm	0.84(0.34)	1.33(0.35)	0.73(0.30)	0.97(0.34)	0.92(0.33)	0.96(0.38)
方程参数 x_1 /cm	−3.89(1.50)	−3.60(1.74)	−3.19(1.55)	−4.01(1.47)	−2.90(1.72)	−3.52(1.66)
方程参数 t_1 /ms	253(60)	246(58)	263(58)	271(53)	247(64)	256(61)
触摸时间 t_c /ms	69(11)	79(11)	71(13)	76(12)	77(13)	75(13)
抬起时间 t_{up} /ms	176(28)	178(29)	—	206(51)	—	187(41)
触摸时长 T/ms	107(28)	99(28)	—	130(49)	—	112(40)
触摸速度 v_c /(m/s)	0.27(0.12)	0.31(0.08)	0.19(0.09)	0.26(0.10)	0.22(0.09)	0.25(0.10)
力度峰值 F/g	111(116)	106(58)	296(314)	101(92)	290(298)	181(229)

从表 2-2 中还能看出，不同触摸交互任务下手指的运动轨迹也存在统计性差异。例如，若将单次点击、连续点击和滑动等归为短时触摸交互，将长按和拖拽归为长时触摸交互，则这两类触摸的统计数据会有较大差异。总体来说，短时触摸交互的触摸速度 v_c 更大，假想目标点深度 x_1 更深，这可能是因为短时触摸交互更急促。接下来将通过触摸动作数据集，讨论 FTM 模型中无约束运动过程的合理性，评测 FTM 模型的拟合精度，并与先前模型进行比较。

4. 无约束运动模型的合理性

本章提到，无约束运动模型指：若在触摸瞬间交互表面凭空消失，人会在规定时间 t_1 内，最平稳地将手指从初始点 x_0 移动到目标点 x_1。即人在组织一次触摸运动时，其心理并非将手指带到交互表面上，而是将手指带到交互表面之下的一个虚构点上。无约束运动模型是 FTM 模型推导过程中重要的一环，其合理性需要通过实验来求证。

在建立触摸动作数据集实验的最后，实验者追加了触摸踏空实验，收集了"触摸瞬间交互表面凭空消失"时手指的运动轨迹。由于触摸踏空实验需要对被试隐瞒实验目的，每名被试只能贡献一份实验数据，数据量较少，因此本节只做非正式的定性分析。结果显示，所有被试的手指都会运动到交互表面之下，深度在0.43~3.97cm，平均值为2.26cm，标准差为1.16cm。该结果与表2-2中拟合的x_1相比更浅一些，这可能是因为真实的手指向下运动过程受到手指结构的拉扯，不是理想的无约束运动过程。实验结果表明，被试在组织一次触摸运动时，其手指运动轨迹会经过交互表面之下的一个虚构点x_1。

手指经过x_1后发生的事情因被试而异。在12名被试当中，有7名被试的手指会停在x_1上，这与无约束运动模型相符；而另外5名被试的手指会在经过最低点x_1后折返向上，也就是说，在被试的手指达到最低点x_1后，手指有一个向上的加速度($a>0$)，这就是2.1.1节第4部分中更复杂的触摸运动方程的情形，在这种情况下，FTM模型是对实际情况的简化描述。

5. FTM 模型的拟合精度

如图2-7所示是使用触摸运动计算模型拟合实际测量数据的两个实例，图(a)

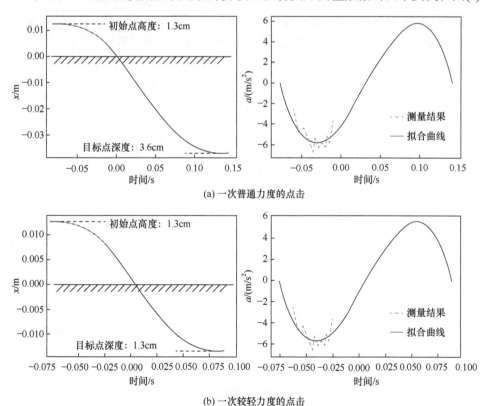

(a) 一次普通力度的点击

(b) 一次较轻力度的点击

图2-7　FTM 模型的拟合实例

展示了一次普通力度点击的拟合效果，图(b)展示了一次较轻力度点击的拟合效果。左侧子图是对触摸运动位移的拟合，右侧子图是对加速度的拟合。从图中可以看出，下方触摸运动轨迹的目标点深度更浅，因此对应一次力度更轻的点击。

本节通过均方根误差(root mean squared error，RMSE)来评估触摸运动方程的拟合精度，即

$$\text{RMSE}(x) = \sqrt{\frac{1}{N_x}\sum_{k=1}^{n}\left(x_m(k) - x(t_s + kT_x)\right)^2} \tag{2-22}$$

$$\text{RMSE}(a) = \sqrt{\frac{1}{N_a}\sum_{k=1}^{n}\left(a_m(k) - a(t_s + kT_a)\right)^2} \tag{2-23}$$

其中，$\text{RMSE}(x)$ 是触摸运动位移方程与测量结果比较的均方根误差；$\text{RMSE}(a)$ 是加速度方程的均方根误差。在触摸动作数据集中，$\text{RMSE}(x) = 8.6 \times 10^{-5}\text{m} = 0.086\text{mm}$，是位移传感器标准误差 σ_x 的 43.01%，可见 FTM 模型对触摸前 50ms 内位移信号的拟合精度非常高。$\text{RMSE}(a) = 0.64\text{m/s}^2$，是惯性传感器标准误差 σ_a 的 127.08%。

为了对比 FTM 模型与现有模型，本节复现了相关工作中[40]利用抛物线拟合触摸运动的方法，该研究利用手指的空中运动轨迹预测触摸事件发生的时间，以抵消系统延迟带来的影响。如图 2-8 所示，抛物线能较好地拟合位移信号，其中 $\text{RMSE}(x) = 3.5 \times 10^{-5}\text{m} = 0.035\text{mm}$，是位移传感器标准误差 σ_x 的 17.53%。但是，抛物线无法很好地拟合加速度信号，其中 $\text{RMSE}(a) = 2.98\text{m/s}^2$，是惯性传感器标准差的 597.22%。这是因为，触摸运动过程并不是匀加速运动，相关工作中利用抛物线拟合触摸运动的方法是不符合原理的。相比之下，本节所提出的 FTM 模型能更好地预测触摸交互中的各项参数，如触摸时间 t_c、触摸速度 v_c 等，能为触摸交互方法的创新带来更大的启发。

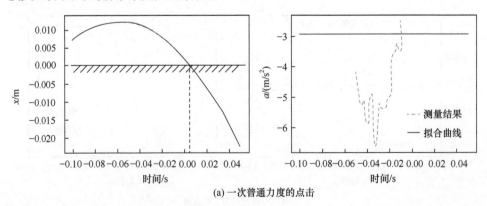

(a) 一次普通力度的点击

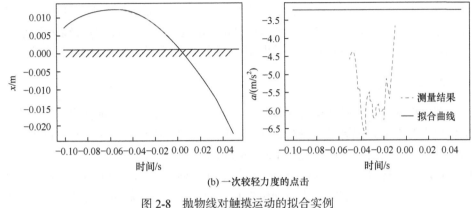

(b) 一次较轻力度的点击

图 2-8　抛物线对触摸运动的拟合实例

2.2　针对空中点击行为的多指关联运动模型

空中文本输入对于后桌面时代交互(如虚拟现实[41]、大显示屏交互[42]、移动手机[43])是一个有潜力和被期待的交互需求。为了实现这个功能，研究者提出了诸多的技术，包括使用数据手套来捕捉手部/手指运动[41,44]、基于目标选择的技术(如文献[45])，以及使用 1～2 个手指的组合手势的技术[46]等。然而，虽然十指盲打是人们在日常生活中最高效和最习惯的输入方式，但是基于该能力的空中裸手十指盲打技术尚没有人进行研究。随着近年来手指追踪技术的发展(如 Leap Motion 和 Kinect)，这种愿景正有望成为现实。

但是，在空中进行十指打字也存在不少挑战。由于缺少触觉反馈，用户在虚拟键盘上难以完成清晰准确的击键行为，手部/手指对按键的精确定位也很困难，此外不像物理键盘一样，也没有机制能显式地检测用户的点击行为对应的按键。因此，算法需要从连续和有噪声的三维手部/手指运动数据中识别用户的输入意图。

为了实现这一目标，通过一个用户实验来对被试在空中的十指输入行为进行建模。要求被试就像在物理键盘上一样在空中打字。为了观察到最自然的输入行为，没有向用户提供任何操作反馈[47]。因此，结果体现了用户在理想情况(即假设输入总是正确的)下的输入行为。特别关注的有击键行为中的手指运动学特征、不同手指之间的协同运动，以及落点的三维空间分布。

2.2.1　模型参数测量实验

1. 被试

从校园招募了 8 名被试，平均年龄为 20.8 岁(标准差为 1.8 岁)。所有被试都使用标准的指法打字。我们使用 Texttest[48]评测被试的打字熟练度。在物理键盘上，他们平均达到了 59.3WPM(标准差为 19.1WPM)的输入速度和0.3%(标准差为 1.2%)的未修正错误率。每名被试获得一定报酬作为被试费。

2. 实验设备

图 2-9 展示了实验环境的照片。被试坐在一张桌子前，向前伸出双手，在一个想象中的水平虚拟键盘上进行输入。我们针对每位被试调整了座椅的高度，以确保舒适的输入姿势。我们使用 Leap Motion 来追踪被试的手在空中的运动。其应用程序编程接口(application programming interface，API)以 100 帧/s 的频率汇报被试的手指关节和手掌的三维空间位置和运动速度。为了解决手部遮挡带来的数据噪声问题，对原始数据进行了卡尔曼滤波。实验中，Leap Motion 传感器被放在桌上、两手下方的中间位置，并与一台运行 Windows7 的桌面电脑(Intel Core i7，主频 3.10GHz，16GB RAM)相连。实验软件显示在一个外接的 24in(1in=2.54cm)显示器上，显示屏的分辨率为 1920×1200 像素。

图 2-9   实验环境

3. 实验设计

实验中，被试输入从 MacKenzie 短语集[49]中随机抽取的 20 个句子，在抽取时保证句子覆盖了全部 26 个字母。对于每句话，被试不需要输入空格。图 2-10展示了实验软件的截图。当前正输入的句子显示在屏幕的上方，当前正输入的单词用红色高亮。

被试首先保持稳定的打字姿势 1s，用来注册双手的初始位置。然后键盘面板的背景颜色会从黑色变成蓝色，以表示系统开始从 Leap Motion 中记录数据。实验中，屏幕上显示一个键盘作为对被试的视觉参考，其中不同手指对应的按键用不同的颜色显示。

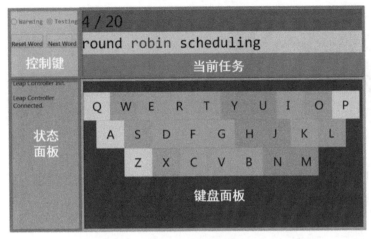

图 2-10　实验软件

4. 实验流程

实验之前，被试有 5min 的时间来熟悉空中打字的行为。在测试阶段，他们逐一输入 20 个句子中的单词。对于每句话，他们在输入前先注册双手的初始位置。输入时，被试被要求"尽可能自然地输入，就像在物理键盘上打字一样，每一下点击按键要清晰"。我们将键盘描述为"想象一个与普通物理键盘相同尺寸(大约 20cm × 6cm)的水平的虚拟键盘"。每输完一个单词，实验者都会点击"下一个"按钮来进入下一个句子。在两句之间，被试有 1min 的休息时间。整个实验大约持续 30min。

5. 数据处理和标注

为了让几何表达更清晰，我们建立了两种坐标系：相对坐标系和绝对坐标系。相对坐标系跟随手的运动而运动，其数值描述了手指相对于手掌的运动，不受手部整体的平移和旋转的影响。对于每只手，相对坐标系的原点是手掌的中心，X 轴与手掌平面平行，以小指的方向为正向，Y 轴与手掌平面垂直，以手背的方向为正向，Z 轴与手的方向平行，以手腕的方向为正向(图 2-11(a))。为了排除不同手的大小的影响，相对坐标根据被试中指的长度(均值为 81 mm，标准差为 3.2 mm)进行了归一化。

绝对坐标系描述了手掌和手指相对于初始位置的运动。对于每只手，绝对坐标系的原点是注册时所在的位置，坐标轴与 Leap Motion 坐标系(图 2-11(b))的坐标轴平行。没有对绝对坐标进行归一化，因为它不仅受到手大小的影响，也受到手部平移和手指运动的影响。

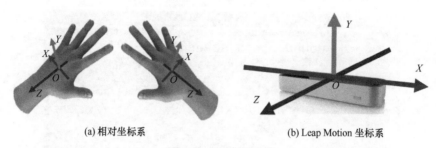

(a) 相对坐标系　　　　　　　(b) Leap Motion 坐标系

图 2-11　两种坐标系

由于目前还没有一个具体的点击识别算法,所以人工对数据进行了标注。通过查看手指的相对坐标以确定是否发生了击键行为,并且将它们与目标字母进行对应标注。从所有被试中,一共采集到了 3093 次点击。

2.2.2　模型参数测量实验结果

1. 击键行为的手指运动学特征

图 2-12 展示了在一次典型的击键行为中,随着时间变化手指在 Y 方向的相对坐标(下方)和速度(上方)。将速度为零的瞬间定义为点击行为的起点和终点,点击的时长定义为起点和终点之间的时间差,点击幅度定义为点击过程中最高点和最低点之间的距离。

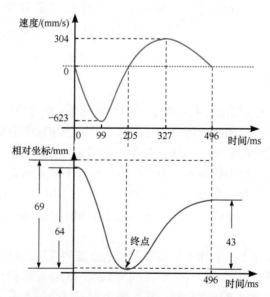

图 2-12　一次典型击键行为的手指运动学特征演示

数据显示,一次击键的平均时长为 496ms(标准差为 170ms),平均幅度为

69mm(标准差为 23mm)。一次典型的击键行为包括手指的一个按下过程和一个抬起过程，其中按下过程的幅度比抬起过程大，两者平均幅度分别为 64mm(标准差为 24mm)和 43mm(标准差为 26mm)。此外，按下过程的平均时长比抬起过程约短 30%，两者的平均时长分别为 205ms(标准差为 81ms)和 291ms(标准差为 148ms)。

图 2-12 的速度曲线显示出，在按下和抬起过程中，都存在一个加速-减速的过程。两个阶段的最大速度分别为 623mm/s(标准差为 262mm/s)和 304mm/s(标准差为 136mm/s)，分别在 99ms(标准差为 59ms)和 327ms(标准差为 99ms)时达到。这表明，击键过程中，按下阶段的运动速度比抬起阶段更快。

合并左右两只手的数据，通过重复测量方差分析来探索不同的手指是否会有不同的运动模式。结果显示，手指(小指、无名指、中指、食指)对击键时长没有显著性影响($F_{3,105}$ =2.59, n.s.)。然而，手指对于击键的幅度有显著性影响($F_{3,105}$ =48.2, p < 0.0001)。这提示我们，为了实现准确的击键检测，有必要使用一个长度固定的时间窗口，并针对不同手指采用不同的运动幅度阈值。表 2-3 展示了不同手指击键的平均时长和平均幅度，括号中的数值为标准差。

表 2-3　不同手指击键的平均时长和平均幅度

手指	食指	中指	无名指	小指
平均时长/ms	496(174)	505(171)	480(154)	509(180)
平均幅度/mm	70(23)	72(24)	67(23)	58(23)

2. 手指间的协同运动

手指间的协同运动源于不同手指之间生理上的相互依赖，这一点已经在人体工程学中被详细研究过[50]。Sridhar 等[51]也研究了当被试使用手指弯曲控制光标在屏幕上进行一维运动时，手指运动的独立性。协同运动是空中文本输入的一个突出难题。例如，当用中指点击"k"时，无名指也会随着它运动(图 2-13)，这会导致点击检测的误报。

为了定量研究手指间的协同运动，针对每个主动-被动手指组合，定义了幅度比例 (amplitude ratio，AR)为

$$AR = \frac{A_{passive}}{A_{active}} \times 100\% \tag{2-24}$$

其中，$A_{passive}$ 和 A_{active} 分别表示主动和被动手指的运动幅度。AR 为 100%意味着被动手指点击的幅度与主动手指一样。

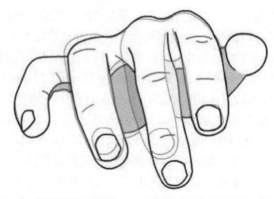

图 2-13　协同运动的演示：点击中指时无名指同时随之运动

　　如图 2-14 所示，在相邻的手指间可发现显著的协同运动，特别是在中指、无名指和小指之间(AR>50%)。拥有最高 AR 的四个手指组合为小指-无名指、中指-无名指、无名指-中指和无名指-小指，其中最强的相关性发生在无名指和相邻手指之间。与 Sridhar 等的研究相比，结果展示出的手指间协同运动的程度更强，这表明，空中十指打字时，手指的运动模式比一维手指弯曲任务更复杂。

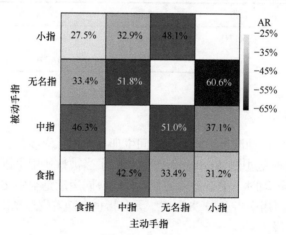

图 2-14　每种主动-被动手指组合的 AR

3. 三维落点分布

　　在空中十指输入时，被试通过手掌和手指两者的运动来共同指定目标字母。例如，点击 "m" 时，被试的食指可能比点击 "j" 时弯曲程度更大；当点击 "my" 中的 "y" 时，被试的右手可能会稍微向前移动，而点击 "on" 中的 "n" 时，可能会向后移动。因此，我们分析了点击落点的绝对坐标，其反映了手掌和手指的空间运动。在此，空中打字的落点定义为点击过程中相对 Y 坐标最小时的手指位置(图 2-12)。对于每个字母，我们去除了与落点平均值在 X、Y 或者 Z 方向大于 3 倍标准差的数据(92，占所有数据的 2.9%)。

图 2-15 展示了对应于每个字母的三维落点分布。从图 2-15(a)左图和图 2-15(b)左图中(左右手的俯视图，展示了 X 和 Z 方向一倍标准差的轮廓椭圆，中心点拟合的贝塞尔曲线展示了分布的弧度)可以发现，落点的整体分布大致符合 QWERTY 布局。显著性检验发现，手指(食指、中指、无名指、小指)对左手($F_{3,75} = 502, p < 0.0001$)和右手($F_{3,12} = 174$, $p < 0.0001$)落点的 X 坐标都显示出了显著的影响。图 2-15(a)右图和图 2-15(b)右图(左右手的左视图，展示了 Y 和 Z 方向的中心点)显示出，不同行(顶部、中部、底部)按键的落点坐标在 Y 和 Z 轴上都有区别。用重复测量方差分析验证了这一点。对于左手和右手，按键所在的行都对 Y 坐标($F_{2,34} = 11.6$, $p < 0.0001$ 和 $F_{2,36} = 50.9$, $p < 0.0001$)和 Z 坐标($F_{2,34} = 281$, $p < 0.0001$ 和 $F_{2,36} = 428, p < 0.0001$)显示出了显著的影响。

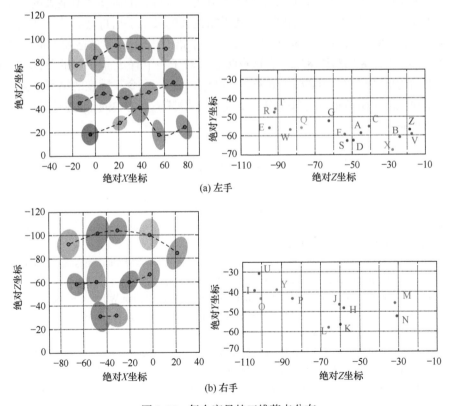

图 2-15　每个字母的三维落点分布

为了研究空中点击落点位置的混淆性，与 Findlater 等[52]类似，本节也在采集的数据上测试了一个简单的 1-NN 分类器。使用五折交叉验证，每个手指内部的分类正确率如表 2-4 所示。可以看出，食指的分类正确率是最低的，这可能是由于食指比其他手指负责了更多的按键，而其他手指的分类正确率从 71.7% 到 84.6% 不等，除了右手小指达到 100% 的分类正确率，因为其只对应一个可能的字母（"P"）。该结果提示了在空中十指输入时，用更复杂和完善的方法来推测用户输入意图的必要性。

表 2-4　每个手指内部的分类正确率

参数	食指		中指		无名指		小指	
	左	右	左	右	左	右	左	右
类别数量	6	6	3	2	3	2	3	1
正确率/%	56.8	59.7	77.5	84.6	74.2	77.4	71.7	100

在采集的数据上进行了 Evans 等[44]的分析，即将点击运动峰值最大的手指识别为主动手指。此时，点击幅度比主动手指更大的被动手指将会导致检测错误。结果显示，整体的识别正确率为 89.3%；每个手指的正确率(从食指到小指)分别为 90.9%、89.8%、89.3% 和 81.2%。这意味着，对于一个有 5 个字母的单词，手指序列准确的概率仅仅是 $0.893^5 = 56.8\%$，这显然不是一个令人满意的结果。因此，相比于独立的手指弯曲和伸展动作[44]，空中十指打字行为中的手指协同运动要更加复杂和显著。

参 考 文 献

[1] Jota R, Ng A, Dietz P, et al. How fast is fast enough? A study of the effects of latency in direct-touch pointing tasks//Proceedings of the SIGCHI Conference on Human Factors in Computing Systems, 2013: 2291-2300.

[2] Kopp R E. Pontryagin maximum principle//Leitmann G N. Mathematics in Science and Engineering. Amsterdam: Elsevier, 1962: 255-279.

[3] Lewis F L, Vrabie D L, Syrmos V L. Optimal Control. Hoboken: John Wiley & Sons, 2012.

[4] Ross I M, Proulx R J, Karpenko M. An optimal control theory for the traveling salesman problem and its variants. arXiv preprint arXiv:2005.03186, 2020.

[5] Kamien M I, Schwartz N L. Dynamic Optimization: The Calculus of Variations and Optimal Control in Economics and Management. Chicago: Courier Corporation, 2012.

[6] Ross I M, Karpenko M, Proulx R J. A nonsmooth calculus for solving some graph-theoretic control problems. IFAC-PapersOnLine, 2016, 49(18): 462-467.

[7] Flash T, Hogan N. The coordination of arm movements: An experimentally confirmed mathematical model. The Journal of Neuroscience, 1985, 5(7): 1688-1703.

[8] Zhang Z Y. Microsoft kinect sensor and its effect. IEEE MultiMedia, 2012, 19(2): 4-10.

[9] Harrison C, Benko H, Wilson A D. OmniTouch: Wearable multitouch interaction everywhere//Proceedings of the 24th Annual ACM Symposium on User Interface Software and Technology, 2011: 441-450.

[10] Xiao R, Schwarz J, Throm N, et al. MRTouch: Adding touch input to head-mounted mixed reality. IEEE Transactions on Visualization and Computer Graphics, 2018, 24(4): 1653-1660.

[11] Paradiso J A, Hsiao K, Strickon J, et al. Sensor systems for interactive surfaces. IBM Systems Journal, 2000, 39(3-4): 892-914.

[12] Agarwal A, Izadi S, Chandraker M, et al. High precision multi-touch sensing on surfaces using overhead cameras//The 2nd Annual IEEE International Workshop on Horizontal Interactive Human-Computer Systems, 2007: 197-200.

[13] Chang J S, Kim E Y, Jung K, et al. Real time hand tracking based on active contour model// Meersman R. Computational Science and Its Applications - ICCSA 2005. Berlin: Springer, 2005: 999-1006.

[14] Letessier J, Bérard F. Visual tracking of bare fingers for interactive surfaces//Proceedings of the 17th Annual ACM Symposium on User Interface Software and Technology, 2004: 119-122.

[15] Sugita N, Iwai D, Sato K. Touch sensing by image analysis of fingernail//2008 SICE Annual Conference, 2008: 1520-1525.

[16] Hoike H, Sato Y, Hobayashi Y. Integrating paper and digital information on EnhancedDesk: A method for realtime finger tracking on an augmented desk system. ACM Transactions on Computer-Human Interaction, 2001, 8(4): 307-322.

[17] Saba E N, Larson E C, Patel S N. Dante vision: In-air and touch gesture sensing for natural surface interaction with combined depth and thermal cameras//2012 IEEE International Conference on Emerging Signal Processing Applications, 2012: 167-170.

[18] Xiao R, Hudson S, Harrison C. DIRECT: Making touch tracking on ordinary surfaces practical with hybrid depth-infrared sensing//Proceedings of the 2016 ACM International Conference on Interactive Surfaces and Spaces, 2016: 85-94.

[19] Benko H, Jota R, Wilson A. MirageTable: Freehand interaction on a projected augmented reality tabletop//Proceedings of the SIGCHI Conference on Human Factors in Computing Systems, 2012: 199-208.

[20] Wilson A D, Benko H. Combining multiple depth cameras and projectors for interactions on, above and between surfaces//Proceedings of the 23nd Annual ACM Symposium on User Interface Software and Technology, 2010: 273-282.

[21] Newcombe R A, Izadi S, Hilliges O, et al. KinectFusion: Real-time dense surface mapping and tracking//2011 10th IEEE International Symposium on Mixed and Augmented Reality, 2011: 127-136.

[22] Mistry P, Maes P. Mouseless: A computer mouse as small as invisible//CHI'11 Extended Abstracts on Human Factors in Computing Systems, 2011: 1099-1104.

[23] Xiao R, Harrison C, Hudson S E. WorldKit: Rapid and easy creation of ad-hoc interactive applications on everyday surfaces//CHI'13 Extended Abstracts on Human Factors in Computing Systems, 2013: 2889-2890.

[24] Lam A H F, Li W J, Liu Y H, et al. MIDS: Micro input devices system using MEMS sensors//IEEE/RSJ International Conference on Intelligent Robots and Systems, 2002: 1184-1189.

[25] Gu Y Z, Yu C, Li Z P, et al. Accurate and low-latency sensing of touch contact on any surface with finger-worn IMU sensor//Proceedings of the 32nd Annual ACM Symposium on User Interface Software and Technology, 2019: 1059-1070.

[26] Shi Y L, Zhang H M, Zhao K X, et al. Ready, steady, touch! Sensing physical contact with a finger-mounted IMU. Proceedings of the ACM on Interactive, Mobile, Wearable and Ubiquitous Technologies, 2020, 4(2): 1-25.

[27] Gu Y Z, Yu C, Li Z P, et al. QwertyRing: Text entry on physical surfaces using a ring. Proceedings of the ACM on Interactive, Mobile, Wearable and Ubiquitous Technologies, 2020, 4(4): 1-29.

[28] Meier M, Streli P, Fender A, et al. TapID: Rapid touch interaction in virtual reality using wearable sensing//2021 IEEE Virtual Reality and 3D User Interfaces (VR), 2021: 519-528.

[29] Oh J Y, Lee J, Lee J H, et al. Anywheretouch: Finger tracking method on arbitrary surface using nailed-mounted IMU for mobile HMD//HCI International 2017, 2017: 185-191.

[30] Niikura T, Watanabe Y, Ishikawa M. Anywhere surface touch: Utilizing any surface as an input area//Proceedings of the 5th Augmented Human International Conference, 2014: 1-8.

[31] Liu G H, Gu Y Z, Yin Y W, et al. Keep the phone in your pocket: Enabling smartphone operation with an IMU ring for visually impaired people. Proceedings of the ACM on Interactive, Mobile, Wearable and Ubiquitous Technologies, 2020, 4(2): 1-23.

[32] Humpherys J, Redd P, West J. A fresh look at the Kalman filter. SIAM Review, 2012, 54(4): 801-823.

[33] Mortensen R E. Optimal estimation: With an introduction to stochastic control theory (Frank L. Lewis). SIAM Review, 1988, 30(2): 341-343.

[34] Bertsekas D P. Nonlinear programming. Journal of the Operational Research Society, 1997, 48(3): 334.

[35] Snyman J A. Practical mathematical optimization: An introduction to basic optimization theory and classical and new gradient-based algorithms. Structural and Multidisciplinary Optimization, 2006, 31(3): 249.

[36] Bertsimas D, Tsitsiklis J. Simulated annealing. Statistical Science, 1993, 8(1): 10-15.

[37] Conn A R, Gould N I M, Toint P L. Trust Region Methods. Philadelphia: Society for Industrial and Applied Mathematics, 2000.

[38] Keselman L, Woodfill J I, Grunnet-Jepsen A, et al. Intel(R) RealSense(TM) stereoscopic depth cameras//2017 IEEE Conference on Computer Vision and Pattern Recognition Workshops, 2017: 1267-1276.

[39] Madgwick S O H. An efficient orientation filter for inertial and inertial/magnetic sensor arrays. Bristol: University of Bristol, 2010.

[40] Xia H J, Jota R, McCanny B, et al. Zero-latency tapping: Using hover information to predict touch locations and eliminate touchdown latency//Proceedings of the 27th Annual ACM

Symposium on User Interface Software and Technology, 2014: 205-214.

[41] Kuester F, Chen M, Phair M E, et al. Towards keyboard independent touch typing in VR//Proceedings of the ACM Symposium on Virtual Reality Software and Technology, 2005: 86-95.

[42] Markussen A, Jakobsen M R, Hornbæk K. Selection-based mid-air text entry on large displays//IFIP Conference on Human-Computer Interaction, 2013: 401-418.

[43] Niikura T, Watanabe Y, Komuro T, et al. In-air typing interface: Realizing 3D operation for mobile devices//The 1st IEEE Global Conference on Consumer Electronics, 2012: 223-227.

[44] Evans F, Skiena S, Varshney A. VType: Entering text in a virtual world. International Journal of Human-computer Studies, 1999, 10: 20-21.

[45] Markussen A, Jakobsen M R, Hornbæk K. Vulture: A mid-air word-gesture keyboard//Proceedings of the SIGCHI Conference on Human Factors in Computing Systems, 2014: 1073-1082.

[46] Ni T, Bowman D, North C. AirStroke: Bringing unistroke text entry to freehand gesture interfaces//Proceedings of the SIGCHI Conference on Human Factors in Computing Systems, 2011: 2473-2476.

[47] Azenkot S, Zhai S M. Touch behavior with different postures on soft smartphone keyboards//Proceedings of the 14th International Conference on Human-Computer Interaction with Mobile Devices and Services, 2012: 251-260.

[48] Tinwala H, MacKenzie I S. Eyes-free text entry with error correction on touchscreen mobile devices//Proceedings of the 6th Nordic Conference on Human-Computer Interaction: Extending Boundaries, 2010: 511-520.

[49] MacKenzie I S, Soukoreff R W. Phrase sets for evaluating text entry techniques//CHI'03 Extended Abstracts on Human Factors in Computing Systems, 2003: 754-755.

[50] Li Z M, Dun S C, Harkness D A, et al. Motion enslaving among multiple fingers of the human hand. Motor Control, 2004, 8(1): 1-15.

[51] Sridhar S, Feit A M, Theobalt C, et al. Investigating the dexterity of multi-finger input for mid-air text entry//Proceedings of the 33rd Annual ACM Conference on Human Factors in Computing Systems, 2015: 3643-3652.

[52] Findlater L, Wobbrock J O, Wigdor D. Typing on flat glass: Examining ten-finger expert typing patterns on touch surfaces//Proceedings of the SIGCHI Conference on Human Factors in Computing Systems, 2011: 2453-2462.

第 3 章　触摸落点分布统计模型

触摸屏设备是人们生活中最常接触到的移动设备。近年来，智能手表、智能手环等可穿戴设备作为移动计算的典型代表，正变得越来越流行，也越来越受到公众和研究者的关注。然而，由于屏幕尺寸非常受限，在这些设备上进行文本输入十分困难，许多商业可穿戴产品(如 Apple Watch 和 Moto 360)甚至完全缺少文本输入功能，这大大限制了这些设备的功能。截至 2023 年，只有少数商用智能手表和手环(如 Microsoft Band 和 Samsung Gear S2)拥有内置的键盘。

针对这个问题，研究者提出了很多技术来使智能手表上的全键盘(QWERTY)文本输入成为可能；其中大部分是字符级别的输入技术，即帮助用户准确选择单个按键的技术(如 ZoomBoard[1]和 ZShift[2])。然而，单词级别的文本输入也是现代软键盘技术的一个重要功能。当进行单词级别的输入时，用户不需要在选择每一个按键时都非常精确，而是可以由算法根据对语言的先验知识(如单词词频)和用户的点击行为特征(如落点的分布)来智能地预测用户输入的目标单词。为此，研究者开展了很多实验来定量研究人的触摸点击行为规律(点击模型)。其结果——往往是在智能手机键盘上采集得到——对于设计文本输入预测算法具有一定的价值。然而，这些结果是否也适用于超小尺寸全键盘上的文本输入行为，还并没有人给出答案，同时据我们所知，也没有人提供在智能手表软键盘接口上的触摸落点分布的实验结果。

本章以探索容易部署、高精度的智能手表文本输入方法为目标，研究当用户在超小尺寸全键盘上输入时的效果和主观体验。我们使用了尺寸(宽度)从 2.0～4.0cm 不等的超小全键盘迭代式地开展了三个实验。在第一个实验中(见 3.1 节)，采集 20 名被试的打字数据。输入过程中，界面用星号和点击音效作为输入反馈[3,4]。结果发现，尽管落点具有系统偏差，但是被试们还是能够以 21.4～24.8WPM 的速度和较高的点击精度进行文本输入。同时，该实验采集的数据形成了用户在超小尺寸全键盘上进行输入时的触摸落点分布统计模型，模型量化了当用户瞄准某个按键进行点击时，其实际触摸落点相对目标位置的平均偏差、分布范围等统计特征，以及这些特征受键盘尺寸的影响关系。

第二个实验(见 3.3 节)基于第一个实验中得到的模型提升了基本贝叶斯算法中点击模型的精度，并评测了效果。通过使用点击模型和一元语言模型，被试们能够在 3.0cm 的全键盘上达到 32.6WPM 的输入速度和 0.6%的单词级别错误率。

有趣的是，更大的键盘(3.5cm 和 4.0cm)并不会显著地提升用户输入的速度、正确率或主观喜好。

在第三个实验中(见 3.4 节)，在一款真实的智能手表上重复了对于 3.0cm 和 3.5cm 键盘的测试。本实验的目的是验证假设：在智能手机和智能手表上测试同样大小的键盘，其速度、正确率和主观喜好的结果不会有显著性的差别。从而，实验一和实验二的结果将可以被推广到真实的智能手表上。

在本章中，三个用户实验分别对触摸落点分布统计模型进行高精度的构建、对其相对于传统的统计模型在文本输入意图推理中的优势进行模拟和实验验证，证明人的触摸行为模型对于输入意图推理的重要作用，这些结果不仅对于理解人在超小全键盘上的输入行为有所帮助，而且证明了在智能手表上易于部署、高正确率的 QWERTY 文本输入技术的可行性。本章展示的结果和提出的设计建议将会帮助文本输入研究者和从业者进一步优化智能手表上的虚拟键盘，不断挖掘移动计算的潜力。

3.1　超小尺寸全键盘上的打字模式测量实验

本节通过用户实验采集被试在超小尺寸全键盘上输入时的打字数据。特别关注的有落点的分布规律，以及键盘尺寸对输入行为的影响。

从校园中招募 20 名被试(10 名男性，10 名女性)，平均年龄为 22.5 岁(标准差为 1.5 岁)。被试在生活中都使用 QWERTY 键盘，并且平均有 4.1 年(标准差为 1.7年)的触摸屏设备使用经验。所有被试都是右利手。每名被试将获得一定报酬作为被试费。

研究者在实验中常常用手机来代替真正的手表[2,5]，因此，本次实验使用一台佩戴在被试手腕上的智能手机来测试不同尺寸的键盘。实验中使用一台 HTC One手机，运行的操作系统是 Android 4.2.2。用一条腕带将手机绑在被试的左手腕上(图 3-1(a))。实验过程中，实验软件记录了所有的触摸点击数据，包括点击事件发生时的 X 和 Y 坐标(以像素为单位)和时间(以毫秒为单位)。屏幕的 PPI(pixels per inch，每英寸拥有的像素数)为 468，等价于 1 像素 = 0.054mm。

在手机上显示了一个表面为正方形的智能手表和一个标准的 QWERTY 键盘(图 3-1(b))。与智能手表上常用的键盘设计相同[2,5]，键盘按键的宽和高相等。同时，为了避免浪费屏幕空间，将按键之间的空隙设为零。任务句子显示在屏幕的顶部。与 Vertanen 等[5]的研究相似，实验程序忽略所有落在显示的手表屏幕区域外的触摸落点，保证手机的功能与屏幕尺寸有限的智能手表相同。进一步地，考虑到在一个理想的、能容忍用户的不准确输入的智能键盘上采集数据对于保证用户的输入行为自然性十分重要，所以在实验中没有提供删除功能，以防用户的行为受到任何一种特定的键盘算法的影响[3]。

 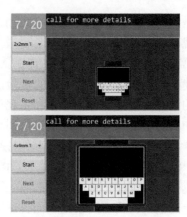

(a) 一名被试正在键盘上打字　　　　(b) 2.0cm和4.0cm键盘的实验平台

图 3-1　实验设定

　　使用被试内、单因素实验设计(键盘尺寸)来测试五种不同的键盘尺寸：2.0cm、2.5cm、3.0cm、3.5cm 和 4.0cm。这些数值的选择是基于流行的商用智能手表(如 Sony SmartWatch、Moto 360、Samsung Gear S 和 Apple Watch)的屏幕尺寸。图 3-2 展示了一些商用智能手表的屏幕尺寸。

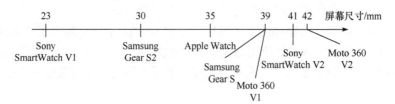

图 3-2　一些流行的商用智能手表的屏幕尺寸(宽度)

　　特别地，2.0cm 比我们所知最小的智能手表——Sony SmartWatch V1 的屏幕尺寸略小。根据预备实验，这也是被试在输入准确性和精神压力方面能接受的最小尺寸。同时，4.0cm 比 Moto 360 V1 手表的屏幕尺寸略大。注意到 iPhone 5 上的键盘宽度大约为 4cm，我们相信，2.0～4.0cm 的范围涵盖了在实际智能手表上可能使用的键盘尺寸。之后，在这个范围内均匀地采样了 5 个档次的键盘尺寸。

　　在输入过程中，当检测到触摸事件时，屏幕将出现一个星号，同时播放点击音效。这种反馈对于在点击事件和目标句子的字母之间建立 1 : 1 的映射，同时避免特定的点击识别算法对结果的影响是十分必要的[3,4]。进一步，采用 Kristensson 等[6]工作中的"记忆"展示风格以模拟真实的文本输入情境[7]。在每个测试句的开始，屏幕上会显示一条任务句子(图 3-3(a))，被试被要求记住这个句子。然后，被试点击"开始"按钮以开始测试。同时，任务句子将变成星号，以防止被试照抄(图 3-3(b))。

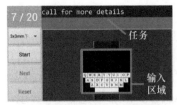

(a) 开始之前，任务句子是可见的　　　　(b) 输入过程中，只显示星号反馈

图 3-3　"记忆"风格的任务界面

在一个安静的办公室环境中开展此实验。被试坐在一张桌子前，使用其优势手的食指在键盘上输入(图 3-1(a))。根据评估，任务需要花费大约一小时完成，所以被试们可以自由地将左手臂放在桌子上休息。

在实验过程中，不同的键盘尺寸的顺序使用拉丁方进行平衡。对于每个键盘尺寸，被试首先有 3min 的时间熟悉键盘。然后，他们被要求输入从 MacKenzie 短语集[8]中随机抽取的 20 个句子。被试被要求"用舒适和自然的状态输入，但同时也要又快又准，就像在日常生活中一样"。在输入中，当被试觉得自己出现了错误时，他们可以点击"重置"按钮来重新开始这一句话，这也会同时让任务句子重新出现。被试只有在点击事件的数量与任务句子的长度相等时才能继续到下一句话。不同的键盘尺寸之间有 5min 的休息时间，使用调查问卷和采访来收集被试的主观反馈。

3.2　打字模式测量实验结果

不包括热身的句子，一共采集到了 43600 次有标注的点击。为了处理标注错误的情况，针对每个按键计算了落点位置的平均值，并且丢弃了在 X 或 Y 方向上超出三倍按键宽度的点击(502/43600 = 1.2%)。按照键盘尺寸从小到大，丢弃的数据量分别为 96、100、100、96 和 110。

采用重复测量方差分析法对数据进行分析。对于非参数检验(如主观评分)，使用弗里德曼测试。所有的后验配对比较都使用 Bonferroni 修正以保证 Type I 错误率。所有显著性结果的阈值都为 $p < 0.05$。

1. 输入速度

以 WPM 为单位衡量文本输入速度，换算方法为[9]

$$WPM = \frac{|T|-1}{S} \times 60 \times \frac{1}{5} \tag{3-1}$$

其中，$|T|$ 是最终输入的文本串的长度；S 是在一句话中，从第一次到最后一次手

指点击之间经过的秒数。

在各个键盘尺寸下，被试的平均输入速度为23.0WPM(标准差为6.1WPM)，这与Sears等[10]获得的速度相近，但是比在手机尺寸的软键盘上进行单指输入的速度[3]慢37%。随着键盘尺寸的增大，被试的平均输入速度分别为21.4WPM、21.6 WPM、22.9 WPM、24.4WPM和24.8WPM(图3-4(a))。键盘尺寸显示出了对输入速度的显著性影响($F_{4,76}$=12.0, $p < 0.0001$)：更大的键盘将导致更高的输入速度。后验分析发现，3.5cm和4.0cm键盘上的输入速度要显著快于更小的键盘，而在尺寸小于3.5cm的键盘之间，没有发现输入速度的显著差别。此外，在2.0cm的键盘上，速度只比4.0cm键盘慢了3.4WPM(14%)，这反映出小尺寸键盘并不会对被试的文本输入速度产生明显的妨碍。该结果与Sears等的发现[11]类似：当使用3.2~5.4cm宽的触控笔操作键盘时，键盘尺寸不会显著影响输入速度。

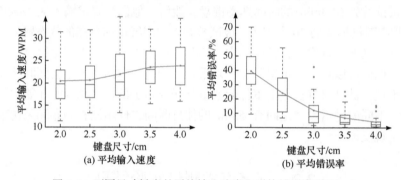

图3-4　不同尺寸键盘的平均输入速度和平均错误率(实验一)

2. 错误率

将落在目标按键的显示边缘之外的落点定义为错误。随着键盘尺寸的增大，平均错误率分别为39.4%、24.3%、12.1%、6.8%和4.1%(图3-4(b))。键盘尺寸显示出对错误率的显著性影响($F_{4,76}$=77.6, $p < 0.0001$)：更大的键盘将导致更低的错误率。结合图3-4(a)和(b)可以发现，在使用不同尺寸的键盘时，相对于正确率，被试更倾向于保持相对稳定的输入速度。

有趣的是，3.0cm为错误率的分割点，小于该尺寸时，输入正确率出现了显著的下降。对于尺寸大于2.5cm的键盘，输入错误率都小于12.1%，但是随着尺寸进一步减小，错误率突然上升到了超过24.3%。后验分析也显示，2.5cm的键盘和相邻大小的键盘之间存在显著性差别，然而当尺寸大于2.5cm时，相邻大小的键盘之间不再有显著性的差别。该结果验证了Chapuis等[12]发现的小尺寸现象：即使D/W(D是移动距离，W是按键尺寸)比例相同，小尺寸(W和D更小)的点击任务对于用户而言比大尺寸任务更难。

3. 落点分布

图3-5 在一个 1∶1 尺寸的键盘上展示了采集的所有落点合并的结果。与 Azenkot 等[3]和 Goodman 等[13]的工作一致,每个按键对应的落点大致符合二维高斯分布。由于空格键在形状和功能上都与字母键不一样,所以将单独汇报有关空格键的结论。

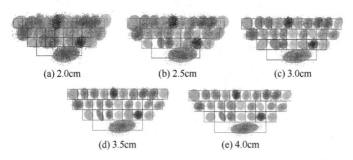

(a) 2.0cm　　　　　(b) 2.5cm　　　　　(c) 3.0cm

(d) 3.5cm　　　　　(e) 4.0cm

图 3-5　对于不同尺寸的键盘,在 1∶1 的键盘轮廓上展示了采集的触摸落点和 95%置信椭圆

1) 系统偏差

将偏差 Offset_x 和 Offset_y 定义为在 X 和 Y 方向上,触摸落点与目标按键中心的距离。Offset_x 为正表示落点位于目标中心的右边,Offset_y 为正表示落点位于目标中心的下方。图 3-6 展示了不同尺寸键盘上字母键的平均偏差,图 3-7 展示了 2.5cm 和 3.5cm 键盘上的点击偏差。

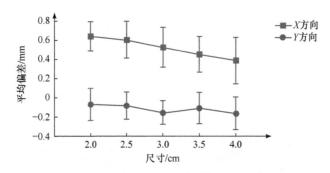

图 3-6　不同尺寸键盘上字母键的平均偏差

在 X 方向,所有尺寸键盘的 Offset_x 都为正数,表明落点一致地落在了目标中心的右边。该现象与 Sheik-Nainar[14]的发现一致。因为所有被试都是右利手,所以推测这是由水平方向的视差导致的。在采访中,大部分(16/20)被试提到,当他们难以用眼睛瞄准目标时,他们会将手指略微向右翻滚。在不同的键盘尺寸下,Offset_x 的值从 0.39mm(标准差为 0.24mm)变到 0.64mm(标准差为 0.15mm),与按键尺寸的变化相比,其变化幅度相对小很多。此外,按键所在的行(顶部、中间和

底部)并未显示出对 Offset$_x$ ($p = 0.38$)的显著影响。然而，键盘尺寸显示出了对 Offset$_x$ 的显著影响($F_{4,24} = 31.8$, $p < 0.0001$)。随着键盘尺寸变大，Offset$_x$ 单调下降，这表明，当目标更大时，用户的点击在 X 方向上能够更加接近目标的中心。Sheik-Nainar[14]在 2~8mm 的按键上也发现了按键尺寸和 Offset$_x$ 的负相关关系。

　　在 Y 方向，落点倾向于略微偏向目标中心的上方。在所有尺寸的键盘上，Offset$_y$ 都是负数，然而其绝对值比 Offset$_y$ 要小很多(< 0.2mm)。按照键盘尺寸从小到大，平均 Offset$_y$ 分别为–0.06mm、–0.08mm、–0.15mm、–0.10mm 和–0.16mm。虽然键盘尺寸显示出了对 Offset$_y$ 的显著影响($F_{4,24} = 11.4$, $p < 0.0001$)，但是并没有发现一致性的变化趋势。整体而言，当键盘更小时，Offset$_y$ 倾向于在幅度上变得更小，这与 Sheik-Nainar[14]在键盘尺寸≥4mm 的目标上的发现是一致的。

　　系统偏差方面的结论体现出了一种边缘效应：当点击在键盘边缘的按键时，被试的落点倾向于无意识偏向键盘外面的区域。在图 3-7(a)中(键盘被缩放到了同一尺寸。每个按键的颜色深度表示偏差的大小。箭头显示了不同按键相对的偏差大小，但与键盘的缩放比例不一致)，最左侧按键("Q""A""Z")的 Offset$_x$ 较小，而最右侧按键("P""L""M")的 Offset$_x$ 值较大。在 Y 方向，顶部行(均值 = –0.22 mm)比中间行(均值 = –0.06 mm)和底部行(均值 = 0mm)的 Offset$_y$ 大得多。在采访中，大部分(19/20)的被试也提到了边缘效应：当点击在边缘上的小尺寸按键时，内部的按键起到了障碍的作用，使得他们无意识地想要避免误触到。结果就是，系统偏差倾向于朝向这些障碍的反方向。

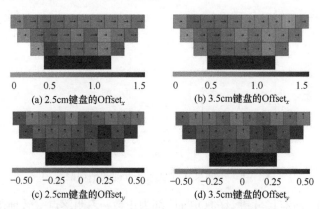

(a) 2.5cm键盘的Offset$_x$　　　　　(b) 3.5cm键盘的Offset$_x$

(c) 2.5cm键盘的Offset$_y$　　　　　(d) 3.5cm键盘的Offset$_y$

图 3-7　　2.5cm 和 3.5cm 键盘上的点击偏差

2) 触摸落点的分布

　　为了衡量落点的分布范围，在 X 和 Y 方向分别计算了 SD$_x$ 和 SD$_y$，即触摸落点位置的标准差。图 3-8 展示了合并所有被试，以及针对单个被试的数据分别计算出的平均分布范围，图中显示95%置信椭圆，椭圆尺寸相对于按键尺寸(正方形框)进行了归一化，椭圆的中心被平移到了按键的中心，以便于比较尺寸。SD_x和SD_y分别在X和Y方向上统计，单位为毫米(mm)，且以箭头表示。为了便于比较不同键盘尺寸下的结果，将椭圆的中心与按键的中心进行了对齐。在所有尺寸下，单个被试分布的宽度都比高度更大，这与 Azenkot 等[3]的发现是一致的。然而，合并所有被试的结果后，分布的高度却总是大于宽度。在平均值上，单个用户分布的宽度和高度分别是合并分布的 77%(标准差为 2.9%)和 63%(标准差为 2.0%)。这表明，单个被试的触摸点击行为还是比较精准的，但是不同用户的系统偏差(特别是竖直方向)差别非常大，导致了合并分布的范围较大[3]。

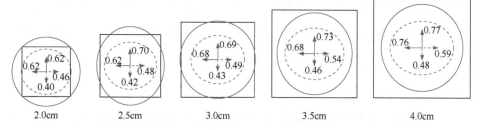

图3-8   不同尺寸键盘下的合并分布(实线)和平均单个被试分布(虚线)的范围

键盘尺寸对于$SD_x(F_{4,24}=16.5, p < 0.0001)$和$SD_y(F_{4,24}=18.9, p < 0.0001)$都显示出了显著的影响。如预期一样，随着键盘尺寸的增大，落点分布的范围也同时增大。然而，在 4.0cm 键盘上，单个被试的落点分布范围只比 2.0cm 键盘上大了24%，这表明，对于较大的按键，被试点击时只利用了比按键的显示范围更小的区域。即使对于 2.0cm 的键盘，单个被试的 95%置信椭圆也仅仅覆盖了大约 1.2倍的按键宽度。这表明即使存在系统偏差，被试在超小尺寸的软键盘上的点击精度还是较高的。

3) 空格键

按照键盘尺寸从小到大，点击空格键的错误率分别为30.5%、16.1%、12.3%、10.2%和3.8%。表 3-1 显示了每个尺寸下点击空格键的平均偏差和落点分布范围。与 Azenkot 等[3]的发现一致，$Offset_x$为正，而且幅度大约是字母键的三倍。然而，$Offset_y$的规律十分不同，与字母键相反，在所有尺寸的键盘下，都得到了明显的正的$Offset_y$(参考图 3-7(c)和图 3-7(d))，这表明落点倾向于落在空格键中心的下方。该结果与前面提到的边缘效应一致。在点击空格键时，被试们没有明显受到键盘尺寸的影响。在$X(p = 0.61)$和$Y(p = 0.32)$方向，键盘尺寸都没有显示出对落点偏差的显著性影响，而且我们也没有发现一致的变化趋势。

表 3-1　每个尺寸下点击空格键的平均偏差和落点分布范围

键盘尺寸/cm	Offset$_x$/mm	Offset$_y$/mm	SD$_x$/mm	SD$_y$/mm
2.0	1.47	0.49	1.27	0.78
2.5	1.62	0.34	1.62	0.85
3.0	1.62	0.29	1.84	0.87
3.5	1.53	0.42	2.04	0.99
4.0	1.54	0.32	2.31	0.93

空格键对应的落点分布范围比字母键明显更大。与预期一致，键盘尺寸在 $X(F_{4,76} = 82.3, p < 0.0001)$ 和 $Y(F_{4,76} = 3.18, p < 0.05)$ 方向上都显示出了对分布范围的显著影响。有趣的是，在不同尺寸的键盘上，被试使用的区域占按键尺寸的比例是相对固定的。在不同尺寸的键盘上，95%置信椭圆平均覆盖了54%(标准差为2.1%)的按键宽度(图 3-5)；SD$_x$ 和空格键宽之间线性拟合的 R^2 达到了 0.98。然而，没有在 Y 方向发现类似的特征($R^2 = 0.56$)。

4. 主观喜好

采用五级利克特量表问卷采集被试对于不同尺寸键盘的主观评分。测量维度包括感知的速度、感知的正确率、舒适性、疲劳程度和偏好程度。每个维度的评分范围为1~5，其中 1 为最差，5 为最好。问卷的克龙巴赫系数为 0.98，表明问卷的内在一致性是值得信赖的。图 3-9 展示了不同尺寸的键盘在每个维度下的评分，圆圈内数值表示平均分。

随着键盘尺寸的增大，所有的评分都单调上升，表明被试在每个维度上都更喜欢更大尺寸的键盘。键盘尺寸对所有维度的评分都表现出显著性影响：感知的速度($\chi^2(4)$ =68.7, $p < 0.001$)、感知的正确率($\chi^2(4)$ =69.7, $p < 0.001$)、舒适性($\chi^2(4)$ =

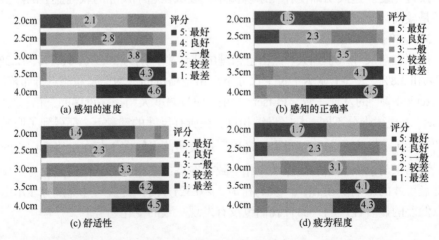

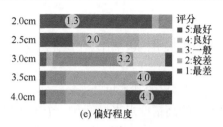

(e) 偏好程度

图 3-9　不同尺寸的键盘在每个维度下的评分(实验一)

68.3, $p < 0.001$)、疲劳程度($\chi^2(4)$=67.9, $p < 0.001$)和偏好程度($\chi^2(4)$=67.1, $p < 0.001$)。然而，从结果看来，3.5cm 的键盘就能达到足够的用户满意度了，4.0cm 相对于 3.5cm 在评分上的提升，比更小的尺寸之间的提升要明显小很多。后验分析也显示，对于尺寸≤3.5cm 的键盘，键盘尺寸在所有维度上都显示出了显著性影响，但是 4.0cm 仅在感知的正确率方面比 3.5cm 更高。

同时对被试进行采访，以了解他们觉得能舒适输入的最小的键盘尺寸。令人惊讶的是，17/20 的被试都选择了 3.0cm。相比于相邻的尺寸，18 名被试都说 2.5cm 比 3.0cm 要困难得多。这与图 3-4(b)是相吻合的，从图中可以看出，3.0cm 是打字正确率发生明显下降的分割点。此外，大部分(16/20)的被试评价说 3.5cm 的键盘比 3.0cm 的键盘需要的注意力要少很多。在尺寸≥3.5cm 的键盘上，他们可以放松地输入，但是对于尺寸≤3.0cm 的键盘，他们就必须比较小心地输入(图 3-9(c)和图 3-9(d))。

当键盘足够大时(≥3.5cm)，被试们可以放松地使用指肚来进行触摸输入，就像在手机上输入一样(图 3-10(a))。然而，对于更小的键盘，他们倾向于竖直地立起手指，使用手指尖进行输入(图 3-10(b))。需要注意的是，立起的程度更高将会导致落点的位置也更高[15]，因而，这个行为解释了我们之前的发现，即在图 3-6 和表 3-1 每个尺寸下空格键的点击偏差和分布范围中，3.0cm 键盘的 Offset$_y$ 比 3.5cm 键盘要小。有趣的是，Sheik-Nainar[14]也发现，被试在点击 2.0mm 的目标时的落点位置比点击 4.0mm 的目标时更高，这也支持了本节的发现，即触摸的姿势可能在 3.0cm 和 3.5cm 的目标之间发生了改变。

(a) 在大尺寸键盘上倾斜地点击　　　　　　(b) 在小尺寸键盘上竖直地点击

图 3-10　不同尺寸下不同的触摸姿势示意图

3.3　高精度贝叶斯算法的输入效果验证

本节基于 Goodman 等[13]提出的基本贝叶斯算法实现了一个智能的键盘算法。该算法结合了实验一中得出的高精度点击模型和一个单元单词级别语言模型，在实际使用中易于部署，而且计算效率较高。然后，在不同尺寸的键盘上测试了该智能键盘算法的效果。

1. 键盘算法

使用基本贝叶斯算法作为输入解码器。对于每个输入的单词，根据输入的落点序列，计算在一个预定义的词典中所有可能的单词的似然度，并推荐具有最高似然度的单词给用户选择。这种算法只需要很小的语言模型和少量的计算资源，这使得它成为在智能手表上的合适选择。该算法的一个限制是不能输入任意字母串，但是假设日常生活中大部分的文本输入任务都是单词级别的输入，所以这不会成为明显问题。

设 W 是词典中的一个单词，I 是输入落点的序列，使用式(1-1)计算似然度 $P(W|I)$。与已有工作[16,17]类似，算法仅考虑那些与 I 的长度相同的 W(字母数量与落点数量匹配)。在式(1-1)中，$P(W)$是词典中 W 的频率，我们使用了一个单元单词级别的语言模型，包括美国国家语料库(American National Corpus，ANC)中最高频的 10000 个单词与对应的频率,该语料库是从 2200 万个书面式英语单词中统计得来。根据 Nation 等[18]的报告，10000 个单词足够覆盖90%的书面用英语。

使用式(1-3)计算 $P(I|W)$，并且对公式取对数以避免运算下溢。与已有工作类似，采用二维高斯分布计算 $P(I_i|W_i)$(如[3,13])。对于每个按键 × 键盘尺寸组合，根据实验一的结果确定高斯分布的均值和标准差。为了避免抽样偏差,根据 Bishop 等[19]的工作，分别调整了 X 和 Y 方向的标准差，即

$$\sigma = \sqrt{\frac{N}{N-1}} \times \sigma_{\text{obs}} \tag{3-2}$$

其中，σ_{obs} 和 N 分别表示合并的分布的标准差，以及参与统计的落点数量。

2. 被试

从校园中招募 16 名被试(11 名男性，5 名女性)，平均年龄为 23.3 岁(标准差为 1.8 岁)。所有被试都没有参与过实验一，日常生活中都使用 QWERTY 键盘，并且平均有 6.9 年(标准差为 3.2 年)的使用触摸屏设备的经验。所有被试都是右利手。每名被试获得一定报酬作为被试费。

3. 实验设计

与实验——样，本实验使用一台 HTC One 手机作为实验设备。图 3-11 展示了虚拟键盘界面。为了模拟真实的智能手表，除了手表图案之外，去掉了其他所有的视觉元素。此外，落在手表区域外部的触摸落点将被忽略。当触摸事件被监测到时，系统将发出点击音效。在实验过程中，系统根据被试的输入，在键盘的上方显示一行最可能的单词。被试可以点击候选词或者其上方的区域来选择这个单词(图 3-11(a)，虚线框表示每个候选词的点击响应区域，对被试不可见)，或者可以点击空格键来默认选择第一个候选词，两种选择方式都会自动在选择的单词之后追加一个空格。根据经验选择显示三个候选单词，以平衡预测的准确度和每个单词宽度之间的制约(对于真正的文本输入技术，可以通过右滑提供更多的候选单词)。因为点击功能键的正确率对于键盘算法是至关重要的，所以没有提供退格键。取而代之，用户可以通过左滑来删除最后输入的单词。这种滑动删除的手势在研究(如文献[1]、[5])和商业产品的智能键盘算法中都是十分常见的。

(a) 输入过程中，界面显示一行三个候选单词　　　(b) 输入完成后，界面显示输入速度和错误率

图 3-11　虚拟键盘界面

4. 实验流程

本实验的流程与实验一相同，不过在本实验中，被试采用站姿进行文本输入，以模拟生活中与智能手表交互的场景。在完成每个任务句子后，被试可以右滑来看到这句话的输入速度和错误率(图 3-11(b))。然后，他们通过再次右滑来进入下一个句子。

5. 实验结果

图 3-12(a)展示了不同尺寸键盘的平均输入速度。按照尺寸从小到大，平均输入速度分别为 26.8WPM、30.2WPM、32.6WPM、33.6WPM 和 33.2WPM。键盘尺寸显示出了对输入速度的显著性影响($F_{4,60}$=24.7, $p < 0.0001$)。后验分析发现，2.0cm 和 2.5cm 键盘上的输入速度显著慢于更大的键盘，而≥3.0cm 的键盘之间没有显著性差别。与已有的智能手表文本输入技术相比，我们的智能键盘比字符级别的输入技术[1,2]

速度快得多，并且与在手机尺寸的软键盘上进行单指输入的速度[3]相当。

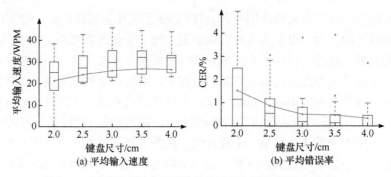

(a) 平均输入速度   (b) 平均错误率

图 3-12   不同尺寸键盘的平均输入速度和平均错误率(实验二)

1) 错误率

与实验一类似，首先计算了字符级别错误率(character error rate,CER)，其数值等于落在目标按键外的落点的比例。随着键盘尺寸的增大，平均错误率分别为 89.9%、85.8%、82.4%、79.9%和 78.6%，这表明被试的触摸点击还是比较精准的。

然后，利用 CER 衡量未修正的 CER，该指标是评测智能键盘输入技术的一个常用指标(如文献[5]、[20])。CER 可以解释为把输入的字符串转化为目标字符串所需要的最少的插入、替换和删除次数，除以目标字符串的字符数。图 3-12(b)显示了不同尺寸键盘的 CER。按照尺寸从小到大，平均 CER 分别为 1.9%、1.1%、0.6%、0.6%和 0.4%。键盘尺寸显示出了对 CER 的显著性影响($F_{4,60}$=13.5, $p <$ 0.0001)。后验分析发现，2.0cm 键盘的错误率显著高于更大的键盘。

2) 交互行为统计

本节统计分析了被试在键盘上输入时的交互行为，以进一步研究他们的输入过程。表 3-2 展示了不同键盘尺寸下交互行为的平均比例，是和否表示是否选择了正确的单词。

表 3-2   不同键盘尺寸下交互行为的平均比例

尺寸/cm	选择 top-1/%		选择 top-2/%		选择 top-3/%		选择空格键/%		删除/%	总数 N
	是	否	是	否	是	否	是	否		
2.0	54.7	2.1	16.7	1.5	7.9	1.6	10.2	1.6	3.7	128
2.5	62.9	1.7	15.5	0.9	5.4	0.7	10.6	0.8	1.5	123
3.0	69.7	1.1	11.7	0.9	3.3	0.2	11.0	0.7	1.4	122.2
3.5	70.3	1.6	10.5	0.4	3.3	0.3	11.9	0.4	1.3	122.2
4.0	72.3	1.4	9.0	0.5	3.3	0.2	11.6	0.2	1.4	122.4

在所有尺寸的键盘上，选择 top-1 都是比例最高的行为，而且随着键盘尺寸

的增大，它的占比单调上升。键盘尺寸从 2.0cm 到 4.0cm，是否选择 top-1 行为占所有行为的比例从 56.8%增加到 73.7%，这表明，在半数以上的情况下，键盘算法都能在第一候选中成功预测目标单词。

相比于选择空格键，被试更倾向于从候选词列表中选择单词。对于全部五种尺寸的键盘，选择 top-1 的频率都是选择空格键频率的 4 倍以上。在采访中，被试提到当从候选词列表中选择单词时，他们可以使用按键上方的屏幕空间，这比点击空格键要容易(图 3-11(a))。这一点尤其重要，因为不像句子级别的解码技术(如文献[5])，本节的算法假设空格键的点击始终是准确的，而如果识别错误，则被试纠正该错误的时间可能很长。

对于所有五种尺寸的键盘，被试都只进行很少量的删除操作。然而，2.0cm 键盘的删除频率比其他尺寸要高得多，这表明，即使有智能键盘算法的帮助，2.0cm 对于被试舒适的输入而言还是太小了。

3) 主观喜好

采用与实验一相同的调查问卷来采集被试的主观评分。问卷的克龙巴赫系数为 0.95。图 3-13 展示了不同尺寸的键盘在每个维度下的评分，圆圈内数值表示平均分。

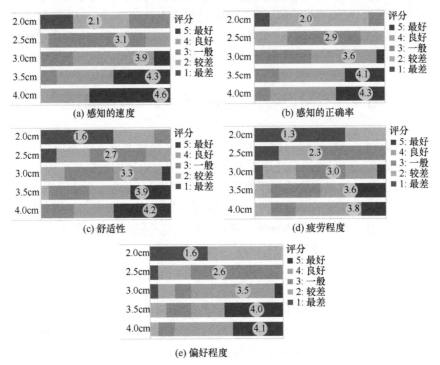

图 3-13　不同尺寸的键盘在每个维度下的评分(实验二)

与实验一相同，每个维度的评分都随着键盘尺寸单调上升，这表明更大的键盘更受到被试的喜爱。键盘尺寸对所有指标都显示出了显著影响：感知的速度（$\chi^2(4)$=56.1, $p<0.001$）、感知的正确率（$\chi^2(4)$=55.1, $p<0.001$）、舒适性（$\chi^2(4)$=55.0, $p<0.001$）、疲劳程度（$\chi^2(4)$=54.6, $p<0.001$）和偏好程度（$\chi^2(4)$=55.8, $p<0.001$）。后验分析发现，3.0cm 的键盘在感知的速度和偏好程度上都显著优于 2.5cm 的键盘，而在 3.5cm 的键盘与相邻尺寸之间，所有维度的得分都没有显著的差别。

在被试觉得能放松输入的最小键盘尺寸方面，7 名被试选择了 2.5cm，7 名被试选择了 3.0cm，2 名被试选择了 3.5cm。与实验一的结果(17/20 的被试选择了 3.0cm)相比，本结果说明了在智能键盘算法的帮助下，被试们可以在更小的键盘上进行输入。

有趣的是，在采访过程中，大部分(12/16)被试提到他们觉得 3.5cm 是所有尺寸中最喜欢的。与此相比，他们觉得 4.0cm 键盘并不会明显提升输入的正确率，但会使得手指的移动距离更远。

4) 小结

本节在不同尺寸的超小全键盘上评测了优化点击模型精度的贝叶斯算法的效果。结果发现，结合了高精度点击模型、单元语言模型，以及可以显示三个候选单词的输入界面之后，被试可以在 2.0cm 的键盘上达到 26.8WPM 的输入速度和小于 2.0%的 CER。与更小的键盘相比，≥3.0cm 的键盘会带来输入速度和用户喜好上的显著提升。在所有五种键盘尺寸中，3.5cm 的键盘是最受用户喜爱的。

3.4　不同设备上的输入效果一致性验证

实验二展示了被试在具有智能算法的超小全键盘上输入时的效果和主观喜好。然而，实验一和实验二都使用了绑在被试手腕上的智能手机来模拟智能手表。因此，验证这些结果是否也适用于真实的智能手表设备，这一点十分重要。为此，开展第三个用户实验，在该实验中，被试在真实的智能手表上，使用与实验二中同样的键盘算法完成文本输入任务。特别关注的是不同的设备(手机 vs.手表)是否会对结果产生显著性的影响。

1. 被试

我们从校园招募了另外 16 名被试(11 名男性，5 名女性)，平均年龄为 24.0 岁(标准差为 1.5 岁)。所有被试都没有参与过前面的实验，日常生活中都经常使用 QWERTY 键盘，而且平均有 6.1 年(标准差为 1.4 年)使用触摸屏设备的经验。所有被试都是右利手。每名被试获得一定报酬作为被试费。

2. 实验设备

在本实验中，使用一台运行 Android Wear 系统的 Moto 360 智能手表作为设备(图 3-14)。该手表的表面为圆形，直径为 3.96 cm。在实验过程中，实验平台记录所有的点击事件，并在每次点击事件发生时记录落点的坐标(以像素为单位)和时间戳(以毫秒为单位)。屏幕的 PPI 为 205，等价于 1 像素=0.124mm。

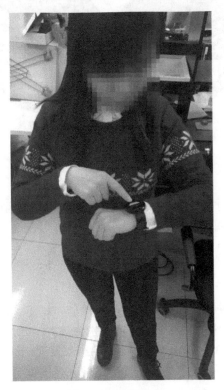

图 3-14　实验环境

3. 实验设计

图 3-15 展示了实验平台的界面，与实验二中的界面基本一致。然而，我们的交互设计与实验二有两处不同。①由于 Moto 360 没有扬声器，所以没有提供声音反馈。这与公共场所中的交互场景类似，因为此时环境噪声往往使得声音反馈难以听见。②由于在实验二中被试几乎不使用空格键(表 3-2)，所以将空格键从键盘上移除，以节省屏幕空间。

在本实验中，只测试了 3.0cm 和 3.5cm 的键盘，因为实验二的结果显示，这两个尺寸在真实智能手表上的可用性是最高的。在实验二中，超过半数的被试(9/16)将≥3.0cm 选为可以放松输入的最小键盘尺寸。因而，我们相信≤2.5cm 的尺寸对于放松输入而言太小。另外，相比于 3.5cm 的键盘，4.0cm 的键盘并不会显著提升正确率，但会导致更低的输入速度(图 3-12)。此外，截至 2018 年，大部分智能手表(如 Sony SmartWatch、Moto 360、Samsung Gear S 和 Apple Watch)的屏幕尺寸都是小于 4.0cm 的，因而认为 4.0cm 键盘的可用性也不高。

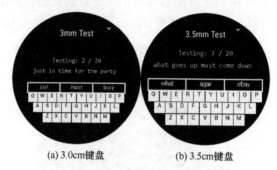

(a) 3.0cm键盘　　　　　　　　(b) 3.5cm键盘

图 3-15　实验三中使用的实验平台界面

4. 实验流程

被试使用两种尺寸的键盘完成文本输入任务，不同键盘的顺序是经过平衡的，实验流程与实验二相同。

5. 实验结果

1) 输入速度

表 3-3 展示了两种键盘的平均输入速度和平均 CER，括号中显示了标准差。3.0cm 和 3.5cm 键盘上的平均输入速度分别为 33.4WPM(标准差为 4.9WPM)和 35.0WPM(标准差为 5.3WPM)。配对 t 测试的结果发现，键盘尺寸对输入速度有显著性影响(t_{15}=2.31，$p < 0.05$)，更大键盘上的输入速度也更高。

表 3-3　两种键盘的平均输入速度和平均 CER

尺寸/cm	平均输入速度/WPM	平均 CER/%
3.0	33.4 (4.9)	0.6 (0.8)
3.5	35.0 (5.3)	0.2 (0.3)

与实验二中 3.0cm 和 3.5cm 键盘上的速度相比，智能手表和智能手机上的输入速度差别仅仅为 0.8WPM 和 1.4WPM。同时，混合因素方差分析发现设备(手机 vs.手表)对输入速度没有显著性影响($p = 0.63$)，这表明，在仔细设计的前提下，在实验中使用手机来代替智能手表时，同样尺寸的键盘上测量的输入速度不会有显著的差别。

　　Gordon 等[21]发现,当使用统计解码技术时,被试可以在智能手表上使用 3.0cm 键盘达到 22WPM 以上的输入速度,这比我们测得的速度要慢。将该差异归结为两点原因:①WatchWriter 使用了一个包含 16 万个单词的语言模型,这比本实验使用的 10000 个单词的语言模型要大得多,从而输入正确率更有挑战;②WatchWriter 的底层算法由 Google Keyboard 移植而来,而该算法最初是为智能手机设计的。与此相比,本节使用的高精度点击模型是直接在超小全键盘上测量得来的,因而可以更好地描述被试的触摸行为,带来更高的正确率。

　　2) 错误率

　　以 CER 来衡量错误率。表 3-3 展示了两种键盘的平均 CER。3.0cm 和 3.5cm 键盘上的平均 CER 分别为 0.6%(标准差为 0.8%)和 0.2%(标准差为 0.3%)。与实验二中相似,键盘尺寸没有显示出对错误率的显著性影响。

　　与输入速度方面的结果一致,被试的输入错误率并没有受到不同设备的影响。通过混合因素方差分析发现,使用手表和手机时的错误率间没有显著性差别(p=0.37)。这再一次验证了在文本输入实验中,使用智能手机代替真正的智能手表的可行性。

　　3) 主观喜好

　　使用实验一和实验二中相同的调查问卷采集被试对键盘的主观评分,问卷的克龙巴赫系数为 0.85。图 3-16 展示了两种键盘在不同维度的得分,圆圈内数值表示平均分。

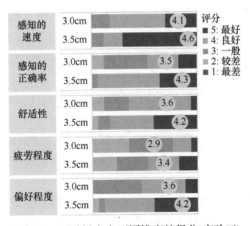

图 3-16　两种键盘在不同维度的得分(实验三)

　　与实验一和实验二中相同,3.5cm 键盘在所有维度上的评分都比 3.0cm 的键盘高。威尔科克森符号秩检验发现,键盘尺寸对于所有维度都有显著性影响:感知的速度 ($Z = -2.33$, $p < 0.05$)、感知的正确率 ($Z = -2.81$, $p < 0.01$)、舒适性 ($Z = -3.00$, $p < 0.01$)、疲劳程度 ($Z = -2.31$, $p < 0.05$) 和偏好程度

$(Z = -2.50, p < 0.05)$。有趣的是，设备对任何维度都没有显示出显著影响(感知的速度$(p = 0.15)$、感知的正确率$(p = 0.79)$、舒适性$(p = 0.19)$、疲劳程度$(p = 0.85)$、偏好程度$(p = 0.55)$)。

4) 采访反馈

本节汇总了一些从被试采访中得到的主观反馈。这些反馈不仅有助于理解他们的输入行为，也为研究者提供了有价值的设计启发。

虽然大部分被试在一开始都比较小心，输入速度也较慢，但是在经过少量的练习后，他们就能流畅地进行输入了。

"学习使用这个键盘非常容易，当我放松下来输入而不是非常小心后，我甚至能打得更准了。"(P5)

在实验之后，被试整体上对于超小尺寸智能键盘的输入速度和正确率都比较满意。

"简直难以置信！大部分时候键盘都能正确地猜到我想输入的词！"(P2)

在输入过程中，一些被试倾向于将右手支撑在左手手背上。

"我发现当我把右手放在左手手背上时，因为我的手更加稳定，所以我可以打得更快更准。"(P11)

一些被试建议在每次点击时提供一些反馈(如声音)将会很有帮助。

"如果有某种形式的声音反馈就完美了。这将会让我更加有信心，也会打得更快。"(P16)

在大部分情况下，通过滑动删除整个单词十分方便。然而，一些被试建议，滑动删除一个字母的功能也会很有用。

"我认为滑动删除的功能十分高明，用起来也觉得很自然，但是如果我有时可以仅仅删除一个字母就会更棒了。"(P7)

在输入效率方面，一些被试提到，输入过程中最耗费时间的操作是选择候选词。

"我在候选词列表中寻找和选择目标单词上花了大量时间。在大部分情况下，我必须在屏幕的上部区域点击来选择第一个候选，这个操作很花时间。"(P9)

5) 小结

本节在真实的智能手表上重复了实验二，并去掉了空格键来提升选择单词的体验。结果表明，在 3.0cm 和 3.5cm 的键盘上，使用手机或手表在感知的速度、感知的正确率、舒适性、疲劳程度和偏好程度等方面并不会带来显著的差别。

参 考 文 献

[1] Oney S, Harrison C, Ogan A, et al. ZoomBoard: A diminutive qwerty soft keyboard using iterative

zooming for ultra-small devices//Proceedings of the SIGCHI Conference on Human Factors in Computing Systems, 2013: 2799-2802.

[2] Leiva L A, Sahami A, Catala A, et al. Text entry on tiny QWERTY soft keyboards//Proceedings of the 33rd Annual ACM Conference on Human Factors in Computing Systems, 2015: 669-678.

[3] Azenkot S, Zhai S M. Touch behavior with different postures on soft smartphone keyboards//Proceedings of the 14th International Conference on Human-Computer Interaction with Mobile Devices and Services, 2012: 251-260.

[4] Findlater L, Wobbrock J O, Wigdor D. Typing on flat glass: Examining ten-finger expert typing patterns on touch surfaces//Proceedings of the SIGCHI Conference on Human Factors in Computing Systems, 2011: 2453-2462.

[5] Vertanen K, Memmi H, Emge J, et al. VelociTap: Investigating fast mobile text entry using sentence-based decoding of touchscreen keyboard input//Proceedings of the 33rd Annual ACM Conference on Human Factors in Computing Systems, 2015: 659-668.

[6] Kristensson P O, Vertanen K. Performance comparisons of phrase sets and presentation styles for text entry evaluations//Proceedings of the 2012 ACM International Conference on Intelligent User Interfaces, 2012: 29-32.

[7] MacKenzie I S, Zhang S X. An empirical investigation of the novice experience with soft keyboards. Behaviour & Information Technology, 2001, 20(6): 411-418.

[8] MacKenzie I S, Soukoreff R W. Phrase sets for evaluating text entry techniques//CHI'03 Extended Abstracts on Human Factors in Computing Systems, 2003: 754-755.

[9] MacKenzie I S. A note on calculating text entry speed. Toronto: York University, 2002.

[10] Sears A, Revis D, Swatski J, et al. Investigating touchscreen typing: The effect of keyboard size on typing speed. Behaviour & Information Technology, 1993, 12(1): 17-22.

[11] Sears A, Zha Y. Data entry for mobile devices using soft keyboards: Understanding the effects of keyboard size and user tasks. International Journal of Human-Computer Interaction, 2003, 16(2): 163-184.

[12] Chapuis O, Dragicevic P. Effects of motor scale, visual scale, and quantization on small target acquisition difficulty. ACM Transactions on Computer-Human Interaction, 2011, 18(3): 1-32.

[13] Goodman J, Venolia G, Steury K, et al. Language modeling for soft keyboards//Proceedings of the 7th International Conference on Intelligent User Interfaces, 2002: 194-195.

[14] Sheik-Nainar M. Contact location offset to improve small target selection on touchscreens. Proceedings of the Human Factors and Ergonomics Society Annual Meeting, 2010, 54(6): 610-614.

[15] Holz C, Baudisch P. The generalized perceived input point model and how to double touch accuracy by extracting fingerprints//Proceedings of the SIGCHI Conference on Human Factors in Computing Systems, 2010: 581-590.

[16] Findlater L, Wobbrock J. Personalized input: Improving ten-finger touchscreen typing through automatic adaptation//Proceedings of the SIGCHI Conference on Human Factors in Computing Systems, 2012: 815-824.

[17] Goel M, Jansen A, Mandel T, et al. ContextType: Using hand posture information to improve

mobile touch screen text entry//Proceedings of the SIGCHI Conference on Human Factors in Computing Systems, 2013: 2795-2798.

[18] Nation P, Waring R. Vocabulary size, text coverage and word lists//Schmitt N, McCarthy M. Vocabulary: Description, Acquisition and Pedagogy. Cambridge: Cambridge University Press, 1997: 6-19.

[19] Bishop C M, Nasrabadi N M. Pattern Recognition and Machine Learning. New York: Springer, 2006.

[20] Soukoreff R W, MacKenzie I S. Metrics for text entry research: An evaluation of MSD and KSPC, and a new unified error metric//Proceedings of the SIGCHI Conference on Human Factors in Computing Systems, 2003: 113-120.

[21] Gordon M, Ouyang T, Zhai S M. WatchWriter: Tap and gesture typing on a smartwatch miniature keyboard with statistical decoding//Proceedings of the 2016 CHI Conference on Human Factors in Computing Systems, 2016: 3817-3821.

第4章 视觉反馈对输入行为的影响机制

注意力是选择性地专注于一些信息的同时忽略其他可感知信息的行为和认知过程。虽然对于视觉注意力(visual attention，VA)的模型存在着不同的假设，但是一般来说，视觉注意力是一个两阶段的过程[1]：第一阶段，注意力被均匀地分布在所感知的视觉场景中，信息以并行的方式预处理；第二阶段，注意力集中在视觉场景中的一个特定区域(焦点)，信息以串行的方式处理。视觉注意力可以认为是主动与被动相结合的。视觉注意力的主动性在于，用户可以根据自己的倾向性选择想要关注的视觉内容，从而主动忽略其他不感兴趣的视觉内容，造成无意视盲(inattentional blindness，IB)，例如，人们仔细观察物体时会注意不到周围人打招呼。视觉注意力的被动性在于，用户的视觉注意力会被其接受视觉反馈中的刺激所影响，从而改变视觉注意力的对象，例如，人们在看视频时会被视频中与其他内容格格不入的干扰物所吸引。正是由于视觉注意力的两面性，在人机交互任务的优化过程中，对于用户视觉注意力的优化不仅局限于对视觉反馈的优化，也包括对交互任务的视觉需求和依赖、对用户主观视觉使用方式的优化。

Card 等[2]提出，人类大脑也可以看成一个如同计算机一样的信息处理系统。他提出的人的信息处理模型能够分为三个子系统：感知子系统、认知子系统、运动子系统，每个子系统包含对应的存储和处理机。感知子系统中包含各种传感器和缓冲存储，其中最重要的组成部分就是视觉传感器(通常指人眼中的视网膜)和视觉图像存储(visual image store，VIS)。认知子系统从感知子系统中获取被符号化编码后的信息，将其存储在工作记忆(working memory，WM)中，并且使用之前存储在长时记忆(long-term memory，LTM)中的信息一起决定如何做出回应。最后，运动子系统将会执行人类的回应。图 4-1 展示了一个典型的人的信息处理模型。信息会在三个子系统组成的流水线中持续地从输入到输出流动，三个子系统一般会同时工作。

对于一般的动作交互来说，三个子系统之间存在依赖，形成串行关系，即运动子系统的信息来源依赖于认知子系统的结果(大脑思考)，认知子系统的信息来源依赖于感知子系统的结果(视觉和听觉等信息输入)。因此，一个完整的"动作闭环"(motion closed loop，MCL)的时间开销是这三个子系统的线性叠加。自然动作交互中的很多输入行为都是通过手的运动完成的，如手指点击手机图标、手持鼠标点击按钮等，这就需要用户具有一定的手眼协同(hand-eye coordination，HEC)

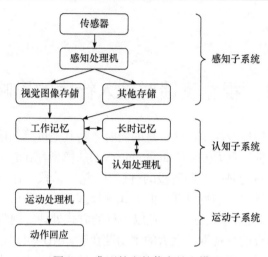

图 4-1　典型的人的信息处理模型

能力。手眼协同操作可以按照显示域和控制域的结构分为两类：一类是显示域与控制域相同的直接操作，如手机上的触摸操作；另一类是显示域与控制域分离或解耦的间接操作，如鼠标操作。手眼协同中的一大部分是视觉引导的手部运动，即用户用手输入，用眼接收反馈的时候，眼睛通常会先于手到达所需要触碰的目标[3]，为手执行操作提供目标的形态、尺寸、位置和方向等。眼睛获得的视觉信息会提供手(或手控制的光标)与目标位置之间的误差，以便手对接下来的动作进行调整。

　　自然动作交互中，一个完整的手眼协同交互任务通常需要经历多段动作闭环。以典型的目标获取任务为例，如图 4-2 所示，用户需要用手控制鼠标点击屏幕上的一个圆形目标，用户将鼠标从右下角初始位置移动到圆形目标上。鼠标移动过程类似黑色→灰色→白色。假设初始状态下用户的鼠标在屏幕右下角，那么这个任务用户需要经历三个阶段的动作交互[4]。

　　(1) 用户的视线到达目标的位置。

　　(2) 用户的鼠标进行粗粒度移动到目标位置附近。

　　(3) 用户的鼠标进行细粒度移动到目标位置上，完成目标选择。

　　第一个阶段，视线首先需要"固定"目标，以不断刷新对其位置变化等特征的记忆，产生感知内容的副本[5]，保证目标选择动作的持续进行。在这个过程中，正如前文所述，眼睛所能清晰看到的区域(中心视觉)极其有限，因此用户不可避免地需要控制眼球移动视线来聚焦到目标位置。根据 Card 等[2]的结果，视线从一个位置移动到另一个位置的扫视(saccade)过程需要 30ms 左右，然后聚焦并持续停留(dwell)在某一位置 60～700ms。

图 4-2　典型的手眼协同任务——目标选择

　　接下来，手部运动一般会遵循从粗粒度到细粒度的原则进行移动。第二个阶段，手(以及控制的光标)会在没有视觉协助的状态下移到目标附近的大致位置，如图 4-2 中黑色鼠标到灰色鼠标的过程。第三个阶段，用户会在视觉中反馈的协助下精细地调整手(以及控制的光标)的位置以准确地获取目标。一般地，一段自然动作交互通常可以划分为 n 个阶段的单元动作交互，每一段单元动作交互都可以使用人的信息处理模型来建模，并使用单轮动作闭环来解释。在上述例子中 $n=3$，即典型的目标获取任务通常需要三轮动作闭环。

　　分离式键盘是专门考虑平板电脑的外形因素而设计的(如三星的 Galaxy Tab、苹果的 iPad 和微软的 Surface)。它将传统的 QWERTY 键盘分成两半，分别放在触摸屏的左侧和右侧，用户用双手握住设备并用拇指打字。与普通键盘相比，分离式键盘使得在走路、坐着或躺着的时候打字握得更稳，节省了宝贵的屏幕资源[6]，并且由于使用了两个拇指，一定程度上提高了打字性能[5,7-9]。尽管有这些优点，但分离式键盘在传统的打字模式中仍有缺点：用户必须经常在两个键盘之间来回切换视觉焦点。这不仅会导致眼睛/颈部疲劳，还会限制打字速度。

　　本章研究了用余光打字的模式，在这种模式下，用户将其视觉注意力集中在输出文本上，并将键盘保持在余光中(图 4-3)，他在输入时需要看到三个位置(用圆圈标记)：文本反馈(本图中的网址栏)和左、右的子键盘。当他专注于文本反馈区域时，两个分开的子键盘位于他的余光中。该模式不需要用户在界面的不同部分之间频繁切换视觉注意力。余光打字假定用户熟悉双拇指打字(如在智能手机上)，当键盘位于余光时，可以使用空间记忆和肌肉记忆打字。不同于盲打[10]和隐形键盘输入法[11]，用户在使用余光输入时仍能获得键盘的部分视觉反馈，这与近年来文本输入研究的进展形成了对比和补充。我们相信,越来越多的交互任务[12-14]正在争夺用户的视觉注意力，余光交互是一个很有前景的模式。

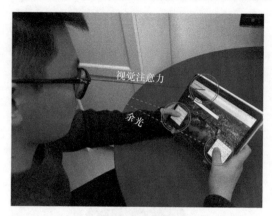

图 4-3　用户在平板电脑上使用分离式键盘打字

　　采用一种迭代的方法验证在分离式键盘上用余光输入的可行性。首先进行了一个 Wizard-of-Oz 实验来收集余光输入触摸数据，并将其与两种基本模式进行比较：直视和无键盘。结果表明，余光确实可以为拇指敲击的控制提供一定程度的视觉反馈。余光打字的触摸精度低于直视模式，但明显高于无键盘模式。然后，将派生的触摸模型和一个 1-gram 单词级语言模型相结合，开发出一个输入解码器。离线模拟和实际用户研究都表明该解码方法是有效的。当输入词汇时，余光打字(26.8WPM)比一般的直视打字(21WPM)提高了 27.6%。它还可以减少注意力转移，提高用户满意度。

　　为了支持余光打字的实际使用，包括输入词汇表外的单词(如不常用的姓名或地名)，进一步提出一种新的文本输入接口设计，它具有两个候选列表：一个与余光输入相关，位于输出文本下方；另一个与默认分离式键盘输出相关，位于键盘上方。通过这种设计，用户可以在没有显式模式切换操作的情况下，在余光打字模式和普通打字模式之间进行自由选择。这种设计使得余光输入可以很容易与当前的输入法(如商用键盘)结合起来，而不会产生冲突。我们还在一个真实的语料库中评估了原型——GlanceType，其中包含词汇表外的单词和非字母字符。结果表明，与商用键盘相比，GlanceType 的输入速度提高了 7.0%。

4.1　利用余光输入的触摸模型测量实验

　　本节的研究目的是收集分离式键盘上余光打字的触点数据，以供分析和理解。期望这些数据能为双拇指余光打字的可行性提供支持，并提供不同打字模式的深层见解。

1. 被试

从大学校园招募 18 名被试(15 名男性，3 名女性，年龄为 18~25 岁)。他们都是右利手，每天都有在个人手机上用 QWERTY 键盘打字的经验，以及都有使用平板电脑的经验。他们以前在平板电脑上打字时都把注意力集中在键盘上。

2. 实验设备

使用三星 Galaxy Tab SM-T800 平板电脑作为实验设备，触摸屏尺寸为 228mm×142mm，分辨率为 2560×1600 像素，质量为 465g。我们开发了一个安卓应用程序作为实验平台的软件。界面是以横向模式设计的，主要由两个组件组成：分离式键盘和文本区域(图 4-4)。

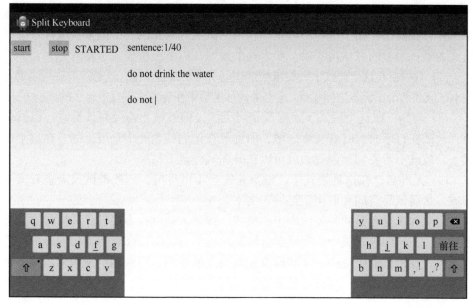

图 4-4　平板电脑上的实验界面

分离式键盘是用三星平板电脑上的商用横屏分离式键盘的屏幕截图呈现的。一个键的有效尺寸是 9.25mm×11.50mm。分离式键盘的两半分别位于触摸屏的左下角和右下角，这是平板电脑的默认设置。分离式键盘的位置经过被试确认为一个舒适的设置，被试在握紧平板电脑时很容易敲击键盘。

文本区域被放置在平板电脑的上半部分。它包含一个例句和一个编辑栏。被试需要在编辑栏中抄写例句。句子由小写字母和空格组成。另外还设计了一个右滑手势来代替空格键，一个左滑手势来代替删除键，目的是和字母敲击区分开来。完成当前句子后，右滑将进入下一个句子。

类似于之前的工作[7,11,15,16]，设计一个 Wizard-of-Oz 实验来模拟真实的打字场景。也就是说，无论被试在触摸屏上点击什么位置，界面始终显示正确的字符[10]。当平台检测到一个字母和空格不匹配时，会出现一个星号，要求被试进行更正。被试也被告知他们看到的文本反馈是被操纵的。为了收集更真实的打字数据，让被试想象键盘算法将足够智能，能够完美地理解他们的输入。

3. 实验设计

在实验中，将文本区域与拆分键盘之间的距离设置为 8～18cm，将平板电脑与被试眼睛之间的距离设置为 35～50cm。文本区域和拆分键盘之间的对应视角为 9.1°～28.8°，这属于人类的近余光。被试回馈说，当他们专注于文本区域时，无法避免在打字时瞥见键盘。

由于实验的目的是收集被试在注视键盘和不注视键盘两种情况下的打字数据，并且我们还控制了键盘的可视性作为测试余光效果的一个因素。设计一个以模式为唯一因素的被试内实验，要求每个被试在以下三种模式下输入。

(1) 直视：在这个模式下，要求被试在点击时要看着按键，这意味着视线需要在文本区域和两个子键盘之间切换。这也是日常生活中在分离式键盘上打字的典型方式。

(2) 余光：在这个模式下，键盘是可见的，但被试不需要直接看它。也就是说，被试在打字时只盯着文本区域，而键盘在他们的余光中是可见的。在这个模式下，被试不需要切换注意力就可以在分离式键盘上打字。

(3) 无键盘：在这种模式下，键盘是完全不可见的，因此被试只需查看文本区域，然后依靠空间和肌肉记忆输入文本。

余光和无键盘是两种视线固定的模式，即要求被试在不看键盘和拇指的情况下打字。在这两种模式中，被试部分地利用他们对 QWERTY 键盘的熟悉程度进行输入。在被试的余光中，实验没有控制键盘的视角，但录制了视频来监测被试的眼球，以确保他们不会盯着键盘看。

4. 实验流程

首先向被试介绍实验目的。实验前，被试必须熟悉在以上三种模式下打字。实验并没有规定被试持握平板电脑的姿势，只要他们能够用拇指在分离式键盘上舒服地敲击即可。根据被试在 QWERTY 键盘上两个拇指打字的专业水平，热身阶段需要 3～5min。

实验分为三个阶段，每个阶段对应一种模式。三种模式的顺序是经过平衡的。在每个阶段中，被试要完成从 MacKenzie 和 Soukoreff 短语集[17]中随机选择的 40 个短语。让被试尽可能自然地打字，当他们意识到打错了，就被要求改正它。建议被试在两个阶段之间休息一下。总体来说，每个被试的实验需要 25～35min。

5. 实验结果

在所有被试中,在直视、余光和无键盘三种模式下分别收集了 16992 个、17161 个和 16997 个触摸点。每个按键上,与收集到的触点分布质心在 X 轴或 Y 轴上偏差大于 3 倍标准差的触摸点被视为异常点并被移除。在三种模式的数据中,异常点分别占字母-触点配对的 2.65%、2.02% 和 2.09%。另外还检查了视频,以确认所有被试都遵守视线要求。

按键上触摸点分布的标准差反映了被试对按键的触摸有多精确。所有键的平均标准差在表 4-1 中给出。通过重复测量方差分析(repeated measures analysis of variance,RM-ANOVA)发现打字模式对 X 轴($F_{2,34}=118$, $p<0.0001$)和 Y 轴($F_{2,34}=147$, $p<0.0001$)上的平均标准差有显著影响。分析显示,两种视线固定的输入模式在 X 轴和 Y 轴上都比直视模式有明显的噪声,这导致推断被试的目标按键变得困难。还发现键盘在被试余光中的可见性影响了他们的打字行为。分析可知,余光模式和无键盘模式在 X 轴($F_{1,17}=25.0$, $p<0.0001$)和 Y 轴($F_{1,17}=70.7$, $p<0.0001$)上的平均标准差有显著性差异。图 4-5 显示了在不同模式下收集到的所有被试的触点,其中可以观察到落点扩散大小的显著差异,椭圆覆盖了对应按键上 90% 的触点。

表 4-1　按键上触点分布的平均标准差和位置偏移　　　　(单位:mm)

		直视	余光	无键盘
标准差	X 轴	1.24±0.34	2.81±0.90	3.62±1.37
	Y 轴	1.05±0.29	1.96±0.53	3.18±1.14
位置偏移	X 轴	−0.08±0.50	0.68±2.56	−0.29±2.33
	Y 轴	1.18±0.60	−1.46±1.65	−8.30±1.36

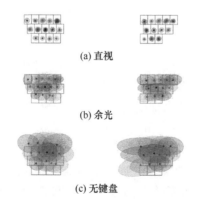

(a) 直视

(b) 余光

(c) 无键盘

图 4-5　在不同模式下收集到的所有被试的触点

落点分布质心与按键实际中心之间的偏移量反映了被试是否有进行打字位置的偏向。按键的平均偏移量在表 4-1 中给出。结果显示，被试倾向于在直视模式下点击在按键中心偏下一点点(正偏移)，在余光模式下点击在按键中心偏上一点点(负偏移)，在无键盘模式下点击在按键中心的大幅偏上。

4.2　贝叶斯算法输入性能模拟

在使用实际技术进行评估之前，首先进行性能模拟，以预览在 4.1 节研究的每个模式中输入的预测性能。本节介绍从用户的触摸点预测目标单词的解码算法，并给出了模拟结果。

1. 解码算法

使用基于 Goodman 等[3]所提出 1-gram 的贝叶斯算法，通过给定点击位置序列 $I = \{(x_i, y_i)\}_{i=1}^{n}$，可计算出一个单词 $w = w_1 w_2 \cdots w_n$ 在语料库中的后验概率为[5,10]

$$p(w \mid I) = p(w) \cdot p(I \mid w) / p(I) = p(w) \cdot \prod_{i=1}^{n} p(I_i \mid w_i) \tag{4-1}$$

其中，$p(w)$ 为 w 的词频；$p(I)$ 被视为常量并忽略。

使用两个高斯分布[7,10,18]在 X 轴和 Y 轴上对一个按键触点分布进行建模并计算一次点击的概率为

$$p(I_i \mid w_i) = p(x_i \mid X_{w_i}) \cdot p\left(y_i \mid Y_{w_i}\right) \tag{4-2}$$

其中，X_{w_i} 和 Y_{w_i} 符合键 w_i 上的高斯分布。

对于每种输入模式，在 4.1 节的研究中收集到的数据可以得到每个按键触摸模型高斯分布的平均值和标准差。

2. 模拟结果

使用美国国家语料库的前 10000 个单词作为语料库，分别对三种模式进行留一法交叉验证，并计算预测正确率。在每次迭代中，使用 17 名被试的数据训练触摸模型的参数，并在剩下那名被试的数据上进行测试。最后，得到平均正确率。图 4-6 给出了排名 top-1、top-5 和 top-25 的正确率，其中 top-K 表示目标词在算法根据概率排列的前 K 个候选词内。

top-1 正确率表示算法在被试完成点击后能精确地推荐目标单词。在直视、余光和无键盘模式中，top-1 正确率分别为 99.7%、92.3%和 75.0%。RM-ANOVA 显示

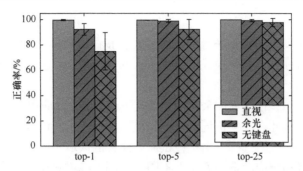

图 4-6　三种模式的 top-1、top-5 和 top-25 正确率(误差线表示标准差)

模式间存在显著差异($F_{2,34}=41.5$，$p<0.0001$)。分析显示，余光模式明显优于无键盘模式($F_{1,17}=30.5$，$p<0.0001$)，但明显低于直视模式($F_{1,17}=45.4$，$p<0.0001$)。

top-5 和 top-25 正确率与 top-1 正确率相似，直视模式是最好的，无键盘模式是最差的。此外，余光模式的 top-5 正确率超过了 99%，这明显优于无键盘模式的 top-5 正确率($F_{1,17}=13.8$，$p<0.001$)。在 top-25 正确率上，余光和无键盘模式之间没有显著差异。

4.3　利用余光输入的性能测试实验

本实验实现了一种文本输入技术，可以使用余光进行打字。该技术结合了 4.2 节的解码算法和由 4.1 节中收集的打字数据派生的触摸模型。

本实验的目的是探讨余光输入在文字输入任务中的表现。预计与传统的直视输入模式相比，余光输入模式的效果会更好。我们将证明余光输入是否是一种很有前景的平板电脑双拇指文本输入法。

1. 被试和仪器

从大学校园招募 18 名被试(15 名男性，3 名女性)，年龄为 19~26 岁。他们都熟悉手机上的 QWERTY 键盘。

使用与 4.1 节研究相同的平板电脑。用户界面和滑动手势保持不变，只是这次将解码算法集成到软件中。

为了观察被试在打字时的视线动作，使用了 Pupil-Labs 眼动仪来追踪被试的视线。在平板电脑上贴上标记片定义表面，眼动仪自动确定表面上注视点的位置。注视点数据以 30Hz 的频率记录。

2. 实验设计

设计一个以打字模式为单因子的被试内的实验。本实验评估了两种模式：直视和余光。

将解码算法集成到实验平台中，使被试能够看到实时的预测结果，并从候选词列表中选择目标词。每种模式下解码算法的触摸模型是分别从 4.1 节研究相应的数据中训练的。

根据模拟结果，在直视和余光两种模式下，前 5 个单词都可以覆盖 99%的被试想要的单词。因此，在候选词列表中只显示了概率最高的 5 个候选词，供被试在完成触摸输入时进行选择。由于被试需要注视的区域不同，在两种模式下，候选词列表的位置和相应的选择方法也不同。不同选择方式设定的影响将在结果中说明。

在直视模式下，两个候选词列表分别位于两个分开的子键盘上，显示相同的内容。被试直接点击候选词列表中显示的目标词进行选择。这个设定对标平板电脑上当前的商业输入法。

在余光模式下，为了避免在选词阶段的注意力切换，候选词列表位于输出文本中单词的正下方。选词时，被试仍可以将其视觉注意力集中在输出文本周围，并使用拖拽-释放的方法从列表中选择前 5 个候选词。被试首先在触摸屏上水平拖动拇指以变更候选词列表中高亮显示的被选单词，然后松开拇指以确认选择。此外，我们还启用了快速右滑(小于 100ms)以快速地选择候选词列表中排第一的单词。这种用在原位利用拇指进行间接选择的方法被证明是有效的[10,19]。

3. 实验流程

首先介绍实验的目的和每个模式的要求。此外，还介绍两种模式的选词方法，并要求被试熟悉这些方法。我们让被试相信预测能力，并让他们在每种模式下练习 3～5min。在余光模式下，由于视线固定特征的便利性，被试很容易按照指导控制视线，并且由于预测的正确率高，他们会发现不难输入正确的单词。然后，要求被试在每种模式下输入 40 个从 MacKenzie 短语集[17]中随机选择的短语。要求被试在不出错误的前提下打字尽可能快。在每种模式下，任务被分成 5 组，被试在两组之间休息。模式的呈现顺序是经过平衡的。整个实验结束后，被试需要填写一份 NASA-TLX 问卷，对两种输入模式进行评分。整个实验持续 30～40min。

4. 实验结果

1) 输入速度

使用 $\mathrm{WPM} = \dfrac{|S|-1}{T} \times 60 \times \dfrac{1}{5}$ 来汇报输入速度，其中 S 是被转录的字符串，T 是以秒为单位的时间。在直视和余光模式下，平均输入速度分别为 21.02WPM(标准

差为 2.90WPM)和 26.83WPM(标准差为 4.76WPM)。RM-ANOVA 显示，在余光模式下输入的结果显著优于在直视模式下输入的结果($F_{1,17} = 58.0$，$p < 0.0001$)，速度提高了 27.6%。这是因为被试可以在余光模式下更自由地输入。在直视模式下，被试每次点击一个键之前都必须看到并瞄准它。相反，在余光模式下，他们不需要时间来执行这个过程。

　　RM-ANOVA 还发现，在直视模式下，组别对输入速度有显著的影响($F_{4,68} = 5.21$，$p < 0.01$)；但在余光模式下没有显著影响($F_{4,68} = 2.09$，$p = 0.09$)。结果表明，从第 1 组到第 5 组的学习效果很小，在直视模式下速度提高了 16.0%，在余光模式下速度提高了 9.4%(图 4-7 中误差线表示标准差)。经过 5 组实验后，直视和余光模式下的输入速度分别达到 22.66WPM 和 28.66WPM。虽然这两种速度在最后几组中还在不断提高，但余光打字的输入速度比直视打字的输入速度明显要高。

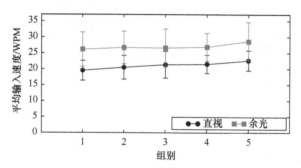

图 4-7　每组内的平均输入速度

　　此外还计算了选词阶段的时间消耗。右滑和拖动手势在余光模式下消耗了总时间的 5.4%和 3.5%，而在直视模式下，点击选词只消耗了总时间的 3.0%。这证实了余光打字输入速度高于直视打字输入速度不是由选词方法引起的。

　　2) 输入正确率

　　top-1 正确率反映了在没有选词阶段的情况下输入目标单词的百分比，这一点尤其重要，因为选词阶段比右滑确认花费的时间要长得多。采用解码算法在直视和余光模式下的 top-1 正确率分别为 99.8%(标准差为 0.3%)和 90.0%(标准差为 7.3%)，与模拟结果基本一致(图 4-6)。余光模式下 90%以上的 top-1 正确率表明，尽管被试输入很"随意"，基本解码算法和语言模型仍然能够从被试的输入噪声中预测出被试想要输入的单词。

　　通过计算单词错误率(word error rate，WER)来衡量输入的准确性，并给出了修正错误率(输入错误后被修正)和未修正错误率(输入错误后未修正，并保留在最后结果中)[19]。在直视和余光模式下的修正错误率分别为 1.3%和 4.7%，而未修正错误率分别为 0.2%和 0.4%。RM-ANOVA 显示，在余光模式下输入的修正错误率明显更高($F_{1,17}=28.8$ ， $p<0.0001$)，这反映出在余光模式下输入的正确率低于在直视模式下输入的正确率。然而，未修正错误率没有显著差异($F_{1,17}=2.46$ ， $p=0.14$)。

3) 眼动行为

在直视和余光模式下分别记录了 1181988 和 862571 个眼睛注视点。将数据可视化为图 4-8 中的热度图。注视点数据证实了被试遵循了每种模式的要求，并显示出了每种模式下的视线活动区域。我们发现在直视模式下，被试更多地注视着左半键盘(43.6%)，而不是文本区域(37.5%)和右半键盘(18.9%)。这是因为超过 95%的点击选词都是在左半键盘上方的候选词列表上进行的。相反，在余光模式下，被试大多注视文本区域。

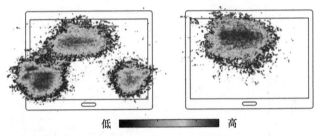

低　　　　　　　　　　　高

图 4-8　在直视(左图)和余光(右图)模式下打字的眼睛注视点在平板电脑上的热度图

此外还计算了注视点每秒的移动距离，以此作为注意力转换的度量标准。在直视和余光模式下，每秒注视点移动距离分别为 37.01cm(标准差为 11.71cm)和 11.62cm(标准差为 4.12cm)。这一结果证明，余光打字确实可以减少使用分离式键盘时的注意力切换。

4) 主观反馈

如图 4-9 所示，威尔科克森符号秩检验显示两种模式在心理需求($Z=-3.568$ ， $p<0.0001$)、生理需求($Z=-2.316$ ， $p<0.05$)、时间需求($Z=-3.671$ ， $p<0.0001$)、

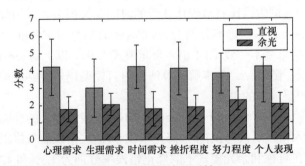

图 4-9　被试的主观反馈

挫折程度($Z = -3.539$，$p < 0.0001$)、努力程度($Z = -3.373$，$p < 0.001$)和个人表现($Z = -3.252$，$p < 0.001$)上存在显著差异。在余光模式下打字在所有维度上都被认为是更好的(误差线表示标准差；分数越高表示用户在该模式下的要求就越高)。所有被试都说他们更喜欢在余光模式下输入。

4.4　GlanceType：在余光打字中支持直视输入

4.3 节中用于余光输入的解码算法的一个局限性是用户不能输入词汇表外未登录词(out of vocabulary，OOV)(如不常用的名字)，因为该算法依赖于预定义的单词词汇表。此外，输入任意字符(如标点符号)对于实际的键盘技术也很重要。针对这些问题，改进余光打字的设计，使其支持直视模式，允许用户输入 OOV 和非字母字符。

本书实现了一种技术——GlanceType，能将余光输入和直视输入结合在一起，如图 4-10 所示。设计一个双候选区域的机制来同时支持两种输入模式：一个候选区域正好位于屏幕顶部的输出文本(如网址框或搜索框)的下方，当进行余光输入时，视线固定在文本附近。向右滑动可选择第一个候选词，或间接拖动可从文本下方的列表中选择前 5 个候选词。被选择词以红色高亮显示，以避免使用余光输入时注意力的切换。另一个候选区域显示在两个分开的子键盘的正上方，当进行直视打字时，直接从键盘上方的列表中点击候选词来选择 OOV，以方便如传统的直视打字方法中基于点击的选择。

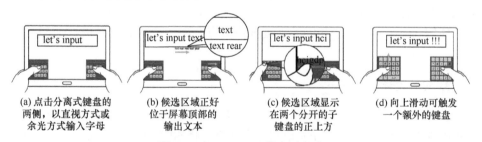

图 4-10　GlanceType 的交互方式

如 4.3 节所述，在余光模式下设计了一个拖拽-释放手势，从输出文本下方的列表中选择候选词，这样用户在选词时就不需要切换视觉注意力。用户在触摸屏上的任意位置水平拖动拇指以触发选词阶段，移动拇指以变更高亮显示的被选单词，最后释放拇指以确认选择。这种用在原位利用拇指间接选择的方法被证明是有效的[10,20]。此外，还扩展了右滑(小于 100ms)以快速选择候选词列表中第一个单词，因为滑动手势显然比拖拽-释放操作更快。

GlanceType 技术允许用户在没有显式模式切换操作的情况下自由选择直视打

字或余光打字。两个候选词区域同时可见，因此，用户的候选词区域取决于用户的注意力。当用户选择在余光模式下输入时，由算法生成候选列表并显示在输出文本下方。用户将注意力集中在输出文本区域，并用拖动来选择所需的单词。当用户看着键盘并进行直视输入时，位于分离式键盘的两个子键盘上方的候选词区域将显示用户输入的文字字符串。用户直接点击这个区域来输入内容。支持了直视模式后，用户不仅可以输入 OOV，还可以输入标点符号和数字。为了实现这一点，允许用户向上滑动以切换到包含特殊字符的辅助键盘，用于输入标点符号和数字。用户向下滑动返回字母键盘。此外，还允许用户拇指长按 300ms 来输入一个大写字母，平板电脑会利用震动来提示大小写切换。

4.5　真实输入任务中的性能评测实验

本实验的目的是显示在实际使用中，直视打字与余光打字可以很好地共存，并提高输入性能。在这个研究中，将在更实际的平板电脑任务中评估我们的设计——GlanceType，包括更复杂的文本内容，如 OOV 和标点符号。另外，还将观察当用户可以自由决定是否使用余光打字时的行为。

1. 被试和仪器

本实验在 4.3 节研究的实验后几周进行。实验招募了 12 名参与过 4.3 节中研究的被试(10 名男性和 2 名女性)，年龄为 19～25 岁。他们都在平板电脑上使用商用分离式键盘的经验。

使用和 4.3 节研究中相同的平板电脑作为平台。用同样的眼动仪记录被试的视线。

2. 实验设计和流程

选择使用平板电脑发送电子邮件、聊天和使用社交媒体作为典型场景，并从电子邮件[21]、对话[22]和 Twitter 语料库中任意选择 50 个短语作为实验短语。每个短语至少包含以下一种内容：OOV、标点符号或数字。有些短语还包括大写字母。标点符号和数字占字符总数的 6.48%。OOV 占所有单词的 8.59%，比已有的工作[8]要多。

设计一个以技术为单因子的被试内的实验。被试被要求在以下三种技术下输入 30 个随机选择的短语。

(1) GlanceType：在 4.4 节中已介绍。

(2) 无余光：是一种 GlanceType 的对照技术，它只显示分离式键盘上方的候选区域。也就是说，除了用于余光打字的文本区域下面的候选词列表消失外，它的外观和交互方式与 GlanceType 技术完全相同。

(3) 三星键盘：是三星平板电脑提供的默认分离式键盘输入法。它具有自动推荐和自动补全功能，具有更大的词汇量，以及拥有用于输入任意字符的功能按钮。它代表最先进的商业文本输入法。它的候选词列表也显示在分离式键盘的上方。

无余光和三星键盘只有一个位于分离式键盘上方的候选词区域。GlanceType和无余光共享相同的解码算法、词汇和交互设计，而三星键盘不同。

为了观察余光输入中被试的真实行为，本实验没有强制被试的输入策略。也就是说，被试在使用每种技术时都可以自由选择余光打字、直视打字或一些其他策略。

在实验之前，首先介绍本研究的目的和三种技术，展示被试可能遇到的所有情况(如大写字母、OOV 或标点符号)，并介绍处理这些情况的方法。由于所有被试都经历过余光打字和商用分离式键盘，他们练习 3～5 个短语来熟悉每种技术。然后要求被试在不出错误的前提下尽快完成任务。这三种技术的呈现顺序是经过平衡的。每两种技术呈现之间有一段休息时间。

3. 实验结果

实验记录了被试使用 GlanceType 时来自眼动仪的 341076 个眼睛注视点和 4243 个被试的触摸屏操作。将注视点与被试的触摸事件同步，并手动为两个连续触摸事件之间的时间段分配标签：余光或非余光，以表示被试在这段时间内是否将注视点固定在文本区域上。标签是由两个子键盘周围的注视点数量和注视点在这段时间内移动的趋势决定的。当被试的视线只停留在文本区域周围时，该时间段被标记为"余光"，否则，该时间段被标记为"非余光"。由于视线运动是一个带有不可忽略噪声的连续过程，选择使用手动标注代替自动标注。

1) 输入速度

仍然将 4.3 节中定义的 WPM 作为评估输入速度的指标。使用 GlanceType、无余光和三星键盘的平均输入速度分别为 17.08WPM(标准差为 2.52WPM)、15.48WPM(标准差为 1.97WPM)和 15.97WPM(标准差为 2.18WPM)。GlanceType的输入速度比无余光的输入速度高 10.3%，且 RM-ANOVA 显示两种技术之间存在显著差异($F_{1,11} = 10.4$，$p < 0.01$)。GlanceType 的输入速度也比三星键盘高 7.0%，但两种技术之间没有显著差异($F_{1,11} = 2.06$，$p = 0.18$)。

将整个语料库分为 IV(词汇中的)单词、OOV 和其他(非字母内容)，并分别分析在输入这些内容时的输入速度，以检查详细性能，如图 4-11 所示(图中误差线表示标准差)。由于三星键盘中的词汇表不受实验控制，这里只比较了 GlanceType和无余光。输入 IV 单词、OOV 和其他内容时，GlanceType 的平均输入速度分别为 19.47WPM(标准差为 2.76WPM)、12.36WPM(标准差为 3.55WPM)和 10.42WPM(标准差为 1.77WPM)，而使用无余光时平均输入速度分别为 16.56WPM(标准差为

2.09WPM)、14.16WPM(标准差为 3.23WPM)和 10.97WPM(标准差为 2.42WPM)。
RM-ANOVA 显示，当输入 IV 单词时，GlanceType 的输入速度明显高于无余光
（$F_{1,11}=30.3$，　$p<0.001$），但当输入 OOV（$F_{1,11}=0.66$，　$p=0.43$）和其他内容
（$F_{1,11}=0.40$，　$p=0.54$）时，两种技术没有显著差异。

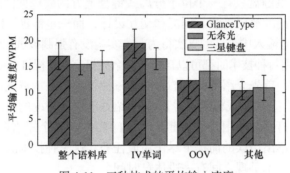

图 4-11　三种技术的平均输入速度

　　当输入 OOV 和其他内容时，GlanceType 和无余光的输入速度接近。可以用
被试主要用直视打字来解释这一点。另外，被试可以使用余光的方式来输入 IV
单词，因此输入速度会更高。总体来说，即使与商用键盘相比，被试也可以通过
利用余光打字输入 IV 单词来提高打字速度。

　　2) 利用 GlanceType 输入 IV 单词的用户行为

　　根据触摸屏操作的标注数据，分析输入 IV 单词的单词级行为。89.7%的 IV
单词输入时完全是余光打字(注视文本区域)。1.8%的 IV 单词是通过注意力切换输
入的。剩下的 8.5%的 IV 单词是用眼睛先看一下键盘，然后用余光打字输入的。
将这种行为解释为余光输入前的"瞄一眼"，通常发生在被试刚完成一个 OOV
或一个非字母字符时。"瞄一眼"可以促进被试掌握按键的位置，帮助他们自信
地执行第一次点击。

　　被试利用余光打字完整地打出一个词的速度达到 19.94WPM。当被试"瞄一
眼"时，输入速度降到了 16.29WPM，将其解释为一个余光打字的启动过程，以
进入更流畅的余光打字。此外，当被试注意力切换时，只有 12.04WPM 的输入速
度。结果表明，被试顺畅地使用余光打字能力可以具有较高的打字速度，当中断
发生后(如输入一个数字)，IV 单词的输入速度会下降。

　　共有 98.2%的 IV 单词是通过余光输入的。这一结果表明，被试愿意使用视线
固定的特征来输入 IV 单词。从被试的个体情况来看，余光打字输入 IV 单词的比
例最高为 100%，最低为 85%。

　　3) 利用 GlanceType 输入 OOV 的用户行为

　　平均有 10.7%的 OOV 是在注视文本区域的情况下输入的。这个结果有点超

出预期，因为我们认为 OOV 只能在直视模式下输入。进一步分析这些数据，发现有时被试把一个 OOV 当成一个 IV 单词，并试图用余光的方法去输入。这种行为同时减慢了输入 OOV 的速度。在实际场景中使用余光输入时，如何识别一个词是否为 OOV 是用户面临的一个重要问题。这也是该技术的一个局限性。

4.6　本 章 小 结

本章研究了视觉反馈对于输入行为的影响机制，并基于此提出和验证了一种非传统的平板电脑文本输入方式——余光输入，使得可以使用两个拇指在分离式键盘上快速、舒适地输入文本。在余光输入中，用户只注视输出文本反馈，同时在余光中的键盘上进行输入。第一个研究表明，被试的余光中存在键盘有助于减少打字的噪声。经验对照研究证明，余光打字的速度可以达到 27WPM，top-1 正确率超过 90%，明显优于常规的直视打字方式。余光打字也减少了在分离式键盘上的注意力切换，并被被试所偏爱。然后，设计了一个文本输入法——GlanceType，它既支持余光打字，也支持直视打字来输入 OOV 和任意字符。在真实场景中的研究表明，GlanceType 在实际使用中输入任意内容的速度很有竞争力，比商用分离式键盘快 7.0%。被试也倾向于使用余光输入来提高 IV 词的输入性能。相关结果证明了在算法的帮助下，人可以在视觉注意力部分缺失的情况下进行高效、准确的文本输入，不仅可以启发文本输入技术在各类场景下的应用，还为更广泛场景下的触摸交互意图理解提供了新的可能。

参 考 文 献

[1] Schwarz J, Xiao R, Mankoff J, et al. Probabilistic palm rejection using spatiotemporal touch features and iterative classification//Proceedings of the SIGCHI Conference on Human Factors in Computing Systems, 2014: 2009-2012.

[2] Card S K, Moran T P, Newell A. The Psychology of Human-Computer Interaction. Boca Raton: CRC Press, 2018.

[3] Goodman J, Venolia G, Steury K, et al. Language modeling for soft keyboards//Proceedings of the 7th International Conference on Intelligent User Interfaces, 2002: 194-195.

[4] Findlater L, Wobbrock J. Personalized input: Improving ten-finger touchscreen typing through automatic adaptation//Proceedings of the SIGCHI Conference on Human Factors in Computing Systems, 2012: 815-824.

[5] Goel M, Jansen A, Mandel T, et al. ContextType: Using hand posture information to improve mobile touch screen text entry//Proceedings of the SIGCHI Conference on Human Factors in Computing Systems, 2013: 2795-2798.

[6] Li F C Y, Guy R T, Yatani K, et al. The 1line keyboard: A QWERTY layout in a single

line//Proceedings of the 24th Annual ACM Symposium on User Interface Software and Technology, 2011: 461-470.

[7] Azenkot S, Zhai S M. Touch behavior with different postures on soft smartphone keyboards//Proceedings of the 14th International Conference on Human-Computer Interaction with Mobile Devices and Services, 2012: 251-260.

[8] Reyal S, Zhai S M, Kristensson P O. Performance and user experience of touchscreen and gesture keyboards in a lab setting and in the wild//Proceedings of the 33rd Annual ACM Conference on Human Factors in Computing Systems, 2015: 679-688.

[9] Nicolau H, Jorge J. Touch typing using thumbs: Understanding the effect of mobility and hand posture//Proceedings of the SIGCHI Conference on Human Factors in Computing Systems, 2012: 2683-2686.

[10] Lu Y Q, Yu C, Yi X, et al. Blindtype: Eyes-free text entry on handheld touchpad by leveraging thumb's muscle memory. Proceedings of the ACM on Interactive, Mobile, Wearable and Ubiquitous Technologies, 2017: 1-24

[11] Zhu S W, Luo T Y, Bi X J, et al. Typing on an invisible keyboard//Proceedings of the 2018 CHI Conference on Human Factors in Computing Systems, 2018: 1-13.

[12] Voelker S, Øvergård K I, Wacharamanotham C, et al. Knobology revisited: A comparison of user performance between tangible and virtual rotary knobs//Proceedings of the 2015 International Conference on Interactive Tabletops & Surfaces, 2015: 35-38.

[13] Silfverberg M. Using mobile keypads with limited visual feedback: Implications to handheld and wearable devices//Chittaro L. International Conference on Mobile Human-Computer Interaction. Berlin: Springer, 2003: 76-90.

[14] Gilliot J, Casiez G, Roussel N. Impact of form factors and input conditions on absolute indirect-touch pointing tasks//Proceedings of the SIGCHI Conference on Human Factors in Computing Systems, 2014: 723-732.

[15] Findlater L, Wobbrock J O, Wigdor D. Typing on flat glass: Examining ten-finger expert typing patterns on touch surfaces//Proceedings of the SIGCHI Conference on Human Factors in Computing Systems, 2011: 2453-2462.

[16] Goel M, Findlater L, Wobbrock J. WalkType: Using accelerometer data to accommodate situational impairments in mobile touch screen text entry//Proceedings of the SIGCHI Conference on Human Factors in Computing Systems, 2012: 2687-2696.

[17] MacKenzie I S, Soukoreff R W. Phrase sets for evaluating text entry techniques//CHI'03 Extended Abstracts on Human Factors in Computing Systems, 2003: 754-755.

[18] Yi X, Yu C, Shi W N, et al. Is it too small? Investigating the performances and preferences of users when typing on tiny QWERTY keyboards. International Journal of Human-Computer Studies, 2017, 106: 44-62.

[19] Wobbrock J O, Myers B A. Analyzing the input stream for character-level errors in unconstrained text entry evaluations. ACM Transactions on Computer-Human Interaction, 2006, 13(4): 458-489.

[20] Karlson A K, Bederson B B. ThumbSpace: Generalized one-handed input for touchscreen-based

mobile devices//IFIP Conference on Human-Computer Interaction, 2007: 324-338.

[21] Vertanen K, Kristensson P O. A versatile dataset for text entry evaluations based on genuine mobile emails//Proceedings of the 13th International Conference on Human Computer Interaction with Mobile Devices and Services, 2011: 295-298.

[22] Asri L E, Schulz H, Sharma S, et al. Frames: A corpus for adding memory to goal-oriented dialogue systems. arXiv preprint arXiv:1704.00057, 2017.

第5章　盲式拇指输入中的一阶贝叶斯方法

在后 PC 时代，人机交互越来越多地出现在移动和可穿戴的计算设备上。与这些计算设备交互时，通常会与其他任务(如运动任务[1])争夺视觉注意力。因此，能否以无视觉注意的方式[2]执行与计算设备的交互是值得研究的。

虽然已经存在一些设计良好的移动无视觉菜单选择技术(如 Earpod[3]、Blindsight[4]等)，但是在移动场景中如何无视觉注意力地自由输入文本仍然是一个具有挑战性的问题。尽管使用物理键盘可以轻松实现无视觉的盲打输入，但在移动场景中，如今的用户通常需要在触摸屏上与虚拟键盘交互，并使用单手方法进行操作。这些约束的组合使得精确和快速的无视觉文本输入更加难以实现[5-7]，语音输入是一种可行的选择。然而，在公共场合讲话可能会造成干扰，并引发隐私安全问题。因此，有必要研究一种有效的基于触摸的移动场景无视觉注意文本输入方法。

设想一种未来的场景，在这种场景中，基于无视觉触摸的文本输入方法将特别有用：用户手持触摸板作为输入，并与第二输出屏幕(如头戴式显示器、大屏幕等)交互。注意，在这种场景中，输入界面和输出界面是分离的。用户在接收来自头戴式显示器或大屏幕的反馈时，可以自由地在触摸板上的"虚拟键盘"上盲打。与当前用户手持手机并在屏幕上键入文本的方法相比，这种方法不需要用户在输入界面和输出界面之间切换注意力。用户可以将焦点放在输出屏幕上，以接收有关文本输入和环境的信息。这也允许了在执行文本输入时能有更自然的姿势：在打字时，不需要俯视和弯曲手臂来握住手机，而是可以站起来直视手机，同时用一只手打字，手臂也可以基本保持笔直。

本章探讨了使用单个拇指无视觉注意地输入文本的可能性：用户不看触摸板，而是依靠肌肉记忆来移动拇指和点击。同时，输出屏幕仅显示供用户选择的候选词。通过这种方法，期望打字速度接近有视觉反馈下的直接点击输入。

无视觉打字存在三个问题有待研究。

(1) 用户是否可以将正常情况下的打字能力转移到无视觉下使用？

(2) 如果是这样，根据触摸落点的分布[8-10]，将会出现什么新的打字模式？

(3) 此外，能否利用现有的文本输入算法来解码用户的无视觉输入？或者是否需要一个新的算法来更有效地解释无视觉输入？

为了回答这些问题，进行了一系列的研究和探索。首先收集真实用户的无视觉打字数据，并检查由触摸落点形成的"虚拟键盘"的形状、尺寸和位置。特别地，建立一个新的无视觉打字行为假设，即相对输入模型，该模型假设单个手指的敲击动作不是相互独立的，而是相对于上一次敲击进行调整的。我们获得了相关模型有效性的定量证据。

在此基础上，描述两种文本输入的统计解码算法。绝对算法遵循经典方法，独立处理单个点击操作，并根据触摸落点的绝对位置预测用户输入。相对算法是一种基于连续触点间相对位置(向量)的预测方法。此外，这两种算法都利用了一个经过转换后的键盘模型，该模型反映了用户的无视觉打字模式。

最后，通过两项研究来检验和比较不同算法设计的性能(相对和绝对、通用和个性化)。结果表明，用户只需练习几个单词，无视觉打字就可以达到 17～23WPM(取决于使用的算法)，且错误率较低，是基于光标技术的输入法的 2.25～2.97 倍。

5.1　无视觉反馈的输入数据采集实验

实验一有两个目标：①在用户熟悉可见键盘上打字的前提下，检查用户是否主观上能够并且愿意进行无视觉打字；②获得用户的无视觉打字数据(触摸点数据)，在此基础上可以进行进一步的分析。虽然已经进行了几项工作来收集和分析可见键盘上的打字数据[8-12]，但是没有一个是针对无视觉文本输入的。

1. 被试

从大学校园招募 12 名被试(11 名男性，1 名女性)。他们年龄为 20～32 岁，都是右利手。他们每天使用 QWERTY 键盘在个人手机上输入文字。他们中没有人体验过无视觉文字输入。被试将得到一定金额的报酬。

2. 实验仪器和实验系统

用 4.3in 的安卓手机来模拟遥控器。触摸区域的大小是 53.6mm×95.2mm，分辨率是 720×1080 像素。用一台 50in 的智能电视来显示文字反馈。被试坐在离智能电视 1.5m 远的椅子上(图 5-1)，在智能电视前输入文本，触摸屏处于无视觉反馈状态。要求被试在手机触摸屏上用右手拇指打字，在点击过程中不允许他们看手机，建议他们把注意力集中在智能电视的文字反馈上，而不是没有任何内容显示的触摸屏上。此外，智能电视上还显示了一个 QWERTY 键盘的图片(没有任何反馈)，以供用户在不确定按键位置时参考(根据我们的观察，实验过程中很少发生)。

图 5-1　实验一设置

我们开发了一个安卓应用程序来收集用户在手机上的触摸输入,并通过 Wi-Fi 将触摸事件转发给计算机。计算机上的显示和记录软件是用 C# WPF.NET Framework 4.5 开发的, 运行在微软 Windows 8 中。

本实验研究的目的是收集使用者的自然无视觉打字数据,这些数据可由软件自动标注。然而, 由于在这个阶段没有一种具体的预测算法, 所以在设计的实验系统中, 无论被试在触摸屏上点击到哪里, 根据所需的短语总是显示一个正确的字符。我们告诉被试, 未来的算法将足够智能以解释正确的输入。在先前的文本输入研究中也有利用类似的实验设计来收集理想数据[8,9]。

此外, 还设计了一个用于删除刚输入的字母的左滑手势(替换删除键)和一个用于输入空格的右滑手势(替换空格键)。每次输入空格时, 实验系统都会检查所需单词中的触摸落点数(以空格分隔)和字母数是否相等。如果不相等, 系统将显示星号以提示不匹配。在这种情况下, 被试需要删除相关字符并再次输入。

3. 实验设计和流程

在实验前, 向被试介绍实验的目的, 解释实验的任务, 并演示如何执行任务。

实验有两个阶段。在训练阶段中, 要求被试熟悉无视觉打字和任务。我们没有指导被试如何持握手机以及键盘在哪里, 被试只是假设键盘处在一个典型的位置, 并像在日常使用中一样自发地打字。在测试阶段中, 每个被试都需要输入来自 MacKenzie 短语集[13]的 150 个短语。当前要输入的短语会显示在电视屏幕上。要求被试输入短语尽可能快和准确, 并鼓励他们在输入每 10 个短语后休息。实验大约持续 50min。

采用两种机制来确保被试在无视觉注意的条件下进行打字。首先, 整个实验过程中手机屏幕都是黑屏的, 没有任何反馈。其次, 实验人员坐在被试旁边监督整个实验过程, 确保被试在整个实验过程中始终盯着电视屏幕。

4. 数据处理

本实验收集了 9664 个单词和 40509 个字符的打字数据。对于每一个键，都移除了在 X 轴或 Y 轴上偏离所有数据的质心三倍标准差的离群点。在实验数据中，它们占了字符-触点配对的 0.82%。

5. 实验结果

图 5-2 显示了本研究中的所有 12 名被试收集到的触点分布，椭圆覆盖了单个按键上 50%接触点。圆点标记了每个键上触点的质心。各个键上对应的触点以不同的颜色呈现。同时，计算了每个键的触点质心，并在图中标记它们。

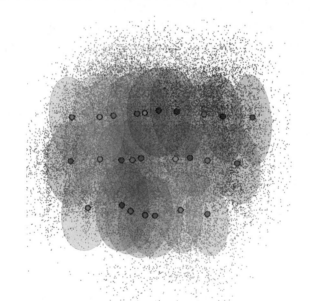

图 5-2　经过三倍标准差过滤后的所有用户的触摸落点

如图 5-2 所示，无视觉打字时产生的触点非常嘈杂：即使我们只看覆盖率仅50%的置信区域(每个键对应的椭圆)，它们之间也有相当大的重叠。这表明，在没有视觉反馈的情况下，基于空间和肌肉记忆的按键准确性会受到显著影响。另一方面，一个有希望的发现是，各个键的触点的质心形成了一个类似于标准QWERTY 键盘的布局。唯一的区别是产生的键盘比普通手机键盘要长一些。这表明被试能够将他们在可见的 QWERTY 键盘上形成的空间和肌肉记忆转移到无视觉注意下的使用上。

此外，据观察，大多数被试不需要超过五个短语就可以熟悉无视觉打字。所有被试都表示，他们无视觉打字时可以记住 QWERTY 键盘的布局。结果表明，被试的打字技能适应无视觉条件并不是很困难。

总体来说，触点的分布和被试的主观反馈都支持无视觉打字的可行性。同时，点击精度的不足以及键盘布局的变形也说明了改进文本解码算法的必要性。

5.2　无视觉打字的键盘模型

当在可见键盘上输入时，用户通过参考所需按键的位置来控制敲击手指的移动。然而，在无视觉打字中，没有键盘模型可供参考。相反，用户根据肌肉记忆和拇指本体感觉，在触摸屏"想象的键盘"上输入。"想象的键盘"的位置和大小是用户打字体验、手的大小、触摸板的大小等因素综合作用的结果。

本节将介绍根据用户输入数据拟合键盘模型的方法，即确定"想象的键盘"的空间参数。将该方法应用于实验一中收集的数据。为了澄清，将派生的键盘模型称为用户键盘。基于用户键盘，进一步研究用户的无视觉打字行为。最终目标是为设计有效的文本解码算法提供数据信息，以支持无视觉打字。

在介绍导出用户键盘的方法之前,首先讨论两个候选的无视觉打字心理模型。这两个模型描述了"想象的键盘"在用户心目中的表现方式，以及如何执行每个点击操作的策略。

5.2.1　无视觉打字的心理模型

假设两种无视觉打字的心理模型(图 5-3)。以输入"VOID"为例，在绝对模型中(图 5-3(a))，每个点击动作都被执行在目标按键的中心。在相对模型中(图 5-3(b))，点击动作相对于前一个点击动作执行，第一个点击键与目标键（"V"）的偏移量为 1。之后所有点击离它们的目标键也有 1 个键的偏移。注意，在这两个例子中，连续点击之间的相对向量是相同的。这两种模型都隐含着研究用户无视觉打字行为的不同方法和文本解码算法的设计。

绝对模型：用户只根据所需键在键盘上的绝对位置进行点击。也就是说，用户独立地执行每个点击动作；连续点击动作之间没有相关性。在文本输入研究中[8-10]，绝对模型是解释用户在可见键盘上输入行为的默认模型。

相对模型：用户根据上一个键的点击位置点击当前键。例如，当输入单词"OPEN"时，不管用户在哪里点击输入"O"，"P"的触点总是可能落在"O"的右边。因此，在相关模型中，连续点击行为之间存在相关性。其物理解释是用户将拇指从上一个位置移动到当前位置，以反映键盘上两个键之间的相对距离和方向。这是本章首先提出的，专门描述用户无视觉打字行为的心理模型。

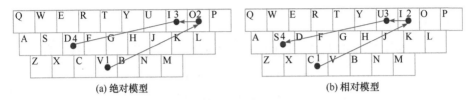

(a) 绝对模型　　　　　　　　　　　　(b) 相对模型

图 5-3　两种无视觉打字心理模型的概念

5.2.2　从打字数据中生成用户键盘

本节详细介绍了如何从用户的输入数据派生出用户键盘(绝对和相对模型)。假设用户键盘的布局(按键排列)应与标准 QWERTY 键盘相同;但是触摸屏上键盘特定的位置和大小(X轴和Y轴)需要被进一步确定。

为了方便起见,规范化标准键盘的坐标,即定义原点为按键"Q"的中心,将每个键定义为 1×1 的正方形(图 5-4)。例如,按键"Q""P""A""L""Z""M"的中心点坐标分别为$(0, 0)$、$(9, 0)$、$(0.25, 1)$、$(8.25, 1)$、$(0.75, 2)$和$(6.75, 2)$。

假设收集 n 个被标注过的触摸落点与其对应键的配对,将观察到的触摸落点的坐标表示为$\{(x_i, y_i)\}_{i=1}^n$,将标准键盘上相应键的坐标表示为$\{(X_i, Y_i)\}_{i=1}^n$。然后,使用线性回归来建立坐标之间的关系,即

$$\begin{cases} x_i = X_i a_x + b_x \\ y_i = Y_i a_y + b_y \end{cases} \tag{5-1}$$

用户键盘的形状(矩形或弧形)可以通过拟合优度 R^2 值反映出来。$R^2 = 1$ 表示用户键盘具有理想的矩形形状,即每个键都位于键盘上的标准位置。R^2 值越大,用户键盘与标准键盘越相似。此外,a_x 和 a_y 可以分别被解释为 X 轴和 Y 轴上的键尺寸;(b_x, b_y) 可以衡量键盘位置,定义为键"Q"的中心坐标与触摸屏左上角之间的偏移。总共从拟合中获得了四个参数 a_x、a_y、b_x 和 b_y,并用它们来表征用户键盘。

图 5-4　标准键盘

1. 生成绝对模型下用户键盘

对于绝对模型，可以直接进行上述线性回归得到用户键盘的参数，有

$$\begin{cases} x_i = X_i \text{size}_x^{(\text{abs})} + \text{offset}_x^{(\text{abs})} \\ y_i = Y_i \text{size}_y^{(\text{abs})} + \text{offset}_y^{(\text{abs})} \end{cases} \tag{5-2}$$

其中，$\text{size}_x^{(\text{abs})}$ 和 $\text{size}_y^{(\text{abs})}$ 替代了式(5-1)中 a_x 和 a_y，表示按键尺寸；$\text{offset}_x^{(\text{abs})}$ 和 $\text{offset}_y^{(\text{abs})}$ 替代了式(5-1)中 b_x 和 b_y，表示键盘位置的偏移。

2. 生成相对模型下用户键盘

对于相对模型，能够通过将 (x_i, y_i) 和 (X_i, Y_i) 替换成 $(\Delta x_i, \Delta y_i)$ 和 $(\Delta X_i, \Delta Y_i)$ 来拟合一个键盘模型，对于每个 $i \geqslant 2$，有

$$\begin{cases} \Delta x_i = \Delta X_i \text{size}_x^{(\text{rel})} + \text{offset}_x^{(\text{rel})} \\ \Delta y_i = \Delta Y_i \text{size}_y^{(\text{rel})} + \text{offset}_y^{(\text{rel})} \end{cases} \tag{5-3}$$

其中，Δ 表示连续触摸落点或相应的键的标准位置之间的向量，例如 $\Delta x_i = x_i - x_{i-1}$ 和 $\Delta X_i = X_i - X_{i-1}$；$\text{size}_x^{(\text{rel})}$ 和 $\text{size}_y^{(\text{rel})}$ 表示相对意义下键的大小；$\text{offset}_x^{(\text{rel})}$ 和 $\text{offset}_y^{(\text{rel})}$ 表示在同一个键上执行的两个连续点击落点之间的距离。假设 $\text{offset}_x^{(\text{rel})}$ 和 $\text{offset}_y^{(\text{rel})}$ 的期望值为零。

5.2.3 从用户打字数据中拟合用户键盘

使用上述线性回归从实验一的数据中得到用户键盘。除了在绝对模型和相对模型中拟合用户键盘外，还拟合了通用键盘和个性化键盘：通用键盘是基于所有 12 个被试的数据所拟合；个性化键盘是基于单个被试的数据所拟合。

结果汇总在表 5-1 中(括号中给出了标准差。注意键盘偏移在绝对模型和相对模型中有不同的含义)。接下来，将对键盘形状、按键尺寸和键盘位置的结果以及绝对模型和相对模型之间的比较进行更详细的讨论。

表 5-1　通过实验一中的用户实际打字数据派生的用户键盘参数

参数	单个用户(个性化键盘)				所有用户(通用键盘)			
	绝对模型		相对模型		绝对模型		相对模型	
	X	Y	X	Y	X	Y	X	Y
按键尺寸/mm	3.77(0.57)	9.62(2.04)	3.92(0.60)	9.30(1.98)	3.77	9.57	3.91	9.24
键盘偏移/mm	9.89(3.86)	56.91(6.49)	−0.17(0.18)	0.07(0.21)	9.90	57.10	−0.18	−0.08
拟合 R^2 值	0.963(0.023)	0.994(0.005)	0.986(0.007)	0.999(0.001)	0.982	0.998	0.992	0.999

1. 键盘形状

在绝对模型中,单个用户键盘的拟合 R^2 值在 X 轴上为 0.963,在 Y 轴为 0.994。如果考虑所有用户的数据, X 轴为 0.982, Y 轴为 0.998。在相对模型中,单个用户键盘的拟合 R^2 值在 X 轴上为 0.986,在 Y 轴为 0.999;合并所有用户后, X 轴为 0.992, Y 轴为 0.999。

以上结果表明,无论是绝对模型还是相对模型,用户键盘的形状都与标准键盘非常相似。这一定量结果再次表明,用户可以将键盘布局的空间记忆从有视觉的使用迁移到无视觉的使用。这也为我们使用拟合键盘进行分析的合理性提供了支持。

2. 按键尺寸

对于单个用户, X 轴上用户键盘上的平均按键尺寸为 3.77mm(标准差为 0.57mm, 范围为 3.05~5.04mm), Y 轴上为 9.62mm(标准差为 2.04mm, 范围为 6.42~12.56mm)。也就是说,在无视觉条件下, Y 轴(高度)上的平均按键尺寸约为 X 轴(宽度)上的平均按键尺寸的 2.6 倍。与 4.3in 手机屏幕上的标准键盘相比(X 轴上的按键尺寸为 4~5mm, Y 轴上的按键尺寸为 6mm),结果表明,在无视觉状态下,用户更可能使用稍微窄一些但长得多的键(图 5-5)。在通用的用户键盘上,得到了相同的结果。

此外, Y 轴上的按键尺寸的标准差是个人用户 X 轴的 3.58 倍。即使将标准偏差除以平均高度/宽度, Y 轴上的按键尺寸标准差仍比 X 轴多 40.3%。一种可能的解释是,由于 X 轴上排布的键(7~10 列)比 Y 轴上的键(3 行)要多得多,用户的打字行为比起触摸屏的高度更受其宽度的限制。同时,用户键盘上的按键高度更多地依赖于用户拇指触摸的舒适范围,不同的用户拇指触摸的舒适范围不同。

3. 键盘位置

在绝对模型中,可以从确定键盘位置的拟合偏移量中得到键"Q"的中心位置。因此,还可以通过键盘位置和按键尺寸来估计用户键盘边界(左、右、上和下)与触摸屏边缘的距离。

单个用户的平均左右边界位置分别为 8.01mm(标准差为 4.09mm, 范围为 1.97~13.18mm)和 8.29mm(标准差为 3.35mm,范围为 1.59~14.25mm)。结果表明,虽然被试都是惯用右手的,但他们倾向于在 X 轴的中间区域打字。左右边界位置的平均标准差约与键宽的尺寸(3.77mm)一样大。

单个用户的平均上下边界位置分别为 52.09mm(标准差为 7.03mm, 范围为 41.93~64.74mm)和 80.97mm(标准差为 6.07mm, 范围为 68.65~92.52mm)。由于

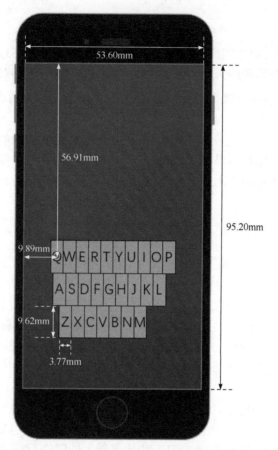

图 5-5　实验一中 12 个被试数据派生出的通用用户键盘(绝对模型)

在 Y 轴上握住屏幕位置的任意性，顶部/底部边界位置的平均标准偏差仍大于 60% 的键高度(9.62mm)，远大于 X 轴。

从上面的结果和图 5-6(虚线矩形显示绝对模型中的拟合键盘边界，黑点显示 从每个用户的数据中提取的未经过拟合的 26 个字母平均触点质心的位置，每个

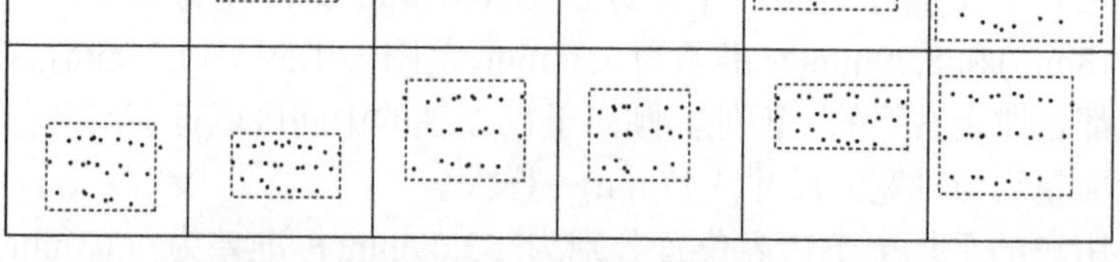

图 5-6　所有 12 名被试用户键盘的可视化结果

键盘都接近于标准键盘，但拥有不同的键盘尺寸和位置)中，可以看到每个用户的键盘在触摸屏上的位置都不同。这种键盘位置的多样性以及键盘尺寸的差异，增加了文本输入算法准确预测的难度。

4. 落点偏差

落点偏差反映了用户控制手指运动的准确性或用户键盘的稳定性。它表现了通过观察触摸落点来解释用户输入意图的可信度，是一个重要的测量指标。

在绝对模型中，单个用户的每个键的端点 (x, y) 的平均标准差在 X 轴上为 3.03mm(标准差 0.43mm，范围为 2.23～3.53mm)，Y 轴上为 3.66mm(标准差为 1.17mm，范围为 2.34～696mm)。在相对模型中，单个用户的向量 $(\Delta x, \Delta y)$ 的平均标准差在 X 轴上为 3.43mm(标准差为 0.42mm，范围为 2.75～3.95mm)，Y 轴上为 2.77mm(标准差为 0.42mm，范围为 2.23～3.62mm)。也就是说，相对模型中 X 轴和 Y 轴的落点偏差分别比绝对模型高 13.2%和低 24.3%。

当合并所有用户数据后，在绝对模型中，落点偏差在 X 轴上为 4.31mm，Y 轴上为 7.01mm；在相对模型中，向量的长度偏差在 X 轴上为 4.52mm，Y 轴上为 3.80mm。在这种情况下，相对模型的 X 轴和 Y 轴偏差分别比绝对模型高 4.9%和低 45.8%。原因是，合并所有用户数据会将单个用户之间的键盘位置差异合并到落点偏差中(图 5-2)。如之前所示，这种键盘位置多样性不容忽视。因此，在一般情况下，使用考虑向量的相对模型将更有效地反映 Y 轴上的打字行为的特征。

5. 绝对模型和相对模型的进一步比较

给定两个具有相同标准差的独立高斯变量 σ，两个变量的和或差的标准差应为 $\sqrt{2}$。因此，若用户完全遵循无视觉输入的绝对模型，则两个连续触点之间向量的标准差($SD(\Delta x)$ 和 $SD(\Delta y)$)应为触点的绝对位置标准差($SD(x)$ 和 $SD(y)$)的 $\sqrt{2}(\approx 1.41)$ 倍，以表现触点之间没有相关性。然而，数据显示这种假设不正确。$SD(\Delta x)/SD(x)$ 的比值在个性化和通用模型上分别为 1.13 和 1.05。在 Y 轴上，结果甚至颠倒过来。$SD(\Delta y)/SD(y)$ 的比值分别为 0.76 和 0.54。因此，无视觉输入中的连续触摸之间必定存在某种程度的依赖关系。这些结果为支持相对模型提供了另一个依据。

5.3　无视觉打字的输入意图识别算法

本节描述用于无视觉打字的单词级文本解码算法，该算法预测用户在无视觉打字条件下尝试输入的最可能单词。该算法是基于用户输入数据导出的用户键盘构建的，将之前的实验结果，包括按键尺寸、键盘位置和落点偏差整合到算法中作为参数。

设 $I=\{(x_i,y_i)\}_{i=1}^n$ 表示触摸输入的顺序，$w=c_1c_2\cdots c_n$ 表示预定义词集 D 中由 n 个字符组成的候选单词(只考虑长度与输入序列相同的单词)。标准键盘中键 c_i 的中心坐标为 (X_i,Y_i)。目标是用最大后验概率计算具有最高概率的词 w^*，即

$$w^* = \arg\max_{w\in D} p(w|I) \tag{5-4}$$

根据贝叶斯定律，有

$$p(w|I) = p(I|w) \times p(w)/p(I) \tag{5-5}$$

其中，$p(w)$ 表示在 1-gram 语言模型中出现单词 w 的可能性，并且 $p(I)$ 对于所有候选单词都是常数。

重写 $p(I|w)$ 为

$$p(I|w) = p\left(\{(x_i,y_i)\}_{i=1}^n | \{c_i\}_{i=1}^n\right) \tag{5-6}$$

然后将 c_i 替换为二维坐标，即

$$p(I|w) = p\left(\{(x_i,y_i)\}_{i=1}^n | \{(X_i,Y_i)\}_{i=1}^n\right) \tag{5-7}$$

进一步，假设 X 轴和 Y 轴是相互独立的，则

$$p(I|w) = p\left(\{x_i\}_{i=1}^n | \{X_i\}_{i=1}^n\right) p\left(\{y_i\}_{i=1}^n | \{Y_i\}_{i=1}^n\right) \tag{5-8}$$

1. 绝对算法

在绝对模型中，各个点击动作相互独立。然后可以从式(5-8)导出式(5-9)。它与 Goodman 等[14]的方法有着相同的本质：

$$p(I|w) = \prod_{i=1}^n p(x_i|X_i)\, p(y_i|Y_i) \tag{5-9}$$

使用正态分布 $N(\mu_i,\sigma_i)$ 来计算 $p(x_i|X_i)$，其中 μ_i 是 X 轴上坐标的平均值，它可以用按键尺寸、键盘位置和 X_i 通过式(5-2)的线性回归来估计，并且 σ_i 是从研究结果得到的键的标准差。对于 $p(y_i|Y_i)$ 也是如此。

2. 相对算法

在相对模型中，使用连续触点之间的向量来预测单词。但是，由于第一个触点没有前置触点，仍然使用绝对模型来解释，即

$$p(I|w) = p(x_1|X_1) p(y_1|Y_1) \prod_{i=2}^{n} p(\Delta x_i|\Delta X_i) \prod_{i=2}^{n} p(\Delta y_i|\Delta Y_i) \tag{5-10}$$

其中，$\Delta x_i = x_i - x_{i-1}$；$\Delta y_i = y_i - y_{i-1}$；$\Delta X_i = X_i - X_{i-1}$；$\Delta Y_i = Y_i - Y_{i-1}$。

注意，对于只有一个字母的单词，相对算法将退化为绝对算法。

3. 性能模拟

在引入实际用户的研究之前，首先进行一次模拟，使用实验一中的数据来观察算法的预测能力，以此来比较不同算法的性能。在使用数据时，如果点击键入的字母随后被删除，则将其视为错误并移出数据。下面模拟四种算法的性能。

(1) 通用绝对(GA)：使用通用用户模型的绝对算法。通过拟合所有在实验一中用户数据的参数导出通用键盘。GA 算法需要 6 个参数：绝对模型中按键尺寸 $\text{size}_x^{(\text{abs})}$ 和 $\text{size}_y^{(\text{abs})}$、键盘偏移量 $\text{offset}_x^{(\text{abs})}$ 和 $\text{offset}_y^{(\text{abs})}$，以及键在 X、Y 轴上的标准差 $\text{SD}(x)$ 和 $\text{SD}(y)$。

(2) 通用相对(GR)：使用通用用户键盘的相对算法。GR 算法需要 6 个在相对模型中的参数，即 $\text{size}_x^{(\text{rel})}$、$\text{size}_y^{(\text{rel})}$、$\text{offset}_x^{(\text{rel})}$、$\text{offset}_y^{(\text{rel})}$、$\text{SD}(\Delta x)$ 和 $\text{SD}(\Delta y)$。

(3) 个性化绝对(PA)：使用个性化用户键盘的绝对算法。每个用户都有自己的个性化键盘，用他/她自己的输入数据拟合得到。PA 算法要求每个用户有 6 个参数，该参数与 GA 算法中的参数对应。

(4) 个性化相对(PR)：使用个性化用户键盘的相对算法。PR 算法也要求每个用户有 6 个参数，该参数与 GR 算法中的参数对应。

用户依赖性(通用与个性化)不仅影响算法的准确性，对交互也有着实际意义。例如，公共大屏幕场景(如与智能电视交互)通常涉及多个用户。依赖于用户的算法(个性化)需要为每个新注册的用户进行定制，因此与用户无关的算法(通用)可能更适合这些场景。而在更私密的场景中(如在虚拟现实环境中交互或在个人智能手机上悄悄地打字)，依赖用户的个性化算法更加合适。

对于每种算法，进行十折交叉验证。对于 GA 和 GR 这两种通用算法，首先将所有的数据分成 10 折，然后利用其他 9 折训练后的用户键盘来验证每 1 折。同时，保证在每 1 折中，每个被试的数据量是相等的。对于 PA 和 PR 这两种个性化算法，分别对每个被试进行训练和测试。换句话说，将每个用户的打字数据分成 10 折，然后利用其他 9 折训练后的用户键盘来验证每 1 折。最后，把所有用户的结果进行平均。

使用美国国家语料库中的前 50000 个单词以及其频率数据作为 1-gram 语言模型。图 5-7 显示了每种被测试算法的 top-1、top-5 和 top-25 正确率，top-K 正确率表示算法根据概率排列的前 K 个候选词内中包含了目标词。

在 top-1、top-5 和 top-25 的正确率下，GA 算法的性能都比其他三种算法差。在 top-1 正确率下，GR 算法比两种个性化算法(PA 算法和 PR 算法)稍差(3.5%)，不过它们的 top-5 和 top-25 正确率没有办法区分。请注意，top-1 正确率非常重要，因为它意味着用户可以在不进行选词操作的情况下输入单词。

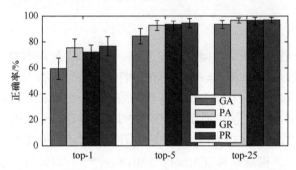

图 5-7   不同算法的 top-1、top-5、top-25 正确率的模拟

现在，为模拟结果提供一个解释。对于通用算法，不同用户之间的按键尺寸和键盘位置差异是一个挑战。相比之下，个性化算法不受这个问题的影响，自然会表现得更好。另外，GR 算法是基于向量而不是绝对位置进行预测的，所以它消除了键盘位置变化的影响。图 5-8 说明了相对算法相比于绝对算法的优势。

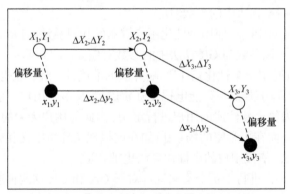

图 5-8   相对算法优于绝对算法的一个例子

用户输入一个 3 个字母的单词产生 3 个触点 $\{(x_i, y_i)\}_{i=1}^3$。这 3 个字母在触摸屏上的实际位置是 $\{(X_i, Y_i)\}_{i=1}^3$。在无视觉状态下，每一对字母和触摸落点之间有一个一致的偏移量。每个偏移量都会降低绝对算法中正确单词的预测概率；相反，只有一个偏移量(第 1 个)会影响相对算法中的概率(向量 $(\Delta X_2, \Delta Y_2)$ 和 $(\Delta X_3, \Delta Y_3)$ 分别与 $(\Delta x_2, \Delta y_2)$ 和 $(\Delta x_3, \Delta y_3)$ 相同，这不会带来概率上的下降)。

为了研究需要多少训练数据才能达到可接受的正确率，需进行额外的模拟。

通过改变训练数据的大小(单词数)来模拟每种算法的 top-1、top-5 和 top-25 正确率。为此，首先提取 1/10 的数据作为验证数据，然后从其余 9/10 的数据中随机提取相应的数目作为训练数据。图 5-9 显示了结果：对于这两种通用算法，训练一个 top-1 正确率超过 50% 的键盘模型只需要不到 10 个单词，训练一个正确率可接受的模型需要大约 100 个单词。在两种个性化算法中，需要 30 多个单词来得到一个 top-1 正确率超过 50% 的键盘模型，并且在训练数据量超过 100 后，正确率仍在提高。

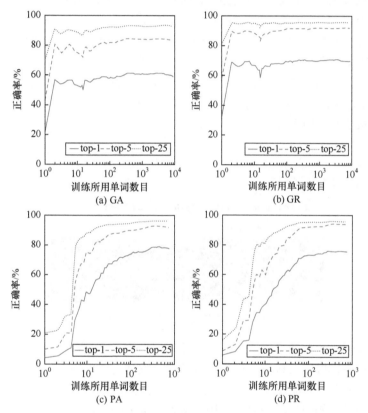

图 5-9　训练所用单词数目对 top-1、top-5、top-25 正确率的模拟

5.4　通用算法输入性能评测实验

实验二的目的是评测 GA 算法和 GR 算法在用户无关前提下的性能。实验使用的用户键盘的参数也是从以前的结果中导出的。我们使用智能电视作为交互平台，因为它是一个公共设备，可以被多个用户访问。

此外，我们还实现了一种基线技术：用户使用触摸屏移动电视屏幕上的光标，通过点击来选择屏幕键盘上的键，这是当前商用智能电视上的文本输入方法。

1. 被试和仪器

从大学校园里招募另外 16 名熟练的 QWERTY 键盘使用者(11 名男性和 5 名女性，年龄为 18~24 岁)。他们都是右利手，且能用一个拇指流利地打字。被试将得到一定金额的报酬。

使用与实验一相同的仪器。图 5-10 显示了实验二系统的软件界面。一张静态键盘图片供被试在忘记或不确定键位置时参考。当被试触发选词模式时，它被一个包含另外 20 个候选字的面板替换。在选词模式中，一个蓝色高亮显示的方块会随着触摸屏上的拖动而移动，拇指从触摸屏上离开后高亮显示的单词将被选中。被试仍然需要在触摸屏上输入，但用户这次会在电视上看到实时的预测结果。根据预测，系统在当前输入短语的末尾显示最有可能的单词，下面按概率顺序显示前 5 的单词。我们在界面上同时显示了一个 QWERTY 键盘的静态图片，供被试在不确定键盘布局时参考。

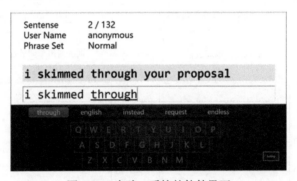

图 5-10　实验二系统的软件界面

被试通过一个快速右滑手势(滑动时长小于 500ms)选择排在第 1 位的单词。将拇指放在触摸屏上长按 500ms，将触发一个额外的 20 个单词(总共 25 个)的面板，同时被试进入选词模式，并可以在触摸屏上拖动来选择前 25 的单词，选中的单词会在拖动的同时以高亮表示，用户从触摸屏上松开拇指完成选择。通过初步研究确定 500ms 是一个安全阈值。另外，被试向左滑删去一个字母，向下滑删去刚输入的单词。

2. 实验设计

使用单因素被试内的实验设计，该单因素是指算法(GA、GR 和基线)。测试的短语是从 MacKenzie 短语集[13]中随机产生的，每种算法是独立随机生成的，但对所有被试都是相同的。对于 GA 和 GR，被试需要输入 40 个短语。对于基线，被试需要输入 15 个短语，因为根据初步研究，基线的输入速度大约是两个无视觉技术的三分之一。对于每一种算法，被试分为 5 个阶段完成短语。每个阶段包含

8 个用于两个无视觉算法的短语，或 3 个用于基线的短语。对每个被试来说，这三种算法的呈现顺序都是随机的，而各阶段的呈现顺序是相同的。经过几次实验后发现，在无视觉注意的情况下，有些单词可能无法正确输入。因此，实验前告诉被试在尝试输入一个单词三次以上之后可以选择放弃并继续下一个单词。这将对应最终结果中的"未修正错误"。

3. 实验流程

实验前，为被试介绍交互方法(无视觉打字、功能手势和选词方法)和软件，并要求他们熟悉界面、输入方法和手势。并未告诉被试算法(GA 和 GR)之间的区别，也未告诉被试正在使用哪种算法。然后让被试输入尽可能快和准确。在实验过程中，被试对每种技术有一次短暂的热身。他们被要求在每两个阶段之间休息，并在每种算法完成后填写 NASA-TLX 问卷。本次实验包含了实验一中的机制，以确保被试只利用肌肉记忆进行打字。每个阶段 5～12min，实验总共 20～30min。

4. 实验结果

1) 输入速度

RM-ANOVA 发现,算法对文本输入速度有显著影响($F_{2,30} = 306.82$, $p < 0.0001$)。三种算法在每一阶段的速度如图 5-11 所示。GA、GR 和基线的平均输入速度分别为 17.23WPM(标准差为 2.29WPM) 、20.97WPM(标准差为 3.08WPM) 和 7.66WPM(标准差为 0.99WPM)。GA 和 GR 分别比基线快 1.25 倍和 1.74 倍。GA 和 GR 之间的差异也非常显著($F_{1,15} = 79.50$, $p < 0.0001$)。

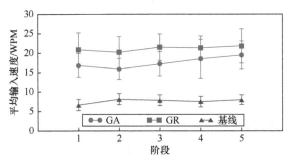

图 5-11　GA、GR 和基线在五个阶段的平均输入速度

此外还观察到，处于哪个阶段对 GA 的文本输入正确率有显著影响($F_{4,60} = 3.44$, $p < 0.05$)。然而，在随后的研究(实验三)中，发现这样的影响并不显著。目前，无法为这一结果提供令人信服的理由。一个潜在的原因可能是 GA 的第 3～5 个阶段中的短语碰巧包含不太难的单词。这是因为，由于随机抽样，每个阶段

可能包含对无视觉输入有不同困难的短语。我们承认这是实验设计的局限性。这也意味着我们需要更仔细地控制用于评估的短语集。

2) 预测正确率

由于基线不具有输入预测能力，只给出了 GA 和 GR 的结果。图 5-12 显示(图中误差线表示标准差)，GR 在三种正确率下都优于 GA。GR 的 top-1、top-5 和 top-25 正确率分别为 80.9%、95.9% 和 97.9%。GA 的 top-1、top-5 和 top-25 正确率分别为 71.0%、91.7% 和 95.9%。我们发现 GA 和 GR 在 top-1($F_{1,15} = 36.56$，$p < 0.0001$)、top-5($F_{1,15} = 27.35$，$p < 0.0001$)和 top-25($F_{1,15} = 20.04$，$p < 0.0005$)正确率方面存在显著差异。结果表明，GR 的 top-1 正确率比 GA 高 13.9%，与模拟结果一致(图 5-7)。

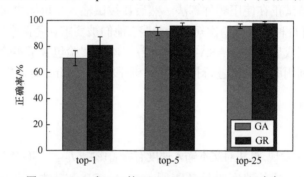

图 5-12　GA 和 GR 的 top-1、top-5、top-25 正确率

3) 输入错误

使用 WER 的测量标准，包括修正错误率和未修正错误率[15]。与之前的研究一致[15]，三种算法的未修正错误率都很低(GA: 1.69%; GR: 0.51%; 基线: 0.21%)。GA、GR 和基线的修正错误率分别为 6.11%、5.13% 和 3.11%。被试用 GR 纠正的错误比 GA 少 16%。算法对修正错误率($F_{2,30} = 8.01$，$p < 0.005$)和未修正错误率($F_{2,30} = 17.93$，$p < 0.0001$)有显著影响。

事后分析表明，GA 和 GR 在修正错误率($F_{1,15} = 17.68$，$p < 0.001$)和未修正错误率($F_{1,15} = 14.50$，$p < 0.005$)上存在显著差异。

此外，定义预测错误为当算法无法将目标单词预测为前 K 个候选单词产生错误。在我们的研究中，根据界面设计，K 为 25。结果表明，GA 的预测错误率为 4.09%，GR 的预测错误率为 2.09%。也就是说，GR 将预测错误减少了一半。

最后，几乎所有的测试单词都可以通过无视觉输入技术成功地输入。在 GA 中，9.20% 的单词被输入了两次，1.47% 的单词被输入了三次或更多。在 GR 中，7.17% 的单词被输入了两次，1.43% 的单词被输入了三次或更多。被试无法输入的单词(尝试输入超过三次但未成功)分别占 GA 和 GR 总输入单词的 0.3% 和 0.06%，占 GA 和 GR 未修正错误的 17.7% 和 11.8%。

4) 主观反馈

在主观反馈方面，各维度评分一致。在所有维度中，GR 是最受欢迎的算法，而基线是最不受欢迎的算法。弗里德曼检验表明，算法对身体需求($\chi^2(2)=11.8$，$p<0.01$)、努力程度($\chi^2(2)=8.05$，$p<0.05$)、受挫程度($\chi^2(2)=10.5$，$p<0.01$)和个人表现($\chi^2(2)=19.4$，$p<0.001$)有显著影响，对心理需求($p=0.78$)和时间需求($p=0.10$)没有显著影响，如图 5-13 所示(误差线表示标准差，分数越高，该任务的要求就越高)。

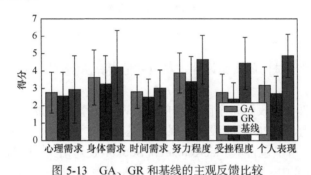

图 5-13　GA、GR 和基线的主观反馈比较

对于 GA 和 GR，威尔科克森符号秩检验显示，除努力程度($Z=-2.12$，$p<0.05$)外，其他各维度均无显著性差异。

在实验后的访谈中，我们特别询问被试在打字时是否看键盘图片。被试说他们的视觉注意力大部分集中在文本反馈和候选词列表上。两名被试汇报说当他们不确定键盘布局时，才会偶尔参考键盘图片。

5.5　个性化算法的输入性能评测实验

实验三的主要目的是探讨个性化键盘是否能进一步改善无视觉打字的表现。选择头戴式显示器作为交互平台。截至 2016 年，在头戴式显示器上的文本输入技术的表现仍然不令人满意(仅约 10WPM)[16,17]。

1. 被试和仪器

从大学校园中招募了另外 16 名熟练的右利手 QWERTY 键盘使用者(14 名男性和 2 名女性)，年龄为 19～23 岁。他们中有一半人有使用头戴式显示器的经验。被试将得到一定金额的报酬。

使用与实验一相同的安卓手机作为遥控器，使用三星 Gear VR 和三星 Galaxy Note 7 作为头戴式显示器。在 Unity 5 中开发实验平台，它的外观和感觉与实验二相同。遥控器通过 Wi-Fi 连接到头戴式显示器(图 5-14)。

(a) 用户使用一个触摸屏   (b) 在头戴式显示器的界面上打字

图 5-14   实验三设置

2. 实验设计和流程

使用双因素被试内的实验设计。双因素是指算法(绝对与相对)和用户依赖性(通用与个性化)。

实验分为两个阶段，每个阶段对应包含两个依赖关系的一种算法，即绝对(GA+PA)和相对(GR+PR)。阶段的呈现顺序是进行过平衡的。在每个阶段中，被试共完成 6 组，每组包含从 MacKenzie 和 Soukoreff 短语集[13]中随机抽取的 7 个短语。在这个研究中，短语集的随机抽样是由每种算法和每一个被试独立完成的。在前三组，用户使用与实验二相同的通用键盘技术输入短语。然后使用这些组中的数据训练被试的个性化键盘。在接下来的三组中，被试使用个性化键盘技术输入文本。为了避免潜在的主观偏见，在任务期间并未告诉被试模型被替换了。两组之间有 3min 的休息时间。每组 15~25min，实验总共持续 30~50min。

3. 实验结果

1) 输入速度

图 5-15 显示被试使用四种算法在组间的平均输入速度(误差线表示标准差)。GA、PA、GR 和 PR 的平均输入速度分别为 18.33WPM(标准差为 4.29WPM)、20.59WPM(标准差为 4.18WPM)、21.68WPM(标准差为 4.57WPM)和 22.77WPM(标准差为 3.50WPM)。个性化使绝对算法的输入速度提高了 12.3%，相对算法提高了 5.0%。在 GA 和 PA 之间发现了用户依赖性对输入速度的显著影响($F_{1,15} = 10.21$，$p < 0.01$)，而在 GR 和 PR 之间没有发现用户依赖性的影响($p = 0.28$)，这与模拟中的结果一致。此外，相对算法的文本输入速度略高于绝对算法。在 GA 和 GR 之间($F_{1,15} = 11.96$，$p < 0.005$)以及 PA 和 PR 之间($F_{1,15} = 10.06$，$p < 0.01$)都发现了算法的显著效应。

此外，我们还发现，对于所有算法，组别对打字速度没有显著影响(GA：$F_{2,30} = 0.61$，$p = 0.55$；PA：$F_{2,30} = 0.47$，$p = 0.63$；GR：$F_{2,30} = 0.18$，$p = 0.84$；

PR：$F_{2,30} = 3.39$，$p = 0.06$）。这说明无视觉打字的学习成本很低，用户可以很快适应，而且无需长期训练就可以达到很高的打字速度。

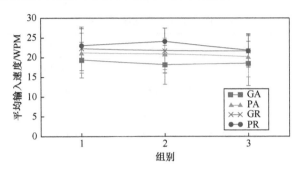

图 5-15　所有算法在对应组中的平均输入速度

2）预测正确率

图 5-16 显示了所有算法的 top-1、top-5 和 top-25 正确率，这与之前的模拟结果一致(图 5-7)。

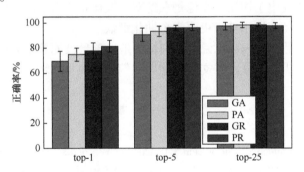

图 5-16　所有算法的 top-1、top-5、top-25 的正确率

相对算法再次在 top-1(通用键盘：$F_{1,15} = 6.60$，$p < 0.05$；个性化键盘：$F_{1,15} = 18.96$，$p < 0.001$)和 top-5(通用键盘：$F_{1,15} = 12.17$，$p < 0.005$；个性化键盘：$F_{1,15} = 7.94$，$p < 0.05$)正确率方面都优于绝对算法。

与文本输入速度的结果一致，个性化在绝对算法上显示了更高的预测正确率。用户依赖性对于 top-1 正确率在 GA 和 PA 之间上存在显著的影响($F_{1,15} = 7.97$，$p < 0.05$)。top-5 和 top-25 正确率无显著性差异。相比之下，个性化似乎不影响相关算法的预测正确率。GR 和 PR 的 top-1、top-5 和 top-25 正确率之间没有发现显著影响。

3）输入错误率

实验给出了与实验二相同的四个单词级输入错误率(表 5-2)：修正错误率、未修正错误率、预测错误率和无法输入单词率。结果发现 GA 和 GR 在预测错误率

（$F_{1,15} = 7.28$，$p < 0.05$）和无法输入单词率（$F_{1,15} = 5.24$，$p < 0.05$）上存在显著差异。其他所有的比较都不显著。

表 5-2　　所有被测试算法的错误率　　　　　　　　（单位：%）

参数	GA	PA	GR	PR
修正错误率	8.03 (4.24)	8.02 (4.71)	6.11 (4.90)	5.96 (4.07)
未修正错误率	2.42 (2.76)	1.71 (2.01)	1.41 (1.34)	2.19 (2.42)
预测错误率	4.76 (2.88)	3.67 (2.28)	2.44 (2.40)	2.26 (1.90)
无法输入单词率	0.93 (1.40)	0.62 (0.81)	0.17 (0.37)	0.32 (0.43)

4）主观反馈

在实验后的访谈中，我们询问被试是否能在分辨两个阶段中用到两种算法(绝对和相对)之间的差异。5/16 的被试说，他们可以感觉到相对算法在预测最佳候选目标词方面更为准确，因此他们可以不进行选词。我们还询问他们是否在一个阶段中分辨出算法发生了切换。无论是在绝对阶段还是相对阶段，没有一个被试感觉到用户键盘已经从通用键盘更改为个性化键盘。

此外，大多数(14/16)被试说，他们惊讶地发现自己能够不看键盘就打字，他们希望在未来的头戴式显示器交互中使用我们的无视觉技术。

参 考 文 献

[1] Oulasvirta A, Tamminen S, Roto V, et al. Interaction in 4-second bursts: The fragmented nature of attentional resources in mobile HCI//Proceedings of the SIGCHI Conference on Human Factors in Computing Systems, 2005: 919-928.

[2] Yi B, Cao X, Fjeld M, et al. Exploring user motivations for eyes-free interaction on mobile devices//Proceedings of the SIGCHI Conference on Human Factors in Computing Systems, 2012: 2789-2792.

[3] Zhao S D, Dragicevic P, Chignell M, et al. Earpod: Eyes-free menu selection using touch input and reactive audio feedback//Proceedings of the SIGCHI Conference on Human Factors in Computing Systems, 2007: 1395-1404.

[4] Li K A, Baudisch P, Hinckley K. Blindsight: Eyes-free access to mobile phones//Proceedings of the SIGCHI Conference on Human Factors in Computing Systems, 2008: 1389-1398.

[5] Tinwala H, MacKenzie I S. Eyes-free text entry with error correction on touchscreen mobile devices//Proceedings of the 6th Nordic Conference on Human-Computer Interaction: Extending Boundaries, 2010: 511-520.

[6] Banovic N, Yatani K, Truong K N. Escape-keyboard. International Journal of Mobile Human Computer Interaction, 2013, 5(3): 42-61.

[7] Bonner M N, Brudvik J T, Abowd G D, et al. No-look notes: Accessible eyes-free multi-touch text entry//Floréen P, Krüger A, Spasojevic M. International Conference on Pervasive Computing. Berlin: Springer, 2010: 409-426.

[8] Azenkot S, Zhai S M. Touch behavior with different postures on soft smartphone keyboards//Proceedings of the 14th International Conference on Human-Computer Interaction with Mobile Devices and Services, 2012: 251-260.

[9] Findlater L, Wobbrock J O, Wigdor D. Typing on flat glass: Examining ten-finger expert typing patterns on touch surfaces//Proceedings of the SIGCHI Conference on Human Factors in Computing Systems, 2011: 2453-2462.

[10] Goel M, Findlater L, Wobbrock J. WalkType: Using accelerometer data to accommodate situational impairments in mobile touch screen text entry//Proceedings of the SIGCHI Conference on Human Factors in Computing Systems, 2012: 2687-2696.

[11] Parhi P, Karlson A K, Bederson B B. Target size study for one-handed thumb use on small touchscreen devices//Proceedings of the 8th Conference on Human-Computer Interaction with Mobile Devices and Services, 2006: 203-210.

[12] Wang Y T, Yu C, Liu J, et al. Understanding performance of eyes-free, absolute position control on touchable mobile phones//Proceedings of the 15th International Conference on Human-Computer Interaction with Mobile Devices and Services, 2013: 79-88.

[13] MacKenzie I S, Soukoreff R W. Phrase sets for evaluating text entry techniques//CHI'03 Extended Abstracts on Human Factors in Computing Systems, 2003: 754-755.

[14] Goodman J, Venolia G, Steury K, et al. Language modeling for soft keyboards//Proceedings of the 7th International Conference on Intelligent User Interfaces, 2002: 194-195.

[15] Wobbrock J O, Myers B A. Analyzing the input stream for character-level errors in unconstrained text entry evaluations. ACM Transactions on Computer-Human Interaction, 2006, 13(4): 458-489.

[16] Grossman T, Chen X A, Fitzmaurice G. Typing on glasses: Adapting text entry to smart eyewear//Proceedings of the 17th International Conference on Human-Computer Interaction with Mobile Devices and Services, 2015: 144-152.

[17] Yu C, Sun K, Zhong M Y, et al. One-dimensional handwriting: Inputting letters and words on smart glasses//Proceedings of the 2016 CHI Conference on Human Factors in Computing Systems, 2016: 71-82.

第6章　十指盲打输入中的一阶贝叶斯方法

随着普适计算环境(如交互式平面、增强现实、桌面)的普及，在这些场景下进行文本输入的需求也显著提升。然而，如何提供一种高效的文本输入体验对于用户和研究者而言仍是一项巨大的挑战。在可能的解决方案里，在平面上进行十指输入提供了一种自然并且潜在的最高效的文本输入体验，因为用户可以将其在物理键盘上打字时的肌肉记忆转移到这种情境下[1]。

但是，仍然有几项挑战影响平面上盲打输入的表现：①在普适文本输入情境下，信息输出界面通常和输入界面(如智能电视和虚拟现实)是解耦的，因此，用户没有一个键盘可以参照，这使得算法解释用户输入位置时模糊性更强；②在盲打输入期间，用户的视觉注意力通常并不聚焦在键盘布局上，这可能使得用户的输入位置十分不准确[1]；③当在平面上打字时，触觉反馈的缺失会导致输入过程中出现手部漂移问题[2]。

为应对这些挑战，已经有许多研究工作去理解用户的十指打字行为[1,3]，或者去支持触觉反馈[4]，或者去研究基于不同传感技术的十指键盘技术[3,5-7]。然而在已有工作中存在两个主要不足。①当沿时间维度检查用户打字行为的一致性时，已有工作只关注了键盘位置的变化(通常称为手部漂移[2])，这限制了更多键盘参数的分析。例如，正像我们在本书展示的一样，用户想象的键盘的尺寸在水平和垂直两个方向也会随着时间变化。②尽管传统的统计解码算法[8]在移动文本输入技术领域[9,10]取得了巨大成功，但还没有人探索过将这样的算法用于在平面上的十指盲打(typing on any surface with ten fingers，TOAST)技术的可靠性。正如我们将展示的一样，通过马尔可夫-贝叶斯算法和在线的自适应方法，用户可以达到比已有的文本输入技术高 11%～44%的输入速度。

本章采用迭代方法来支持平面上的十指盲打。首先，形式化基于用户打字数据的键盘参数估计问题，这一问题引入了不同种类的变量(如键盘位置、尺寸和形状)。为了理解用户的十指盲打模式，进行一项只有星形反馈的用户实验。通过收集到的打字数据拟合出键盘模型，并发现模型漂移不仅出现在键盘位置上，也出现在键盘形状上。此外，模型参数不仅在不同用户间不同，在同一用户的不同时间上也不同。

基于这些观察，本章提出触摸表面上的 TOAST 技术，即基于触摸平面所汇报的触点位置(或其他技术所提供的触点位置信息，该位置信息并非由本技术获取或识别)

进行十指盲输入的键盘技术。TOAST 技术包含两个主要特征：①为了有效减少键盘位置变化的影响，基于每只手内相邻两次触点的相对位置进行结果的预测，这一做法拓展了将每次触摸视为相互独立的传统的统计解码算法[8]；②考虑到打字期间的模型漂移问题，应用自适应机制来动态调整估计的键盘位置和尺寸。与按键模型[11]相比，这种算法需要更少的训练数据，并且潜在的对于输入错误的容忍程度更高。

本章通过模拟验证了 TOAST 技术的表现，使用第一个用户实验里的用户数据比较了不同算法的词级别的预测正确率。结果表明，本章提出的马尔可夫-贝叶斯算法比传统的统计解码算法在所有用户数据上的正确率显著提高，而这两种算法在用户的个性化数据上有相当的表现。在进一步的真实文本输入任务实验中，发现通过不到 10min 的练习，用户可以以可忽略的错误率达到 45WPM 的输入速度，其中的专家用户甚至达到了 66.1WPM。主观反馈也表明用户觉得 TOAST 技术简单易学，并且提供了一种快速、准确的文本输入体验。

6.1　键盘模型拟合问题的定义

本节聚焦在平面上十指打字的场景。我们相信，假设未来有某些可以在平面上汇报触摸点位置的传感技术的前提下，TOAST 技术有应用在更普适的场景下的潜力。这样，十指输入可以发生在桌面、墙面、窗户或者其他任意手指可点击的平面。进行输入时，用户将手放到平面上，在手下面好像有一个虚拟键盘(但是并不显示在平面上)一样打字。用户在平面上的任意位置开始输入，可以在任意时候离开并可以随时回来继续输入。

以上描述定义了平面上十指输入独有的特征：一个用户在有限的触觉反馈下(即没有物理按键)打字，没有可见的键盘，并且没有对于键盘位置的限制。所有的这些特征都为实现准确高效的输入体验带来了困难和挑战。本节将会形式化基于用户输入数据估计键盘参数的问题，其中需要考虑不同的变量，同时需要简化和解决该问题。最后比较本节模型和传统模型(按键模型)。

6.1.1　键盘模型

假设在任意时刻，在用户的心理模型中有一个用于输入的键盘。用户根据这个键盘来编码并进行触摸行为(移动和点击手指)。为清晰起见，在本书中将用户心理模型中的键盘称为"用户键盘"(或者简称为键盘)。同时定义一个标准的键盘是按物理键盘的布局，即每个键是正方形的，键间距(按键中心测量)是 0.75in(或者 1.905cm)。

一个用户键盘的几何模型可以由四个独立的变量描述(图 6-1)。

(1) 键盘位置：用户键盘在平面上的坐标。它可以由键盘上任意固定点来定义，如 Q 键的中心。

（2）键盘尺寸：用户键盘的宽度(X轴方向尺寸)和高度(Y轴方向尺寸)。例如，X轴方向尺寸可以由键盘上最左边的键和最右边的键来测量得出。

（3）键盘方向：在沿 X 方向上旋转的角度。

（4）键盘形状：在用户键盘按标准键盘归一化后键的相对位置。一个理想的用户键盘应该像标准键盘一样是矩形的。

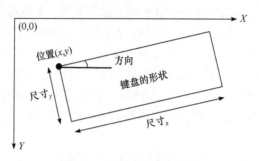

图 6-1　用户键盘模型图示

在平面上打字时，描述用户键盘的四个变量可以被许多因素决定和影响。当用户接近平面并将手放到平面上准备输入时，键盘的位置和方向就确定了。在打字期间手部漂移[2]会改变其位置和方向。除此之外，由于可视化键盘的缺失，键盘的尺寸和形状可能在不同的打字阶段动态变化。最后，每名用户应该有不同的键盘模型，这取决于他们的打字习惯、手部尺寸和手指长度。

假设用户的触摸行为是按目标键的中心编码的。然而，由人类运动控制系统所造成的输入噪声(n)通常在这些行为间出现。因此，用户打字期间的触摸点可以被四个键盘变量和输入噪声决定和影响。

6.1.2　问题的简化

本节进行了一些假设来简化问题。

（1）假设用户键盘总是水平放置的。在此研究中不考虑方向。

（2）假设键盘形状是矩形的，就像标准键盘一样每个键有相同的尺寸。有研究[1]表明考虑到人手的生理结构，键盘的形状可能是弧形。

（3）假设由人类运动控制系统造成的输入噪声是正态分布的[12]，并且每一个键的标准差相同。

基于这些简化，在打字系统里主要有三个变量：键盘位置(x,y)、键盘尺寸(s_x,s_y)和输入噪声(n_x,n_y)。可以按式(6-1)所示将观察到的触点的实际坐标(x_t,y_t)表示出来，其中 k_x 和 k_y 代表该键在 QWERTY 布局中的位置，即该键分别是在 X 轴和 Y 轴方向上的第几个键。

$$\begin{bmatrix} x_t \\ y_t \end{bmatrix} = \begin{bmatrix} x \\ y \end{bmatrix} + \begin{bmatrix} s_x & 0 \\ 0 & s_y \end{bmatrix} \begin{bmatrix} k_x \\ k_y \end{bmatrix} + \begin{bmatrix} n_x \\ n_y \end{bmatrix} \tag{6-1}$$

6.1.3 键盘模型参数的估计

用户键盘描述了用户心理模型中的键盘模型。因此，以 X 轴方向为例，如果已经观察到了一系列的触点($x_1, \cdots, x_n$)以及对应的标签键($c_1, \cdots, c_n$)，如何才能推导出用户键盘模型呢？通过估计生成这些观察点的最可能的键盘位置(x, y)和键盘尺寸(s_x, s_y)来完成计算。这种极大似然估计(maximum likelihood estimation, MLE)可以如式(6-2)所示被形式化，即

$$(\hat{x}, \hat{s}_x) = \arg\max_{(x, s_x)} P(x_1 \cdots x_n | c_1 \cdots c_n) \tag{6-2}$$

如同许多已有研究[8]，假设每个触点之间是相互独立的，那么式(6-2)可以被写成

$$(\hat{x}, \hat{s}_x) = \arg\max_{(x, s_x)} \prod_{i=1}^{n} P(x_i | c_i) \tag{6-3}$$

根据键盘模型，每个键的触点应该形成一个以正态分布的中心 μ 为键的中心，正态分布的标准差 σ 是一个与输入噪声相关的值，式(6-3)可以表示为

$$(\hat{x}, \hat{s}_x) = \arg\max_{(x, s_x)} \prod_{i=1}^{n} \frac{1}{\sqrt{2\pi}\sigma} \exp\left(-\frac{(x_i - \mu_i)^2}{2\sigma^2}\right) \tag{6-4}$$

由于 σ 是一个和键盘模型无关的常量，对式(6-4)等号右边取对数可得

$$(\hat{x}, \hat{s}_x) = \arg\min_{(x, s_x)} \sum_{i=1}^{n} (x_i - \mu_i)^2 \tag{6-5}$$

即

$$(\hat{x}, \hat{s}_x) = \arg\min_{(x, s_x)} \sum_{i=1}^{n} (x_i - x - s_x k_{xi})^2 \tag{6-6}$$

如式(6-6)所示，对于键盘参数(x, y, s_x, s_y)的估计转变成了解决一个最小二乘拟合问题。拟合程度(R^2 值)表明了用户键盘的形状和标准键盘的符合程度。R^2 值为 1 表明用户键盘是完全的矩形(没有弧度)。此外，残差可以用来估计输入噪声(n_x, n_y)的水平。

6.1.4 键盘模型与按键模型

大部分已有研究使用按键模型来描述通过观察到的触点所对应的用户键盘[1,8,11]。按键模型根据每个键分开描述了触摸点的分布；没有显式地考虑键之间

相关性以及键对应的触点。相比而言，键盘模型对于用户键盘而言有统一的表示(式(6-1))。由键盘模型可以推导出按键模型，这是因为知道了键盘整体就可以知道每个键。

　　键盘模型和按键模型之间一个明显的区别是描述模型所需的参数个数。例如，上文提到简化的键盘模型只需要 6 个参数。然而，按键模型需要 4×26=104 个参数(26 个二维正态分布)。因此，按键模型更有表现力，它提示了键盘的细节形状信息。另外，训练模型需要大量的打字数据，如果系统需要快速动态自适应用户的打字行为会比较困难。特别地，如果某些键没有训练数据，接下来在这些键上的触摸点就无法被正确预测。此外，按键模型对于训练数据更敏感，因为按键模型的更新直接作用在每个键上。当输入有许多噪声时这可能是个问题。比较而言，键盘模型更抗噪声干扰。

6.2　十指盲打行为分析实验

　　本节进行了一个用户实验，研究用户在不看键盘布局的情况下在平面上进行十指打字的行为模式。我们搭建的用户实验环境和文献[1]的类似。在平面上打字的情境下，假设用户只有一个输入起点，目标是研究开始输入之后的用户行为规律。此外，我们对点击坐标的分布规律感兴趣，也对不同用户间的差异以及键盘模型随时间的变化感兴趣。为了观察用户打字行为的本质，打字期间用户只能看到星号反馈[1,12]。因此，本节得到的结果代表了熟练的打字者在十指打字时所能达到的水平。

1. 被试

　　从校园里招募 15 名被试参与实验(10 名男性, 5 名女性)，平均年龄为 22 岁(标准差为 2.7 岁)。所有被试平时都使用 QWERTY 布局的键盘。通过 TextTest 工具[13]评估被试在物理键盘上的打字能力。被试的平均输入速度是 55.5WPM (标准差为 19.3WPM)，未纠正错误率(uncorrected error rate, UER)[14]是 0.2%(标准差为 0.8%)。每名被试将获得一定金额的实验报酬。

2. 实验设备

　　为了模拟平面打字情境，基于 Microsoft Surface 2(图 6-2)搭建实验平台。该设备有 355in×20in、分辨率为 19205×1080 像素的多点触控显示屏，该触摸屏通过红外线来感知多点触控点击和手势。系统接口提供了以像素为单位的每个触摸点的 x 和 y 坐标(1 像素=0.46mm)以及对应的以毫秒为单位的时间戳。值得注意的是，我们选择使用 Microsoft Surface 2 是由于它的感知能力和足够大的交互区域。同样，为了更方便地控制实验条件，选择在同一块平面上感知输入和展示信息。

在实验期间，被试需要佩戴一副露出手指的黑色手套(图 6-2(b))。由于 Microsoft Surface 2 通过红外反射来感知触摸屏上的物体，因此在打字时，被试的手掌有时会误触发输入事件，即便被试的手掌并未与该平面进行接触。观察到当被试打字速度过快时这种误触可能会经常发生。此问题在其他的感知技术下(如使用电容触摸屏)不会存在，因此使用手套来解决该误识别问题。实验中选择足够轻薄的手套，并且与被试确认手套不会影响他们的打字行为。

(a) 实验环境搭建　　　　　　　　　(b) 实验中使用的手套

图 6-2　实验平台

3. 实验界面

图 6-3 显示的是实验平台的界面。在热身阶段，界面上展示一个键盘布局(右半部分)。在输入测试阶段，键盘被隐藏起来并且只显示星形反馈(左半部分)。在界面顶部展示的是任务短语，在中间部分是一个矩形的用于文本输入的触摸区域。在打字过程中，被试可以把手掌放在输入区域之外休息以最小化疲劳程度。除此之外，触摸区域之外的点击会被忽略并且不会触发反馈。

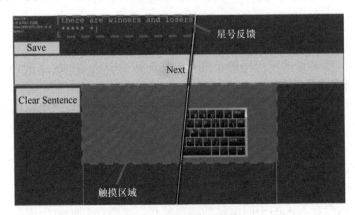

图 6-3　实验平台的界面

为了帮助参与被试熟悉平面上的十指打字，在热身阶段实验平台会显示一个

QWERTY 布局的键盘。该键盘尺寸和一个标准的物理键盘相同(按键尺寸为0.75in)。在测试阶段,该键盘会被隐藏以模拟被试在平面上的无视觉反馈的打字情境。在打字期间,每次检测到合法点击屏幕上都会显示一个星形符号,这是为了保证在记录的点击和输入的字符之间有一个 1∶1 的映射,同时避免某些点击检测算法所带来的偏差[1,12]。

4. 实验过程

在实验开始前,首先通过问卷收集了被试的人口学信息。在实验期间,被试坐在 Surface 桌子前面进行十指打字任务。在开始测试前,被试先花费 5min 时间熟悉在有键盘情况下的十指打字。在测试阶段,该键盘会被隐藏。我们告知被试想象在平面上有一个假想的和标准键盘一样大的虚拟键盘。在开始打字之前,被试首先通过将手指放在平面上一秒钟来注册该假想键盘的位置,注册时两手的拇指放在空格的位置上,其余八个手指放在基准键的位置上。被试之后转录从MacKenzie 和 Soukoreff 短语集[15]中随机选取的 30 句话。实验中要确保 26 个字母都在选取的句子里面。被试被要求尽可能又快又准地打字,并且如果用户觉得自己输入错误了,可以重新开始输入该句子。

5. 实验结果

去除热身阶段的数据,一共从被试处收集了 12669 次点击数据。考虑到一些标注错误的情况,移除了每个被试在 x 或 y 方向上点击的目标键平均位置的 3 倍标准差之外的异常点(478/12669=3.8%的点击数据被移除)。

1) 输入速度
使用文献[16]中的公式计算了文本输入速度,即

$$\text{WPM} = \frac{|T|-1}{S} \times 60 \times \frac{1}{5} \tag{6-7}$$

其中,$|T|$是需要转录的字符串的长度;S 是在句子中从第一次点击到最后一次点击的时间间隔(以秒为单位)。

被试的平均输入速度是 43.2WPM(标准差为 13.8WPM),这个速度比他们在物理键盘上的打字速度慢 22%。这一结果与 Findlater 等[1]所得到的被试在软键盘上打字的速度比在物理键盘上慢这一结论相符合。

2) 落点分布
考虑到不同被试的键盘位置不同[1],把每个被试的"F"和"J"键的中心点对齐,以展示聚合起来的不同被试的落点分布,如图 6-4 所示(图中两个黑点展示了"F"和"J"键的中心点)。

图 6-4　所有被试的聚合触点数据

如同我们期望，被试的落点分布粗略地符合高斯分布。SD_x 和 SD_y 分别表示每个键的落点分布在 x 和 y 方向上的标准差。计算出的 SD_x 和 SD_y 的平均值分别是 35.8mm(标准差为 2.9mm)和 19.1mm(标准差为 2.1mm)；按每个被试平均的 SD_x 和 SD_y 分别是 15.1mm(标准差为 2.4mm，范围为 10.9~36.8mm)和 10.4mm(标准差为 1.1mm，范围为 8.5~19.4mm)。被试产生的落点分布宽度总是大于高度的，并且每个人的分布比所有人聚在一起的分布显著小。这表明被试可以相当准确地打字，但是在不同被试间的系统偏移和标准差均有所不同。所有上述结果都说明了使用一个被试相关的键盘模型的必要性。

3) 拟合键盘模型

根据式(6-6)通过拟合落点来得到不同被试的键盘模型。这里只拟合了 26 个字母按键，对于空格键，使用一个朴素贝叶斯分类器来判断。

考虑到不同被试的绝对键盘位置在平面上的变化，把观测到的"F"键和"J"键的中心连线的中点定义为每个被试的坐标原点(0，0)。X 轴正方向向右，Y 轴正方向向下。接下来使用"F"键和"J"键的中心来分别代表左手键盘和右手键盘的位置。因此，一个正的 X 轴偏移代表了键盘处于原点的右侧，一个正的 Y 轴偏移代表了键盘处于原点的下方。

接下来通过把触摸坐标点拟合到一个标准键盘来获取键盘模型参数：键盘尺寸、键盘位置和输入噪声(通过触摸点的偏差计算)。对左手键盘和右手键盘分别进行拟合。因为使用标准键盘拟合，拟合的大小和标准键的大小相关，把这一拟合值称为缩放比例。缩放比例为 1 表示键盘模型和标准键盘相同，缩放比例越大，键盘模型越大。

4) 拟合键盘尺寸

表 6-1 展示了每只手的键盘模型分别在 X 轴和 Y 轴上的缩放比例、标准差和取值范围。所有被试在两只手和两个坐标轴下的平均缩放比例都在 1.2。这一结果说明了被试的键盘总是倾向于比物理键盘更大一些[1]。最大的键盘尺寸是最小的

键盘的 1.43～1.88 倍，这说明了不同的被试有不同的键盘尺寸。

表 6-1　每只手的键盘模型在 X 轴和 Y 轴上拟合出的键盘尺寸(缩放比例)、标准差和取值范围

		缩放比例	标准差	取值范围
X 轴方向	左手	1.23	0.12	0.98～1.40
	右手	1.20	0.15	0.97～1.43
Y 轴方向	左手	1.19	0.17	0.94～1.54
	右手	1.24	0.21	0.88～1.59

　　为了研究键盘尺寸随时间变化的趋势，对于每一个句子都拟合出了键盘模型。图 6-5 展示了两只手的键盘模型在 X 轴和 Y 轴上的缩放比例，X 轴是句子的序号；Y 轴是对应的所有被试的缩放比例。误差条展示了一倍标准差。在四种情况下，线性拟合的结果都表明缩放比例倾向于随时间增大。这说明随着打字的进行，被试的键盘模型倾向于变大，且进一步揭示了动态适应算法的必要性。

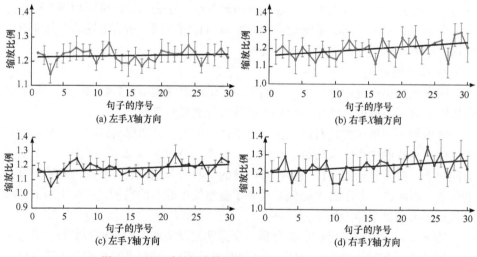

图 6-5　两只手的键盘模型在 X 轴和 Y 轴上的缩放比例

5) 拟合键盘位置

　　表 6-2 展示了每只手的键盘模型在 X 轴和 Y 轴上拟合出的键盘位置(用平均偏移表示)、标准差以及取值范围。在 X 轴方向上，左手键盘和右手键盘对称地分布在原点(中点)两侧。"F"键和"J"键之间的平均距离是 76.6mm(和标准键盘上四个键的大小相同)。这说明被试在打字时两手间距离远些更舒服，可能是为了避免双手的碰撞。另外，Y 轴方向上的偏移幅度相当小(<1mm)，说明触摸点在 Y 轴上和键盘模型符合得非常好。

表 6-2　每只手的键盘模型在 X 轴和 Y 轴上拟合出的键盘位置(平均偏移)、标准差以及取值范围

(单位：mm)

		平均偏移	标准差	取值范围
X 轴方向	左手	−38.2	13.6	−59.8～−12.4
	右手	38.4	13.1	18.9～66.2
Y 轴方向	左手	0.18	6.90	−18.4～8.7
	右手	−0.34	5.89	−16.1～10.6

此外，我们研究了键盘位置随时间变化的趋势，这说明了手部漂移的效果。如图 6-6 所示(X 轴是句子的序号；Y 轴是对应的所有被试平均偏移。误差条展示了一倍标准差)，左手键盘和右手键盘有相同的变化趋势。X 轴偏移倾向于随时间变大，而 Y 轴偏移倾向于随时间变小。这说明两只手在打字时都倾向于向右上方移动，这和文献[2]中的结果一致。

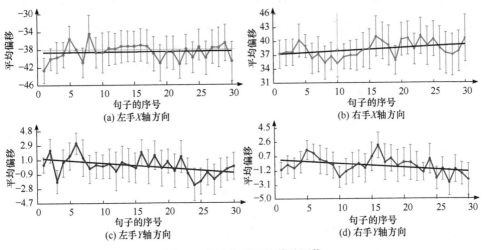

图 6-6　每个句子下的偏移图像

6) 键盘形状

接下来根据拟合出的键盘模型将每个被试的触摸点缩放到标准大小(缩放比例=1)。图 6-7(a)展示了缩放后的所有触摸点，按 1∶1 的键盘进行了缩放。图 6-7(b)展示对键盘形状的拟合，其中椭圆的位置和长短轴长度分别表示触点分布的平均值和一倍标准差。虚线表示由按键中心拟合出的 Bézier 曲线。

触摸点形成的键盘布局大致符合 QWERTY 布局。同时发现该键盘布局有轻微的弧形，特别是在第一排键的排布上。更进一步地，使用 26 个键的中心拟合了键盘模型，在两只手和两个方向上 R^2 值均大于 0.98，这说明标准键盘和通过观察到的触摸点得到的被试键盘符合得非常好。这证明了被试即使在没有可视键盘

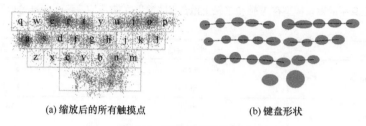

(a) 缩放后的所有触摸点　　　　　　　(b) 键盘形状

图 6-7　对键盘形状的拟合

的情况下也可以打字，并且证明了假设被试键盘是矩形的有效性(见 6.1.2 节中的第 2 个假设)。

6.3　文本输入意图识别算法

本节描述了基于用户输入支持在平面上高性能十指盲打的预测算法。基于上述实验结果，我们修改了 Goodman 等[8]提出的最大后验概率(maximum a posteriori，MAP)估计方法推导出了一种混合算法。通过模拟比较了不同算法的不同表现，并且开发了处理输入过程中变量的动态自适应算法。

1. 传统贝叶斯算法

输入纠错理论最早由 Goodman 等[8]提出。传统的算法通常将每个触摸点视为相对独立的[8]。然而，在十指盲打情境下，这种模型主要有以下三个缺点。

(1) 这种模型假设每个键有一个初始的目标位置，该假设对于实现用户可以在平面上的任意位置上开始这一目标是不可能的。

(2) 这种模型的表现受手部漂移高度影响。在之前的实验中已经说明即使对于同一个用户，在无需视觉参与的打字情况下，键盘模型的位置和尺寸都会随时间变化(图 6-5 和图 6-6)。因此，对于每个键使用一个确定的位置是不可能的。

(3) 该模型将每个触摸点视为相互独立的，这并没有充分利用键盘模型中的信息。在图 6-4 中，说明了用户的触点和 QWERTY 键盘的布局符合得非常好。因此，在计算中考虑更多的触摸点应该是有益处的。

2. 马尔可夫-贝叶斯算法

为了弥补传统贝叶斯算法中的三个缺点，采用马尔可夫-贝叶斯算法通过分别独立考虑两只手下的键盘模型，将输入过程看成一个马尔可夫过程来修改传统的方法。也就是说，分别建立一个左手键盘和一个右手键盘，并且在每一个半键盘中，触摸点的位置被前一个触摸点的位置所影响。传统贝叶斯算法和本节的马尔可夫-贝叶斯算法的区别在图 6-8 中展示(圆圈中的数字表明了用户输入的触摸点的顺序)。传统的贝叶斯算法(绝对算法)使用触摸点的绝对位置进行解码计算；马尔可夫-贝叶斯算法(相对算法)使用每只手内相邻的触摸点的向量。两只手的第一个触摸点通过绝对位置计算。

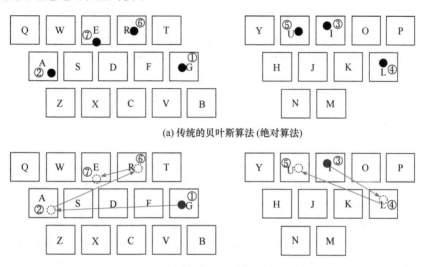

(a) 传统的贝叶斯算法 (绝对算法)

(b) 马尔可夫-贝叶斯算法 (相对算法)

图 6-8　当输入单词 "failure" 时不同算法所使用的信息说明

通过中间列的键(即 T、Y、G、H、B、N)将键盘分成了两部分，并且这些中间键同时属于左手和右手键盘。这意味着用户无须采用标准盲打键位来输入，这些键可以由任意一只手来输入。接下来，在预处理阶段，将词库内的每个词按使用的左/右手情况进行编码。因此，一个词可以有几个不同形式的编码，这些编码在后面的计算中将被视作不同的单词。接下来，对于一个有着对应 "左右手编码" 的序列 $W = W_1 W_2 \cdots W_n$，可以将该序列分成两部分：一个左手序列 $W_L = W_{L1} W_{L2} \cdots W_{La}$(如图 6-8(b)中的 "fare")和一个右手序列 $W_R = W_{R1} W_{R2} \cdots W_{Rb}$(如图 6-8(b)中的 "ilu")，其中 $a + b = n$。接下来可以计算

$$P(I|W) = P(I_L|W_L) \cdot P(I_R|W_R) \tag{6-8}$$

其中，I_L 和 I_R 是 I 中对应的子序列，就如 W_L 和 W_R 在 W 中一样。

对于式(6-8)右边中的概率，以左手序列为例，可以计算

$$P(I_L|W_L) = P(I_{L1}|W_{L1}) \cdot \prod_{i=2}^{a-1} P(I_{Li}, I_{L,i+1}|W_{Li}, W_{L,i+1}) \tag{6-9}$$

对于第一个点击，使用绝对键盘模型计算概率。对每只手和每个方向分别拟合一个绝对键盘模型。对于每个键，$P(I_{L1}|W_{L1})$ 通过一个二维正态分布来计算。

每个分布的中心是键盘模型的键中心，每个维度上的标准差是对应的绝对模型的残差。

对于接下来的点击，通过相对键盘模型来计算概率。使用两次相邻触点之间的相对向量来计算概率(即 $P(I_{Li}, I_{L,i+1} | W_{Li}, W_{L,i+1})$)，如图 6-8 中的说明。当计算 $P(I_{Li}, I_{L,i+1} | W_{Li}, W_{L,i+1})$ 时，我们计算了 dx 和 dy 分别作为 x 和 y 两个维度上的偏差。接下来根据相对键盘模型和此偏差通过二维正态分布计算概率。每个分布的均值是键中心到键中心过渡的偏差。每个维度上的标准差是对于相对模型的残差。

通过将绝对触摸位置和相对运动模式整合到一起，TOAST 不仅可以推测键盘模型的初始位置，还可以在语言模型的帮助下，跟随键盘模型的变化，得到令人满意的结果。

3. 不同算法的比较

假设利用相对移动模式采用马尔可夫-贝叶斯算法对于表现是有益的。本节在之前实验收集的数据上进行一系列的模拟，目标是决定对于算法的最优策略。可行的选项如下所述。

绝对算法与相对算法：计算 $P(I|W)$ 时，传统方法是使用绝对的键盘模型[8,11,17]。这种模型描述了每个键的触点分布模式。在计算中，每个输入点被认为是相互独立的。

反之，马尔可夫-贝叶斯模型(相对模型)在计算中利用了相对运动模式。它描述了当用户从 A 键移动到 B 键的模式，而该模式并不会被手部漂移影响太多。因此，我们期望马尔可夫-贝叶斯模型比一个简单的绝对键盘模型要好。

通用算法与用户相关算法：个性化是虚拟键盘的一个热点话题[11,17,18]。在表表 6-1、表 6-2 和图 6-4 中，已经说明了在不同用户间触摸模式有显著的差异，且不同用户的键盘模型在尺寸和偏移方面有所不同。因此，理论上用户相关的模型会比通用模型有更好的表现。

本节在前面实验的数据上进行模拟，并通过五折交叉验证测试不同键盘模型的表现。根据上面提到的两个因素，测试结果包含四种键盘模型：通用-绝对、通用-相对、用户相关-绝对和用户相关-相对。本节在每名用户的输入流中运行这些不同的算法，并且分析了 top-1、top-3 和 top-5 候选词中的词级别正确率。

图 6-9 展示了每种算法的词级别正确率。正如我们预期，用户相关的算法比通用算法要显著好。通用-相对模型的正确率比通用-绝对模型要显著高，而两个用户相关的算法有相似的结果。值得注意的是，两个用户相关算法都有超过 96% 的 top-1 正确率和超过 99% 的 top-3 正确率。这进一步确认了马尔可夫-贝叶斯模型确实解释了输入数据中的噪声。根据这些结果，用户相关-相对算法应该在实际的打字技术中被采用。

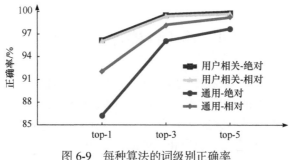

图 6-9　每种算法的词级别正确率

4. 自适应策略

在图 6-5 和图 6-6 中，展示了即使对于同一名用户，键盘模型参数会随时间变化。为了解决这一问题，在 TOAST 里采用一种动态自适应策略。

当用户开始用 TOAST 技术打字时，会使用一个初始键盘模型。在打字过程中，动态自适应策略使用了一个时间窗口来收集用户最近输入的单词数据，并根据这些数据来更新键盘模型。由于无法得知用户实际上想要输入的单词，算法使用了用户选中的单词作为用户目标单词的近似。每当用户确认一个单词的选择时，TOAST 会使用最近的 N 个单词来拟合一个新的键盘模型，并用这个模型来替换旧的模型。

显而易见，N 值的选择对于算法的表现是非常重要的。如果 N 太大，算法适应速度可能太慢，如果 N 太小，算法会过于敏感，可能会过度适应到数据的噪声。为了找到一个合适的 N 值，使用前面实验的数据用不同的 N 进行另一个模拟。使用每名用户的输入流作为输入，并计算所有用户的平均 top-1、top-3、top-5 候选词级别正确率。根据数据集大小，选择 5 个不同的 N 值进行模拟：5、10、15、20 和 25。

图 6-10 展示了不同 N 值的词级别正确率。N 为 10 时的正确率比 N 为 5 时要显著高，然而更大的 N 值并没有进一步显著提升表现。因此，动态自适应策略采用 10 个单词作为窗口的宽度。

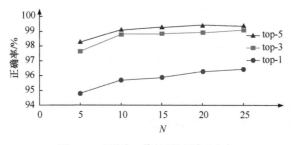

图 6-10　不同 N 值的词级别正确率

6.4　输入性能评估实验

本节通过第二个用户实验来评估 TOAST 的性能表现。首先，使用第一个实验的结果设计 TOAST 的交互和算法，并且实现 TOAST 的一个原型系统。然后招募被试使用 TOAST 系统来完成文本输入任务。我们感兴趣的点在于 TOAST 系统在真实使用场景下所能达到的表现和被试的主观偏好。

1. TOAST 系统的设计

按如下所述设计 TOAST 的交互步骤。

(1) 被试将手放到平面上，把八个手指放到假想键盘的基准键位上(即左手手指放在 "A" "S" "D" "F" 四个键，右手手指放在 "J" "K" "L" "；" 四个键上)。被试然后通过同时点击双手的拇指来触发校准，这一过程会将初始的两个半键盘分别置于该被试的左右手所处位置上。

(2) 被试之后通过 TOAST 技术来进行十指的盲输入。在使用过程中并没有可视的键盘，取而代之的是一个两部分分别位于被试两只手下方可以预测被试目标词的键盘模型。

(3) 被试每进行一次点击输入，系统会显示出有最高概率的 5 个候选词。被试通过点击左手拇指在候选词列表中进行循环选择，通过点击右手拇指去确认选择。在确认后选中的词会被添加到输入框的末尾，并且在词后面会自动添加一个空格。

(4) 在打字过程中，被试也可以通过左滑任一拇指来删除输入的最后一个单词。

基于 6.3.1 节传统贝叶斯算法的结果实现了马尔可夫-贝叶斯算法，这种算法是一个被试个性化的相对的马尔可夫-贝叶斯算法，并且以 10 个单词的窗口长度为单位进行动态的自适应调整策略。

2. 被试

从校园里招募了 16 名被试(15 名男性，1 名女性)，平均年龄为 21.8 岁(标准差为 1.7 岁)，其中被试都未参与过 6.2 节实验。所有被试平时都使用 QWERTY 布局的键盘。通过 TextTest 工具[13]评估了被试在物理键盘上的打字能力。参与的被试的平均输入速度是 68.4WPM(标准差为 18.2WPM)，UER[14]是 0.3%(标准差为 0.3%)。每名被试将获得一定金额的报酬。

3. 实验设计

实验设备和 6.2 节实验相同,除了这次实验中被试使用 TOAST 原型系统来完成真正的文本输入任务。我们按上述提到的方式实现了输入预测、动态自适应调整策略和交互设计。我们在每只手的键盘下方各添加了一个空格键,如图 6-11 所示(正文的键盘模型和空格区域对于被试来说是不可见的。候选词列表显示在文本区域正文。在实验过程中,在输入框上方会显示任务文本)。在键盘和空格键之间的间隔按经验设置成了 1/2 的键宽大小。在实验期间,任务文本展示在输入框的上方(在图 6-11 中没有展现)。每输入完成一个句子,实验人员会在一个物理键盘上敲击空格以切换至下一个句子。

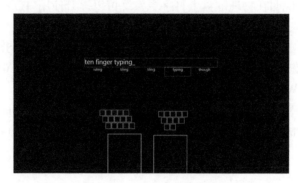

图 6-11   TOAST 系统界面

使用美国国家语料库数据集里的前 30000 个词作为语言模型。被试一共需要完成四个阶段的文本输入任务。在每一阶段中,被试输入从 MacKenzie 和 Soukoreff 短语集[15]中随机选取的 10 句。我们确保每个句子都由语言模型词库中的词组成。总体来说,所有被试一共输入了 16 名被试×4 个阶段×10 句/阶段=640 个句子。

我们在实验中没有选择一个基准算法作为比较,原因如下。首先,把 TOAST 的使用场景定义为在平面上进行十指盲打,就我们了解到的信息中,这一场景并没有在任何已经存在的技术中被提到。其次,在实际使用中,我们发现绝对模型、相对模型和自适应策略对于 TOAST 而言都是必要的。缺少其中任一部分,被试都会觉得难以输入。因此,将 TOAST 技术和一项简单的算法相比是不合适的。

4. 实验过程

被试首先完成了一个收集人口学信息的问卷。然后通过 5min 的时间去熟悉 TOAST 的交互方式。接下来,他们被要求完成四个阶段的文本输入任务。在实验期间,被试被告知尽可能又快又准地输入,以及在发现输入错误时可以删除并重新输入该单词。在每个阶段之间被试被强制要求休息 2min。最后,实验人员通过问卷和访谈收集了被试的主观反馈。

5. 实验结果

1) 输入速度

在所有阶段中的平均输入速度是 43.1WPM(标准差为 9.5WPM),这一输入速度是被试在物理键盘上输入速度的 2/3。与已经存在的算法相比较(如文献[11]中的 30WPM,文献[5]中的 38.68WPM),TOAST 技术即使在更具挑战性的盲输入的情况下也能比已存在的算法快 11%~44%。最快的被试甚至达到了平均 66.1WPM、峰值 83WPM 的输入速度。输入速度和被试在物理键盘上的输入速度相关 ($R^2 = 0.63$),这说明在物理键盘上打字更熟练可以提升使用 TOAST 系统的打字表现。

图 6-12 展示了每个阶段的文本平均输入速度。四个阶段的平均输入速度分别是 41.4WPM(标准差为 9.5WPM)、43.6WPM(标准差为 11.0WPM)、42.6WPM(标准差为 9.8WPM)和 44.6WPM(标准差为 8.8WPM)。RM-ANOVA 检测表明,处于哪个阶段对于速度有显著影响($F_{3,45} = 3.20, p < 0.05$),两两比较分析表明第 2 阶段和第 4 阶段的速度比第 1 阶段的速度显著高($F_{1,15} = 4.98, p < 0.05$ 和 $F_{1,15} = 9.45, p < 0.05$),这说明了输入速度可以通过练习提升。被试的有效练习时间小于 10min。

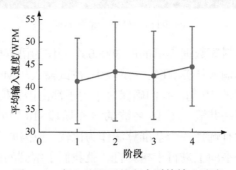

图 6-12　每一阶段下的文本平均输入速度

2) 错误率

通过 CER 计算被试的字符级错误率,计算方法是目标字符串和被试转录出的字符串的编辑距离除以目标句子的长度。被试更倾向于修改打字过程中的大多数错误,而在最后的转录串中只留下少量错误。所有阶段的平均 CER 是 0.6%(标准差为 0.4%)。在每个阶段下的 CER 分别是 0.6%(标准差为 0.8%)、0.9%(标准差为 0.9%)、0.4%(标准差为 0.6%)和 0.6%(标准差为 0.6%)。RM-ANOVA 检验说明阶段对于 CER 没有显著影响($F_{3,45} = 1.39, p = 0.26$)。

3) 交互统计

在本节中，更深入地研究被试在实验过程中完成的影响输入的交互，表 6-3 展示了这些交互的数量和比例，top-K(K=1，2，3，4，5)表示被试在候选词列表中选择了第 K 个候选词。正确/错误表示选择的候选词是否和目标单词相匹配。所有的比例之和为 100%。

表 6-3　影响输入的交互的数量(比例)

	top-1	top-2	top-3	top-4	top-5	删除
正确	2788(78.6%)	63(1.8%)	19(0.5%)	3(0.1%)	4(0.1%)	324(9.1%)
错误	321(9.1%)	15(0.4%)	2(0.1%)	4(0.1%)	2(0.1%)	

最常见的操作是 top-1(78.6%)：选择第一个候选词并且确认选择。这说明 TOAST 的预测正确率相当高。值得注意的是，9.1%的选择是错误的。我们推测这是由于被试对于 TOAST 的纠错能力非常有信心，从而在大多数情况下都更倾向于选择第一个候选词。在大多数情况下，当目标词不是第一个候选时，这一操作将会导致一个错误的选择和一个随之而来的删除操作。

4) 被试主观反馈

本节总结了从被试访谈得到的主观反馈。

尽管被试一开始不太习惯在平面上进行十指盲打，但他们可以很快学习打字。

"一开始，在没有键盘显示的情况下打字对于我来说很难，但是键盘可以动态地调整跟随我的手移动，这使得打字非常容易。"(P2)

尽管没有视觉反馈，被试可以在一个可接受的正确率的情况下高速打字。

"我能在触摸屏上打字打这么快非常令人惊讶。即使我按错了某些键，也可以正确地输入目标单词。"(P9)

空格键的设计对于被试来说是自然的，但是这一操作的可靠性非常重要。

"我喜欢通过拇指来进行选择和确认，这是非常自然的。但是系统把空格键和字母键弄混的情况很令我困扰。"(P13)

因为我们应用的是单词级的纠错，直到最后一个字符被输入后目标词才会出现。这对于某些被试而言可能会带来额外的精神负担。

"我必须把每一个字符都输入完才能检查输入是否正确。我希望系统可以支持自动补全和预测。"(P6)

6.5　本　章　小　结

本章针对十指盲打输入提出了一种新的技术——TOAST，允许用户在平面上在没有触觉反馈、没有视觉反馈和没有限制地进行十指打字。TOAST 技术通过键盘模型反映出了我们对于用户盲打行为的深刻理解，处理平面打字时不同的变量超过了当前最先进的文本输入技术。本章提出的一阶贝叶斯算法有两点核心创新。一是基于相邻触点的相对偏移来预测用户的输入，这可以处理键盘位置的不确定性。二是动态自适应键盘模型更新的是整个键盘而非单个键。因此，适应过程可以很快完成(只需要几次触摸点)，并且对于输入噪声更加敏感。

实验通过将触摸数据拟合为键盘模型研究了用户的打字行为。和已有的研究相比，结果强调了用户之间的不同性和用户内不同时间时键盘参数的变化。同时，模拟实验为预测算法的不同设计变量在算法正确率上起的作用提供了理论上的指导。结果说明用户相关算法的必要性和基于向量预测的好处。

评估结果表明，用户只需要有限地学习便可以以 45WPM 的速度(在物理键盘上打字速度的 67%)来进行输入，这一结果比所有已有的在平面上十指打字的技术(如文献[11]中 30 WPM，文献[5]中 38.68 WPM)要显著快。这一结果表明用户可以将在物理键盘上打字的技术转移到只有有限触觉反馈的平面上，并使用复杂的算法来解释用户的输入意图是可行的。

参 考 文 献

[1] Findlater L, Wobbrock J O, Wigdor D. Typing on flat glass: Examining ten-finger expert typing patterns on touch surfaces//Proceedings of the SIGCHI Conference on Human Factors in Computing Systems, 2011: 2453-2462.

[2] Li F C Y, Findlater L, Truong K N. Effects of hand drift while typing on touchscreens// Proceedings of Graphics Interface, 2013: 95-98.

[3] Choi D, Cho H, Cheong J. Improving virtual keyboards when all finger positions are known//Proceedings of the 28th Annual ACM Symposium on User Interface Software & Technology, 2015: 529-538.

[4] Weiss M, Jennings R, Khoshabeh R, et al. SLAP widgets: Bridging the gap between virtual and physical controls on tabletops//CHI'09 Extended Abstracts on Human Factors in Computing Systems, 2009: 3229-3234.

[5] Kim S, Son J, Lee G, et al. TapBoard: Making a touch screen keyboard more touchable// Proceedings of the SIGCHI Conference on Human Factors in Computing Systems, 2013: 553-562.

[6] Murase T, Moteki A, Suzuki G, et al. Gesture keyboard with a machine learning requiring only one camera//Proceedings of the 3rd Augmented Human International Conference, 2012: 1-2.

[7] Roeber H, Bacus J, Tomasi C. Typing in thin air: The canesta projection keyboard-a new method of interaction with electronic devices//CHI'03 Extended Abstracts on Human Factors in Computing Systems, 2003: 712-713.

[8] Goodman J, Venolia G, Steury K, et al. Language modeling for soft keyboards//Proceedings of the

7th International Conference on Intelligent user Interfaces, 2002: 194-195.

[9] Clawson J, Lyons K, Rudnick A, et al. Automatic whiteout++: Correcting mini-QWERTY typing errors using keypress timing//Proceedings of the SIGCHI Conference on Human Factors in Computing Systems, 2008: 573-582.

[10] Vertanen K, Memmi H, Emge J, et al. VelociTap: Investigating fast mobile text entry using sentence-based decoding of touchscreen keyboard input//Proceedings of the 33rd Annual ACM Conference on Human Factors in Computing Systems, 2015: 659-668.

[11] Findlater L, Wobbrock J. Personalized input: Improving ten-finger touchscreen typing through automatic adaptation//Proceedings of the SIGCHI Conference on Human Factors in Computing Systems, 2012: 815-824.

[12] Azenkot S, Zhai S M. Touch behavior with different postures on soft smartphone keyboards//Proceedings of the 14th International Conference on Human-Computer Interaction with Mobile Devices and Services, 2012: 251-260.

[13] Wobbrock J O, Myers B A. Analyzing the input stream for character-level errors in unconstrained text entry evaluations. ACM Transactions on Computer-Human Interaction, 2006, 13(4): 458-489.

[14] Soukoreff R W, MacKenzie I S. Recent developments in text-entry error rate measurement// CHI'04 Extended Abstracts on Human Factors in Computing Systems, 2004: 1425-1428.

[15] MacKenzie I S, Soukoreff R W. Phrase sets for evaluating text entry techniques//CHI'03 Extended Abstracts on Human Factors in Computing Systems, 2003: 754-755.

[16] Lyons K, Plaisted D, Starner T. Expert chording text entry on the twiddler one-handed keyboard//The Eighth International Symposium on Wearable Computers, 2004: 94-101.

[17] Go K, Endo Y. CATKey: Customizable and adaptable touchscreen keyboard with bubble cursor-like visual feedback//IFIP Conference on Human-Computer Interaction, 2007: 493-496.

[18] Lu Y Q, Yu C, Yi X, et al. BlindType: Eyes-free text entry on handheld touchpad by leveraging thumb's muscle memory. Proceedings of the ACM on Interactive, Mobile, Wearable and Ubiquitous Technologies, 2017, 1(2): 1-24.

第7章　面向帕金森病患者的防误触文本输入

随着世界人口平均年龄的增长，帕金森病成为越来越多人面临的挑战。2020年，帕金森病患者的数量达到 1000 万。帕金森病是一种长期的神经系统障碍，主要影响运动系统，最常见的症状是"揉药丸"手震颤(频率为 4~6Hz)和肌肉僵硬/硬度。

因此，通常发现帕金森病患者做微小的运动(如拿勺子和按钮)很困难。与触摸屏设备的交互对于帕金森病患者来说是一项重大的挑战，特别是不准确的输入和意外触摸显著限制了他们的交互性能和体验[1-12]。例如，在智能手机 QWERTY 键盘上打字时，手震颤的经验不足的用户每分钟只能打出 4.7 个单词[4]，只有健康成年人速度的 11%[7]。

为了提高具有这些症状的用户的文本输入性能，研究人员提出了几种技术(如键盘布局优化[7]、动态辅助配置[13]、九键键盘上的教学系统[14,15]和笔画手势文本输入方法[16-18])。虽然这些解决方案已被证明在各种平台上(如平板电脑、手机)对运动障碍者有用，但它们要么瞄准初学者，要么需要对界面布局修改，导致用户面临潜在的陡峭的学习曲线[19]。本章专注于有经验的帕金森病患者使用的基于触摸的 QWERTY 键盘，这是智能手机上最主要的文本输入方法。

自从 Goodman 等[20]将语言模型引入软件键盘，统计解码方法已经广泛部署，并在各种文本输入场景中被证明是有效的[21-24]。统计解码方法将触摸点的二维坐标(也称为触摸模型)，映射到它们最有可能代表的单词，称为语言模型。然而，帕金森病患者出现明显更高的插入和遗漏错误，这些错误无法通过经典的统计解码方法来处理[25,26]。为了纠正这些错误，研究人员提出了基于模式匹配[27]或基于机器学习的方法[28,29]，它们的惩罚值是通过手动调整或机器训练得到的。这些方法缺乏物理可解释性，难以推广到其他场景。据我们所知，截至 2023 年，还没有一种有效的统计解码方法，以支持帕金森病患者使用 QWERTY 键盘。

本章提出并评估一种弹性概率模型的智能手机 QWERTY 键盘，以支持帕金森病患者使用。首先进行一项用户调查，探索用户在日常情境下如何输入文本，包括最常用的键盘布局和打字姿势。然后研究并比较帕金森病患者和健康人生成的打字行为。最后，提出一种弹性概率模型(elastic probabilistic model, EPM)，通过结合空间-时间特征来纠正所有主要类型的错误，同时保持直接的物理解释。在第二项用户研究中，将所提出模型与两个基线模型进行性能对比：基本语言模型(basic language model, BLM)[20]和弹性模式匹配(elastic pattern matching, EM)[27]。结果显示，本章所提模型实现了显著更高的打字速度(22.8WPM),比 BLM 和 EM 分别快 26.8% 和 14.6%;以及更低的单词级错误率(8.0%),比 BLM(EM)低 7.1%(5.5%),每个字符的击键数(1.06)比 BLM(EM)低 7.8%(5.5%)。最后,用户评价本章所提模型在感知的正确率、感知的速度、错误纠正性能、信心和偏好程度方面均最佳。

7.1　帕金森病患者的输入行为建模

我们进行了一项用户研究,以调查帕金森病患者在智能手机键盘上的打字行为,并将其与健康人进行比较。基于前几章的研究结果,选择 QWERTY 键盘布局。同时,为了确保我们观察到最本质的用户打字模式,而不偏向于任何特定的输入预测算法,使用星号反馈(图 7-1),与其他工作一样[7,21]。我们不仅关注用户的打字速度和触摸点分布,还关注他们的错误模式(如频率和空间/时间特征)。

1. 被试

从当地的帕金森病基金会招募 8 名帕金森病患者(3 名女性,5 名男性,全部为右利手),平均年龄为 60.5 岁(标准差为 9.2 岁,分布在 47~72 岁)。其中 7 名被试双手都被诊断为中度或重度震颤症状。剩下的一名左手有轻微的手部震颤症状。还招募 8 名健康人(5 名女性,3 名男性,全部为右利手),平均年龄为 23.6 岁(标准差为 3.7 岁)作为对照组。所有 16 名被试在日常生活中都使用 QWERTY 键盘进行智能手机文本输入。每位被试获得一定金额的报酬。

2. 实验设备和平台

在这项研究中使用了一部 Google Pixel 3A 手机,PPI 为 441,每个像素的大小为 0.058mm。图 7-1 显示了实验平台及所有被试使用的打字姿势(展示了目标字

图 7-1　实验平台及所有被试使用的打字姿势

符串和用星号表示的当前输入的字符串)。与商用键盘类似,将键盘上的每个键呈现为 $6mm(W) \times 9mm(H)$ 的大小。在打字过程中,平台会在每次触摸后显示星号反馈。

3. 实验设计和流程

本实验采用一种被试间设计,仅以手震颤(有或无)作为唯一因素。每位被试到达后,都提供了自己的年龄、帕金森病病史和手震颤严重程度。然后,他们花了几分钟时间熟悉实验平台。在研究过程中,每位被试完成了两个文本输入任务块,每个任务块包含了从 MacKenzie 和 Soukoreff 短语集[30,31]中随机抽取的 25 个短语。两个任务块之间有 5min 的休息时间。首先与所有帕金森病患者确认,姿势(1)和(2)(图 7-2:误差条表示标准差)是最常用的姿势。然而,为了避免在实验中出现肌肉疲劳,要求所有 16 名被试采用带有桌子的姿势(2)来休息他们的手臂。在输入每个短语时,被试被要求尽可能快速和准确地输入,并且不纠正任何错误[4]。

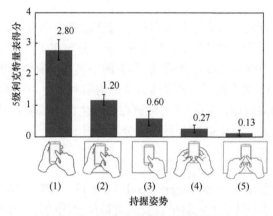

图 7-2　不同持握姿势的频率比较

4. 实验结果

分别从帕金森病患者和健康人那里收集了 9441 个和 9112 个触摸点。手部震颤可能会导致各种类型的打字错误(如插入和省略),因此手动标记了所有收集到的触摸点的目标字符。首先,使用每个键的重心的最近距离将触摸点映射到字符。然后,三个注释者在视频录制的帮助下比较输入字符串和目标字符串,并进行了标记。丢弃未成功标记的数据点,其中帕金森病患者的数据点总计 197 个(2.1%),健康人的数据点总计 134 个(1.4%)。根据夏皮罗-威尔克检验(Shapiro-Wilk test),所有指标都符合正态分布($p > 0.05$)。使用带有效应量(如 Cohen's d)的独立样本 t 检验进行统计检验,并报告 $p < 0.05$ 的显著差异。

1) 输入速度

文本输入速度计算公式为

$$\text{WPM} = \frac{|T|-1}{S} \times 60 \times \frac{1}{5} \tag{7-1}$$

其中，$|T|$ 表示目标短语的长度；S 表示输入短语的第一次和最后一次点击之间的时间间隔(以秒为单位)。

结果显示，帕金森病患者和健康人的平均输入速度分别为 19.8WPM(标准差为 6.9WPM)和 29.4WPM(标准差为 8.9WPM)。正如预期，帕金森病患者的文本输入速度显著低于健康人($t_{14} = -4.64, d = 2.3, p < 0.001$)。

结果与之前的研究[7,18]不同，这些研究评估了老年人(22.8WPM)和年轻人(36.34WPM)的打字表现。这是因为没有考虑空格字符。当计算空格字符时，会观察到与之前的研究类似的打字速度。

然而，具有手部震颤的缺乏经验的用户只能达到 4.73 WPM 的输入速度[4]，这表明有必要进行这项用户研究，对有经验的帕金森病患者的打字行为进行建模。

2) 错误率

表 7-1 展示了不同类型输入错误的错误率和标准差。总体而言，帕金森病患者和健康人的错误率分别为 20.24%和 3.96%。

表 7-1　不同类型输入错误的错误率和标准差

是否患帕金森病	插入错误		替换错误		省略错误		转置错误		总体	
	是	否	是	否	是	否	是	否	是	否
错误率/%	6.63	0.25	12.38	3.47	1.13	0.17	0.10	0.07	20.24	3.96
标准差/%	1.24	0.08	5.12	1.05	0.33	0.08	0.04	0.04	5.66	1.17

我们分析了不同类型输入错误的错误率，发现与之前的研究[4]相似，替换和省略是移动设备文本输入中最常见的两种打字错误。此外，与健康人相比，帕金森病患者产生了更多的插入错误($t_{14} = 14.5, d = 7.3, p < 0.001$)、替换错误($t_{14} = 4.8, d = 2.4, p < 0.001$)和省略错误($t_{14} = 8.0, d = 4.0, p < 0.001$)，但是没有发现转置错误的显著性差异($t_{14} = 1.5, p = 0.16$)。

与文献[4]相比，我们观察到更小的总体错误率(20.24%对比 25.97%)。具体而言，我们的结果产生了更高的替换错误率(12.38%对比 7.80%)和更高的插入错误率(6.63%对比 5.50%)，但省略错误率更低(1.13%对比 12.65%)。我们认为这种差异的原因是：①使用 QWERTY 键盘的经验；②认知问题；③键盘尺寸。Nicolau 等研究了没有在智能手机上使用 QWERTY 键盘经验的老年用户手部震颤[4]。此外，他们得出结论，遗忘和协调问题导致高省略错误率。最后，Nicolau 等研究了横向模式下的移动键盘，因为它们比纵向模式下的键盘更大。然而，在本实验中，所有被试在日常生活中都使用智能手机上的 QWERTY 键盘布局，没有认知问题。此外，尽管键盘的键位较小，被试都熟悉纵向模式下的键盘。

3) 无意识重复接触

结果表明，无意识重复接触会导致大部分插入错误的发生($480 / 613 = 78.3\%$)。注意到，无意识重复接触具有相对较短的时间间隔，并且从最后一个点击坐标移动，而有意识常规接触表现出更多样化的时空相关性。为了对此进行建模，采用高斯核密度估计(kernel density estimation, KDE)来估计相邻两个触摸点 I_i 和 I_{i-1} 的时间间隔($x_1 = T(I_i, I_{i-1})$)和相对距离($x_2 = D(I_i, I_{i-1})$)的概率密度函数 $P_H(x)$，即

$$P_H(x) = \frac{1}{n}\sum_{i=1}^{n}K_H(x - x_i) \tag{7-2}$$

图 7-3 展示了无意识重复接触的密度分布(橙色轮廓线)和有意识常规接触的密度分布(蓝色轮廓线)。无意识重复接触密度分布的质心为 2.4mm 和 185ms。与没有手震颤的用户相比[32]，手震颤导致相邻接触之间距离更远。此外，接触时间间隔与帕金森病患者手震颤的频率(4～6Hz)相一致。Nicolau 等在时间间隔方面得出了类似的结果[4]。

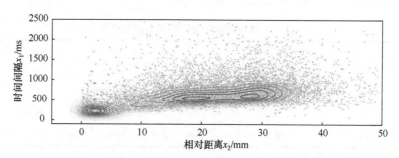

图 7-3　无意识重复接触(橙色)和有意识常规接触(蓝色)的密度分布

最后研究证明，利用空间-时间特征来区分无意识重复接触和有意识常规接触的可行性。结果表明，这两种类型的接触具有可区分的分布，暗示我们可以过滤掉无意识重复接触。使用二阶高斯核作为核函数(K)。KDE 的带宽(H)从无意识重复接触点和常规接触点中计算为 0.24 和 0.40。

4) 触摸落点分布

图 7-4(a)和(b)展示了所有帕金森病患者和健康人在 1∶1 大小键盘上所有接触点。与之前的研究[7,33]类似，即使对于帕金森病患者，每个键的端点大致也遵循二维高斯分布。我们单独给出空格键的结果，因为它在形式和功能上都与字母键不同。

将系统偏移定义为接触点云质心与目标键中心之间的距离。在 x 和 y 方向上

的正偏移表示用户击中目标键中心的右侧和下方，图 7-4(c)和(d)展示了帕金森病患者和健康人在按键上的平均偏移量，我们在每个按键上以 1∶1 的大小展示了95%的置信度椭圆。

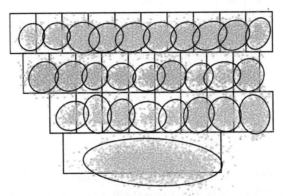

(a) 帕金森病患者的接触点分布

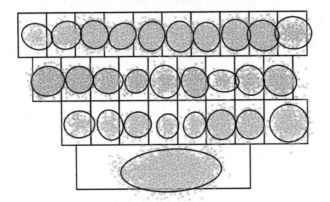

(b) 健康人的接触点分布

x:2.02 y:0.88	x:1.7 y:0.71	x:1.82 y:1.09	x:0.99 y:1.18	x:1.05 y:1.12	x:1.27 y:1.14	x:1.11 y:0.96	x:0.7 y:0.86	x:0.25 y:0.77	x:-0.23 y:0.43
x:1.67 y:0.91	x:1.96 y:0.74	x:1.38 y:0.77	x:1.37 y:0.89	x:1.72 y:1.0	x:0.9 y:0.81	x:1.18 y:1.19	x:0.48 y:1.0	x:0.56 y:0.76	
x:2.16 y:0.64	x:1.88 y:0.27	x:1.28 y:0.56	x:1.38 y:0.92	x:1.2 y:0.79	x:1.06 y:0.62	x:1.02 y:0.53	x:0.29 y:0.56		

x:2.42 y:2.17

(c) 帕金森病患者在按键上的平均偏移量

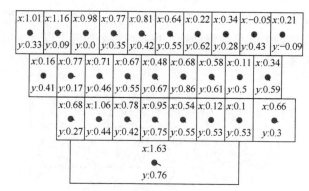

(d) 健康人在按键上的平均偏移量

图 7-4　被试在键盘上的触摸落点及偏移量(单位：mm)

用户倾向于接触键中心的右下方(不包括空格键)。帕金森病患者和健康人的平均 x 方向偏移量 Offset_x 分别为 1.19mm(标准差为 0.59mm)和 0.57mm(标准差为 0.33mm)，平均 y 方向偏移量 Offset_y 分别为 0.82mm(标准差为 0.23mm)和 0.43mm(标准差为 0.22mm)。帕金森病患者的 Offset_x($t_{50} = 4.7, d = 1.3, p < 0.001$)和 Offset_y($t_{50} = 6.2, d = 1.7, p < 0.001$)显著大于健康人，证实他们在进行精细运动控制任务时更加困难。

对于帕金森病患者，右侧键的 Offset_x 较小。左端键("Q""A""Z")和右端键("P""L""M")的平均 Offset_x 分别为 1.95mm(标准差为 0.36mm)和 0.66mm(标准差为 0.45mm)，发现了 Offset_x 的显著侧面效应($t_{24} = 5.6, d = 2.2, p < 0.001$)。但是，我们没有发现 Offset_y 有这样的效应($t_{24} = 0.4, p = 0.71$)。对于健康人，Offset_x 和 Offset_y 的侧面效应都不显著。

为了衡量接触点的分散程度，计算了 SD_x 和 SD_y，即接触点在 x 和 y 方向上的标准差。帕金森病患者和健康人所有键的平均 SD_x 和 SD_y 分别为 1.17mm(标准差为 0.13mm)和 1.14mm(标准差为 0.10mm)，1.00mm(标准差为 0.13mm)和 0.97mm(标准差为 0.11mm)。帕金森病患者在 x 方向($t_{50} = 4.7, d = 1.3, p < 0.001$)和 y 方向($t_{50} = 5.8, d = 1.6, p < 0.001$)上的接触点分布显著更广。

与其他键类似，用户倾向于接触空格键中心的右下方。帕金森病患者和健康人的平均 Offset_x 分别为 2.42mm 和 1.63mm，Offset_y 分别为 2.17mm 和 0.76mm。帕金森病患者的空格键上 SD_x 和 SD_y 比健康人更大。帕金森病患者和健康人的平均 SD_x 分别为 15.87mm 和 10.44mm，SD_y 分别为 5.36mm 和 4.35mm。

7.2　松弛贝叶斯算法

本节提出了一种 EPM，用于在同时存在各种类型的打字错误时预测用户的输入。如在相关工作部分所提到的，经典的统计解码算法只能计算与输入序列长度相同的不同单词的概率[20,21]，这限制了这些技术的可用性，尤其是当这些类型的错误频率相对较高时(如对于帕金森病患者)。虽然一些算法可以通过引入惩罚来处理插入/删除错误(如 VelociTap[28])，但参数的值是手动优化的，而不是从用户真实数据中总结而来。基于概率论推广经典的统计模型有两个优点：①所有参数具有直接的物理解释，可以基于收集的用户数据轻松计算(而不是训练)；②计算结果可以解释为"概率"，使其可以与其他信号数据(如加速度计数据[34])结合使用。

1. 文本输入识别问题定义

首先，重新审视输入预测问题：给定一系列触摸输入点 $I = I_1 I_2 \cdots I_n$，对于预定义的语言模型中的每个候选单词 $W = W_1 W_2 \cdots W_m$，计算概率 $P(W \mid I)$。根据贝叶斯规则，关键是计算 $P(I \mid W)$。请注意，当假设插入/删除错误可能发生时，m 和 n 可能不相等。因此，主要的挑战是推导出每个特定类型打字错误的计算方程式。

基于 I_i 和 W_j 之间的不同映射，打字错误可以分为四类，如图 7-5 所示。

(1) 插入错误：冗余的触摸 I_i，不对应任何目标字符。

(2) 省略错误：字符 W_j 不对应任何输入触摸点。

(3) 替换错误：触摸 I_i 代替字符 W_j，但落在其他键上。

(4) 转置错误：交换触摸 I_{i-1} 和 I_i，对应字符 W_{j-1} 和 W_j。

图 7-5　通过不同颜色展示不同错误类型的一个例子

2. 算法推导

为了计算概率 $P(I \mid W)$，首先将概率 P_i、P_o、P_s 和 P_t 分别分配给插入、省略、替换和转置错误的概率。在实践中，这些值都可以基于用户的打字数据轻松计算得出。假设已知 I 和 W 之间的映射关系(即可以确定地标记所有类型的打字错误)，则 $P(I \mid W)$ 的计算是直观的。

将 $F_{i,j}$ 定义为当 $I = I_1 I_2 \cdots I_i$ 且 $W = W_1 W_2 \cdots W_j$ 时的条件概率，其中 $1 \leqslant i \leqslant n$ 且

$1 \leqslant j \leqslant m$，然后可以计算 $F_{i,j}$ 的值：

$$F_{i,j} = \begin{cases} F_{i-1,j} \times P_i\left(I_i|I_{i-1}\right) \\ F_{i,j-1} \times P_o \\ F_{i-1,j-1} \times \left(1-P_o\right) \times P_s\left(I_i|W_j\right) \times P_{\text{con}} \\ F_{i-2,j-2} \times \left(1-P_o\right)^2 \times P_{\text{trans}} \end{cases} \tag{7-3}$$

其中

$$P_{\text{con}} = \begin{cases} 1-P_t, & I_{i-1} 与 W_{j-1} 匹配 \\ 1, & 其他 \end{cases} \tag{7-4}$$

$$P_{\text{trans}} = \begin{cases} P_t, & I_{i-1}I_i = W_jW_{j-1} \\ 0, & 其他 \end{cases} \tag{7-5}$$

假设 $F_{0,0}=1$，可以迭代使用式(7-3)计算 $P(I|W)=F_{n,m}$。很容易发现，$F_{i,j}$ 的计算推广了基于概率理论的经典统计解码算法[20]，因此结果具有直接的物理解释。具体而言，如果假设 $P_i=P_o=P_t=0$（即没有插入/省略/转置错误），式(7-3)会退化为

$$P(I|W) = \prod_{i=1}^{n} P\left(I_i|W_i\right) \tag{7-6}$$

到目前为止，假设 I 和 W 之间的映射关系是已知的。然而，在实践中，算法应该通过推断来确定映射关系。为了实现这一点，使用类似于莱文斯坦距离(Levenshtein distance)的动态规划：在每次触摸输入时，将 $F_{i,j}$ 更新为四种可能性中的最高值。为了加速实时计算速度，可以基于语料库构建一棵树，并使用增量计算和剪枝技术(如束剪枝)来避免重复搜索和剪枝不可能的结果。

3. 动态参数调节

式(7-3)将经典的统计解码算法推广到了纠正插入、省略和转置错误。然而，该模型的一个局限性是不同类型错误的概率是固定的，这忽略了用户打字行为中展现出的一些有用特征。例如，在图 7-3 中，基于时空特征，无意识重复触摸和有意识常规触摸是高度可区分的。为了解决这个问题，进一步改进了 EPM，根据输入动态计算 P_i 来计算 $\widetilde{P_u}(x)+P_i'$，其中 P_i' 表示一个固定的插入错误率($133/9244=1.44\%$)，排除了所有无意识重复触摸。$\widetilde{P_u}(x)$ 的计算如下：

$$\widetilde{P_u}(x) = \frac{\omega P_u(x)}{P_u(x) + P_r(x)} \tag{7-7}$$

其中，$P_u(x)$ 和 $P_r(x)$ 分别表示无意识重复触摸和有意识常规触摸的概率密度函数，参见式(7-2)；$x = \left[T(I_i, I_{i-1}), D(I_i, I_{i-1}) \right]$；$\omega$ 表示从无意识重复触摸中计算出的权重($480 / 9244 = 5.19\%$)。

7.3　输入性能评测实验

本实验旨在比较和评估所提出的自动校正技术的性能。然后，给出了本章方法(D-EPM、C-EPM)与其他基线自动校正方法之间的主要结果和发现。使用 RM-ANOVA($p < 0.05$)和 Tukey 后续分析以及(部分)相关比率(η^2)作为参数分析的效应大小。利用弗里德曼检验($p < 0.05$)和威尔科克森符号秩检验($p < 0.05$)进行非参数分析。实验比较了输入速度、字符级别错误率、单词级别错误率、平均每个字符的击键次数、top-K 错误率、相邻两次点击之间的时间间隔和用户体验与反馈。所有指标都通过夏皮罗-威尔克检验落入正态分布($p > 0.05$)中。

1. 被试

招募 8 名帕金森病患者(3 名女性，5 名男性，全部为右利手)参加本实验，平均年龄为 59.9 岁(标准差为 7.0)。所有被试都是智能手机 QWERTY 键盘的常规用户。其中 3 名(4 名)被试有严重(中度)手颤症状。其余一名被试接受了深度脑部手术治疗，手颤症状轻微。其中 4 名被试曾参加过 7.1 节实验。每位被试将获得一定金额的报酬。

2. 实验设计

实验使用了一个被试内单因素设计，其中"算法"是唯一的因素。具体而言，测试了四种不同的算法：具有动态参数调整功能的 EPM(D-EPM)、具有固定错误概率的 EPM(C-EPM)、基本语言模型[20](BLM)和弹性模式匹配(EM)[27,35,36]。对于语言模型，使用美国国家语料库频率数据中前 60000 个单词及其对应的频率。在实验中，对于 C-EPM 和 D-EPM，根据 7.1 节实验数据，将 P_s 设置为 12.38%，P_o 设置为 1.13%，P_t 设置为 0.1%；对于 C-EPM，将 P_i 设置为 6.63%；对于 D-EPM，将 P_i' 设置为 1.44%。

选择 BLM 作为第一个基线模型，因为它是应用最广泛的算法，Goodman 等[20]提出的贝叶斯解码算法(零阶)假设用户手动纠正插入、省略和转置错误，因此，该算法只能纠正替换错误，为了建立一个更先进的技术来纠正其他打字错误，构建另一种基线方法——EM 作为第二个基线模型。它已被证明可以有效地纠正由运动障碍引起的打字错误[27]。EM 通过模式匹配计算候选词与用户触摸序列之间的相似度。为了衡量相似度，使用 Kane 等[27]提出的加权最小字符串距离得分。

键盘界面允许用户点击前五个候选词进行选择。此外，用户可以自由更正输入或不更正，实验时对所有指标都考虑了误触。

3. 实验流程

首先，向被试介绍用户研究和 Google Pixel 3A 智能手机上的文本输入应用程序的目的。只告诉他们想让他们体验实验键盘，没有告诉他们算法之间有差异。然后，采用背景信息调查收集信息，包括被试的年龄、性别、键盘布局和打字姿势。被试被指示在热身阶段体验四种自动更正算法。最后，完成两个测试阶段，涵盖所有四种自动更正算法。每个阶段包括 25 个句子，这些句子是从 MacKenzie 和 Soukoreff 短语集[30]中随机抽样的。然后重复另外四个测试阶段。自动更正算法的顺序在用户之间是平衡的。指示被试尽可能快地、准确地打字。当前单词的候选词和字符以纯文本显示。要求所有被试在每个阶段之间休息 5min。实验总共持续了约 60min。因此，获得每个被试的 4 种算法×2 个重复×25 个句子=200 个句子。

所有被试在每种自动更正算法之后直接完成了一项调查。实验时没有提到任何算法的差异。他们可以自由更改之前的排名得分。实验结束后，被试被要求重新评估所有四个测试阶段的最终得分。要求他们在七级利克特量表上排名以下 5 个问题(1：强烈不同意，4：中立，7：强烈同意):
(1) 我认为我可以使用这个键盘准确打字；
(2) 我认为我可以使用这个键盘快速打字；
(3) 这个键盘可以正确预测我正在打的单词；
(4) 我花费更少的精力来准确敲击每个键；
(5) 我更喜欢使用这个键盘。

4. 实验结果

1) 输入速度

图 7-6 比较了使用四种自动更正算法时被试的平均输入速度(图中误差条表示标准差)。结果表明，D-EPM 的平均输入速度最高，为 22.8 WPM(标准差为 10.0WPM)，而 BLM、EM 和 C-EPM 的平均输入速度分别为 18.0WPM(标准差为 9.5WPM)、19.9WPM(标准差为 10.4WPM)和 21.3WPM(标准差为 9.0WPM)。所有被试使用弹性概率模型的平均打字速度都比基本语言模型更高。RM-ANOVA 分

析表明,自动更正算法之间存在显著差异($F_{3,60}=4.51, \eta^2=0.18, p<0.05$)。D-EPM 的输入速度显著高于 BLM($p<0.001$)和 EM($p<0.01$),平均高了 26.7%和 14.6%。然而,D-EPM 和 C-EPM 之间没有显著差异($p=0.07$),平均高了 7.0%。

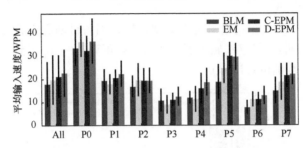

图 7-6　每位被试分别使用四种自动更正算法的平均输入速度

2) 字符级别错误率

CER 是评估文本输入技术常用的度量标准[21,28]。CER 可以解释为将转录的字符串转换为目标字符串所需的最小插入、替换和删除次数除以目标字符串中的字符数。

结果表明,D-EPM 的 CER 最低,为 22.4%(标准差为 15.7%),而 BLM、EM 和 C-EPM 的 CER 分别为 29.2%(标准差为 20.5%)、34.5%(标准差为 22.9%)和 23.0%(标准差为 16.2%)。自动更正算法对 CER 有显著影响($F_{3,60}=5.12, \eta^2=0.20, p<0.01$)。Tukey 事后分析表明,C-EPM 和 D-EPM 的 CER 都显著低于 BLM 和 EM($p<0.05$)。然而,D-EPM 和 C-EPM 之间没有显著差异($F_{3,60}=1.22, p=0.08$)。

3) 单词级别错误率

单词级别错误率是以错误输入的单词为单位计算的错误率,该单词不在目标字符串中。结果表明,D-EPM 的单词级别错误率最低,为 8.0%(标准差为 14.1%),而 BLM、EM 和 C-EPM 的单词级别错误率分别为 15.1%(标准差为 21.5%)、13.5%(标准差为 21.8%)和 9.6%(标准差为 17.7%)。自动更正算法对单词级别错误率有显著影响($F_{3,60}=7.34, \eta^2=0.27, p<0.001$)。Tukey 事后分析表明,C-EPM 和 D-EPM 的单词级别错误率都显著低于 BLM 和 EM($p<0.05$)。然而,D-EPM 和 C-EPM 之间没有显著差异($F_{3,60}=1.09, p=0.28$)。

4) 平均每个字符的击键次数

使用平均每个字符击键次数(keystrokes per character, KSPC)[37]来衡量键盘性能。较低的 KSPC 表示用户在修改输入时付出的努力更少。KSPC 计算方法是触摸次数与目标单词长度的比率。结果表明,D-EPM 的 KSPC 表现最佳,平均值为 1.06(标准差为 0.17)。自动更正算法之间存在显著差异($F_{3,60}=15.8, \eta^2=0.44, p<0.001$)。

Tukey 事后分析表明，D-EPM 的 KSPC 显著低于 BLM(KSPC = 1.15，$p < 0.01$)和 EM(KSPC = 1.23，$p < 0.01$)，这表明本章所提算法在纠正打字错误方面更有效。因此，帕金森病患者在完成相同任务时键入的按键数更少，打字速度更快。

5) top-K 错误率

top-K 错误率是衡量键盘性能的重要指标，因为自动更正算法提供了用户触摸输入的候选词列表。图 7-7 显示了四种自动更正算法的 top-1 到 top-5 错误率(图中误差条表示了均值的标准差)。

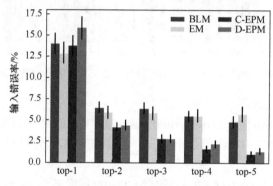

图 7-7　四种自动更正算法的 top-K 错误率比较

结果表明，所有方法的 top-1 错误率都很高，分别为 14.05%、12.86%、13.81% 和 15.94%，但没有显著差异($F_{3,60} = 1.1, p = 0.34$)。然而，C-EPM 和 D-EPM 在 top-2 到 top-5 错误率显著优于 BLM 和 EM(使用 Tukey 事后分析，$p < 0.05$)。因此，C-EPM 和 D-EPM 都是在提供 top-5 候选词时预测目标单词的有效方法。

6) 相邻两次点击之间的时间间隔

实验测量了相邻两次击点之间的时间间隔(time interval, TI)，这可体现用户的打字速度和打字信心。结果显示，C-EPM 和 D-EPM 都具有较短的 TI，平均时间为 577ms(标准差为 488ms)和 612ms(标准差为 537ms)。BLM 和 EM 分别达到 687ms(标准差为 628ms)和 715ms(标准差为 676ms)的 TI。自动更正算法对 TI 有显著影响($F_{3,60} = 12.2, \eta^2 = 0.38, p < 0.01$)。Turkey 事后分析表明，C-EPM 相对于其他算法表现最佳($p < 0.01$)，而 D-EPM 优于对比的两种基线方法($p < 0.01$)。我们认为，KDE 方法在过滤无意识重复触摸方面的有效性解释了 D-EPM 比 C-EPM 具有更长的相邻触摸点之间的计时器间隔。考虑到 KSPC 和 TI，D-EPM 使帕金森病患者能够用更少的按键更快地打字。

7) 用户体验与反馈

使用七级利克特量表调查了被试对不同自动更正算法的主观评分。收集的指标包括感知的正确率、感知的速度、错误纠正性能、自信心和偏好程度。问卷的克龙巴赫系数为 0.95，确认了问卷的内部一致性。

图 7-8 显示了每个指标的得分，误差条表示了均值的标准差。结果表明，自动更正算法显著影响感知的正确率（$\chi^2(3)=18.8, p<0.001$）、感知的速度（$\chi^2(3)=17.2, p<0.001$）、错误纠正性能（$\chi^2(3)=10.6, p<0.05$）、自信心（$\chi^2(3)=49.9, p<0.001$）和偏好程度（$\chi^2(3)=21.9, p<0.001$）。威尔科克森符号秩检验表明，C-EPM 和 D-EPM 在感知的正确率、感知的速度、错误纠正性能、自信心和偏好程度方面优于 BLM 和 EM（$p<0.05$）。然而，C-EPM 和 BLM（$p=0.08$）或 EM（$p=0.10$）之间没有显著差异。D-EPM 在感知的正确率（$p<0.05$）、感知的速度、错误纠正性能（$p<0.05$）、自信心（$p<0.001$）和偏好程度（$p<0.05$）方面优于 C-EPM。在所有指标上，BLM 和 EM 之间没有显著差异。

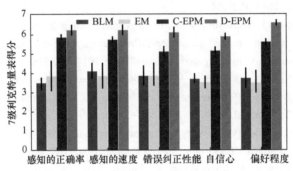

图 7-8　用户对于四种自动更正算法的反馈比较

我们还收到了用户对 D-EPM 的积极反馈。P1 提道：“我认为我在这个键盘上表现更好了。”P2 提道：“我确定我在这个键盘上打字更快了。我很想在未来使用它。”P4 提道：“我想在我的手机上使用这个键盘，尽管我不喜欢它的界面。它比我安卓手机上的键盘更容易使用。”P5 提道：“我认为我打字更准确了。我使用它时越来越有信心。我不需要纠正错别字，因为它会向我展示我想要输入的内容。”P6 提道：“我在这个键盘上肯定打字更快了。”

7.4　本 章 小 结

帕金森病患者手指震颤导致的误触是他们在触摸屏文本输入过程中的主要挑战。本章提出了一种基于弹性概率模型的用于帕金森病患者的智能手机 QWERTY 键盘。首先研究了帕金森病患者在智能手机上的打字行为，对帕金森病患者和健康人生成的打字特征进行了识别和比较，结果发现，帕金森病患者产生的插入、替代和省略错误比健康人要多得多。然后，提出了一种具有动态参数调整功能的弹性概率模型(D-EPM)用于输入文本的预测。通过结合输入触点的空间和时间特征，D-EPM 将经典的统计解码算法推广，从而能纠正各种类型的输入错误，同时保持结果的直接物理可解释性。结果证实，本章所提出的算法输入性能优于基准算法：用户以显著较低的错误率(8.0%)达到了 22.8WPM 的输入速度，并且有显著更好的用户体验和反馈。结论表明，本章所提出的算法能够有效提高帕金森病患者在智能手机上的文本输入体验。

参 考 文 献

[1] Motti L G, Vigouroux N, Gorce P. Interaction techniques for older adults using touchscreen devices: A literature review//Proceedings of the 25th Conference on l'Interaction Homme-Machine, 2013: 125-134.

[2] Naftali M, Findlater L. Accessibility in context: Understanding the truly mobile experience of smartphone users with motor impairments//Proceedings of the 16th International ACM SIGACCESS Conference on Computers & Accessibility, 2014: 209-216.

[3] Montague K, Nicolau H, Hanson V L. Motor-impaired touchscreen interactions in the wild//Proceedings of the 16th International ACM SIGACCESS Conference on Computers & Accessibility, 2014: 123-130.

[4] Nicolau H, Jorge J. Elderly text-entry performance on touchscreens//Proceedings of the 14th International ACM SIGACCESS Conference on Computers and Accessibility, 2012: 127-134.

[5] Kobayashi M, Hiyama A, Miura T, et al. Elderly user evaluation of mobile touchscreen interactions//IFIP Conference on Human-Computer Interaction, 2011: 83-99.

[6] Nunes F, Silva P A, Cevada J, et al. User interface design guidelines for smartphone applications for people with Parkinson's disease. Universal Access in the Information Society, 2016, 15(4): 659-679.

[7] Azenkot S, Zhai S M. Touch behavior with different postures on soft smartphone keyboards//Proceedings of the 14th International Conference on Human-Computer Interaction with Mobile Devices and Services, 2012: 251-260.

[8] Rodrigues É, Carreira M, Gonçalves D. Improving text-entry experience for older adults on tablets//Stephanidis C, Antona M. International Conference on Universal Access in Human-Computer Interaction. Cham: Springer, 2014: 167-178.

[9] Rodrigues É, Carreira M, Gonçalves D. Enhancing typing performance of older adults on tablets. Universal Access in the Information Society, 2016, 15(3): 393-418.

[10] Sarcar S, Jokinen J, Oulasvirta A, et al. Ability-based optimization: Designing smartphone text entry interface for older adults//IFIP Conference on Human-Computer Interaction, 2017: 326-331.

[11] Sarcar S, Jokinen J P P, Oulasvirta A, et al. Ability-based optimization of touchscreen interactions. IEEE Pervasive Computing, 2018, 17(1): 15-26.

[12] Jabeen F, Tao L M, Lin T, et al. Modeling Chinese input interaction for patients with cloud based

learning//2019 IEEE SmartWorld, Ubiquitous Intelligence & Computing, Advanced & Trusted Computing, Scalable Computing & Communications, Cloud & Big Data Computing, Internet of People and Smart City Innovation, 2019: 1075-1082.

[13] Trewin S. Automating accessibility: The dynamic keyboard//Proceedings of the 6th International ACM SIGACCESS Conference on Computers and Accessibility, 2003: 71-78.

[14] Hagiya T, Horiuchi T, Yazaki T. Typing tutor: Individualized tutoring in text entry for older adults based on input stumble detection//Proceedings of the 2016 CHI Conference on Human Factors in Computing Systems, 2016: 733-744.

[15] Hagiya T, Horiuchi T, Yazaki T, et al. Assistive typing application for older adults based on input stumble detection. Journal of Information Processing, 2017, 25: 417-425.

[16] Wobbrock J O, Myers B A, Kembel J A. EdgeWrite: A stylus-based text entry method designed for high accuracy and stability of motion//Proceedings of the 16th Annual ACM Symposium on User Interface Software and Technology, 2003: 61-70.

[17] Vatavu R D, Ungurean O C. Stroke-gesture input for people with motor impairments: Empirical results & research roadmap//Proceedings of the 2019 CHI Conference on Human Factors in Computing Systems, 2019: 1-14.

[18] Lin Y H, Zhu S W, Ko Y J, et al. Why is gesture typing promising for older adults? Comparing gesture and tap typing behavior of older with young adults//Proceedings of the 20th International ACM SIGACCESS Conference on Computers and Accessibility, 2018: 271-281.

[19] Zhong Y, Weber A, Burkhardt C, et al. Enhancing android accessibility for users with hand tremor by reducing fine pointing and steady tapping//Proceedings of the 12th International Web for All Conference, 2015: 1-10.

[20] Goodman J, Venolia G, Steury K, et al. Language modeling for soft keyboards//Proceedings of the 7th International Conference on Intelligent User Interfaces, 2002: 194-195.

[21] Yi X, Yu C, Shi W N, et al. Is it too small? Investigating the performances and preferences of users when typing on tiny QWERTY keyboards. International Journal of Human-Computer Studies, 2017, 106: 44-62.

[22] Shi W N, Yu C, Yi X, et al. TOAST: Ten-finger eyes-free typing on touchable surfaces. Proceedings of the ACM on Interactive, Mobile, Wearable and Ubiquitous Technologies, 2018, 2(1): 33.

[23] Shi W N, Yu C, Fan S Y, et al. VIPBoard: Improving screen-reader keyboard for visually impaired people with character-level auto correction//Proceedings of the 2019 CHI Conference on Human Factors in Computing Systems, 2019: 1-12.

[24] Zhu S W, Luo T Y, Bi X J, et al. Typing on an invisible keyboard//Proceedings of the 2018 CHI Conference on Human Factors in Computing Systems, 2018: 1-13.

[25] Findlater L, Wobbrock J. Personalized input: Improving ten-finger touchscreen typing through automatic adaptation//Proceedings of the SIGCHI Conference on Human Factors in Computing Systems, 2012: 815-824.

[26] Goel M, Jansen A, Mandel T, et al. ContextType: Using hand posture information to improve mobile touch screen text entry//Proceedings of the SIGCHI Conference on Human Factors in

Computing Systems, 2013: 2795-2798.

[27] Kane S K, Wobbrock J O, Harniss M, et al. TrueKeys: Identifying and correcting typing errors for people with motor impairments//Proceedings of the 13th International Conference on Intelligent User Interfaces, 2008: 349-352.

[28] Vertanen K, Memmi H, Emge J, et al. VelociTap: Investigating fast mobile text entry using sentence-based decoding of touchscreen keyboard input//Proceedings of the 33rd Annual ACM Conference on Human Factors in Computing Systems, 2015: 659-668.

[29] Weir D, Pohl H, Rogers S, et al. Uncertain text entry on mobile devices//Proceedings of the SIGCHI Conference on Human Factors in Computing Systems, 2014: 2307-2316.

[30] MacKenzie I S, Soukoreff R W. Phrase sets for evaluating text entry techniques//CHI'03 Extended Abstracts on Human Factors in Computing Systems, 2003: 754-755.

[31] MacKenzie I S. A Note on Calculating Text Entry Speed. Toronto: York University, 2002.

[32] Holz C, Baudisch P. Understanding touch//Proceedings of the SIGCHI Conference on Human Factors in Computing Systems, 2011: 2501-2510.

[33] Weir D, Rogers S, Murray-Smith R, et al. A user-specific machine learning approach for improving touch accuracy on mobile devices//Proceedings of the 25th Annual ACM Symposium on User Interface Software and Technology, 2012: 465-476.

[34] Goel M, Findlater L, Wobbrock J. WalkType: Using accelerometer data to accommodate situational impairments in mobile touch screen text entry//Proceedings of the SIGCHI Conference on Human Factors in Computing Systems, 2012: 2687-2696.

[35] Kristensson P O, Zhai S M. Relaxing stylus typing precision by geometric pattern matching//Proceedings of the 10th International Conference on Intelligent User Interfaces, 2005: 151-158.

[36] Zhai S M, Kristensson P O. The word-gesture keyboard: Reimagining keyboard interaction. Communications of the ACM, 2012, 55(9): 91-101.

[37] Soukoreff R W, MacKenzie I S. Metrics for text entry research: An evaluation of MSD and KSPC, and a new unified error metric//Proceedings of the SIGCHI Conference on Human Factors in Computing Systems, 2003: 113-120.

第8章　面向视障用户的自适应文本输入

在移动计算时代,智能手机对于视障用户和健康人来讲都是不可或缺的存在。然而,对于视障用户来说,许多交互上的障碍影响了他们在移动计算方面的体验,其中一项便是文本输入。

众所周知,在智能手机上进行文本输入是一项有挑战的任务,甚至对健康人来说也是一样,原因在于使用手指去精确地选择一个比较小的目标键是非常困难的。幸运的是,对于健康人来说,几乎所有的现代触摸屏键盘都是智能键盘,因为它们有词级别的自动纠错能力。当用户输入了一个词语分隔符(如空格)之后,这些键盘会根据语言的上下文和空间的点击位置来将用户的输入纠正为词典中的一个词。

不幸的是,视障用户无法享受这些便利,他们进行文本输入仍然是一件十分困难的事情。其主要原因在于现有的词级别的自动纠错键盘并不符合视障用户的输入行为。健康人可以忽略输入过程中错误的字符,等待自动更正算法来纠正这些错误。视障用户并不能这样,他们使用读屏软件(如安卓系统上的 TalkBack 和 iOS 系统上的 VoiceOver)逐字符地输入单词,并直到当前字符被确认输入才会继续输入下一个字符。为了输入某个特定的字母,视障用户首先在键盘上使用手指摸索来找到目标键所在的位置,然后抬起手指(或双击屏幕)以确认输入。他们需要确保每个字母都被正确输入,主要基于如下两点原因:①可以避免之后再来修改这些错误所带来的较高的成本[1];②语音反馈中的错误相对于视觉反馈更加明显,视障用户更不易忽略输入过程中的错误。综上,读屏键盘并没有词级别的自动纠错能力,视障用户也只能忍受低文本输入速度(低于每分钟 5 个单词[2,3])。

本章提出 VIPBoard,一个在不改变用户输入行为的基础上把自动纠错能力带给视障用户的智能读屏键盘。VIPBoard 主要功能由两个机制实现。首先,它可以根据语言模型和手指位置预测用户最可能输入的字符,并且自动调整键盘布局的位置以使得该字符所在的键处于手指接触的位置。这样,用户无须移动手指来纠正输入,因而节省了时间和精力。其次,键盘布局会进行缩放调整以确保所有的键都能通过移动手指来访问,以保证在预测和布局调整不正确的情况下仍可以正常使用。这两个机制提供了一种和传统非智能键盘一致的用户体验,并最小化了学习成本。VIPBoard 的优势建立在系统在大多数情况下能正确预测字符的基础上。

　　为了评估 VIPBoard 的性能，本章进行一项由 14 名视障用户参与的实验，比较 VIPBoard 和传统读屏键盘(例如在 TalkBack 和 VoiceOver 下使用)。结果表明，VIPBoard 可以减少 63.0%的触摸输入错误率，并提高 12.6%的文本输入速度。用户也表现出相比于传统读屏键盘而言更偏爱 VIPBoard。在实验期间，我们并没有告知用户他们使用了不同的键盘。在这种情况下，大部分用户(12/14)无法感知到 VIPBoard 和传统读屏键盘的区别。他们错误地将感受到的使用性能的区别归功于他们的绝对的触摸能力的变化。这一结果表明 VIPBoard 和他们熟悉的输入方法的使用方式是一致的，无需过多学习即可掌握。

8.1　VIPBoard 的设计

　　本节首先介绍视障用户如何使用 VIPBoard。之后介绍 VIPBoard 的两个主要部分：一个用于预测用户意图的贝叶斯算法和一个布局调整策略。预测算法基于用户的输入历史和一个预先定义好的词库来预测用户的输入意图，布局调整策略会根据预测出的结果来调整键盘布局以为视障用户提供一致的交互体验。我们也展示了一些调整过程中的实现细节，这些细节有助于为视障用户提供更好的输入体验。

1. 交互设计

　　VIPBoard 的交互基于传统的读屏键盘。这一做法的目的是最小化用户的学习成本。传统的读屏键盘通过读出用户触摸的界面元素的名字来为视障用户提供语音反馈。用户通过抬起手指(其他可能的方式包括双击确认或者在不抬起屏幕上手指的同时用另一只手指点击屏幕)来确认选择。

　　在传统读屏键盘上输入一个字符的过程和使用读屏软件保持一致，可以分为三个阶段。

　　(1) 尝试阶段 (对应按下事件)：用户将手指放到键盘上，读屏软件读出手指所在键的名字(图 8-1(a))。

　　(2) 校准阶段 (对应移动事件，可省略)：如果读屏软件读出的第一个键就是用户的目标键，这一步可以跳过。否则，用户需要根据键盘的布局和语音反馈来移动手指以找到目标键(图 8-1(b))。用户的触摸点每次进入一个新键的边界都会收到对应的语音反馈。图 8-1(a)和(b)展示了在传统的读屏键盘上，用户通常点击在错误的位置，并通过一次校准操作找到目标键，这一过程通常十分耗时。

　　(3) 确认阶段 (对应抬起事件)：用户从屏幕上抬起手指以输入当前字符。

　　VIPBoard 在屏幕每次接收到"按下事件"后估计用户想输入每个字符的概率。

之后系统会读出预测出的概率最高的字母。在这种情况下，用户无须进行进一步的校准操作，因此打字速度得到了提升(图 8-1(c)：VIPBoard 预测出了目标字符"o"并自动调整了键盘布局，此时用户无须校准)。为了同传统读屏键盘的交互保持一致，在预测结果出错的情况下，用户应该仍然能进行校准操作。VIPBoard 根据触摸位置和预测出的结果进行键盘布局的调整来实现这一效果。在这种情况下，键盘的相对布局保持不变(图 8-1(d)：即使预测是错误的，用户仍然可以通过在新布局上移动手指来输入字符，如"p")。VIPBoard 的确认操作和传统的键盘一样。

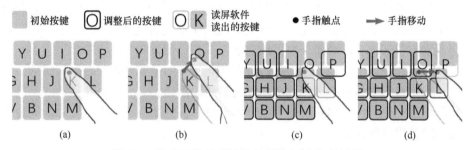

图 8-1　当"hell"已经被输入后输入"o"的示例

2. 输入预测算法

通过一种类似于文献[4]的方法来预测用户最可能输入的键。令 pos 表示用户输入的触摸位置，pre 表示用户已经输入的历史字符。那么对于任意字符 c，可以通过如下方式计算在已知 pos 和 pre 的情况下用户输入 c 的概率，即

$$
\begin{aligned}
P(c|\text{pos},\text{pre}) &= \frac{P(\text{pos},c,\text{pre})}{P(\text{pos},\text{pre})} \\
&= \frac{P(\text{pos}|c,\text{pre})P(c,\text{pre})}{P(\text{pos},\text{pre})} \\
&\propto P(\text{pos}|c,\text{pre})P(c,\text{pre})
\end{aligned} \tag{8-1}
$$

在式(8-1)中，$P(c,\text{pre})$ 称为语言模型，可通过一个提前定义的词库计算得到，计算方法同文献[5]类似，即

$$
P(c,\text{pre}) = \frac{\sum_{W\in S(\text{pre})\wedge W_{n+1}=c} P(W)}{\sum_{W\in S(\text{pre})} P(W)} \tag{8-2}
$$

其中，n 是 pre 的长度；$S(\text{pre})$ 表示所有满足 $P(\text{pre}|W_1W_2\cdots W_n)>0$ 的单词 W 构成的集合，换言之，$S(\text{pre})$ 代表所有以 pre 为前缀的词的集合；$P(\text{pos}|c,\text{pre})$ 称为触摸模型，反映了用户的输入噪声。同大部分以往工作一样[4,6]，我们认为每一次触摸都是独立的，因此它可以被简化成 $P(\text{pos}|c)$ 并通过一个二维高斯分布计算。

在计算了所有字符 c 的概率 $P(c|\mathrm{pos},\mathrm{pre})$ 后，可以找到最大概率的字符作为用户的输入意图。

3. 布局调整策略

布局调整的主要目的是同传统读屏键盘保持一致的交互和布局。这一步骤的主要好处是一旦预测出错用户仍然可以进行校准操作，因此用户可以在键盘上输入任意字符。布局调整在每次按下事件被触发并且按下前述算法计算出最有可能被用户输入的键之后起作用。当字符被确认输入之后(即一次抬起事件触发了)布局会重新回到原始的情况。这一设计主要是为了避免过度调整[7]，其结果可能导致界面上有很多键非常小而难以被用户输入。布局调整的主要步骤如下。

步骤 1：计算出从最可能输入的键在初始布局的位置到用户触摸位置的位移向量。该位移向量是从键边界到触摸位置的最短路径。

步骤 2：根据位置向量将最可能输入的键平移到新位置，平移之后触摸位置应被新的键边界所包含。

步骤 3：将其他的键相对于该最可能输入的键进行平移和缩放，并确保所有的键都在键盘边界内。

步骤 4：如果键盘上存在过小而不易输入的键(根据预实验的结果，如果一个键在宽或高上比原始大小的一半要小，则用户在手指移动过程中较容易跳过该键)，退回到原始的布局并读出触摸位置所对应的键。否则，采用新的布局并且读出该用户最可能输入的键。

图 8-2(a)展示了原始布局及调整后的新布局的一个示例，预测出最可能输入的键 "O" 的位移以及其他键(如 "P")的缩放。

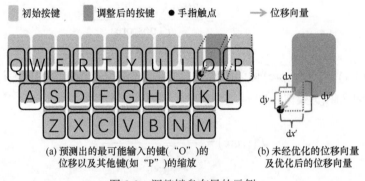

(a) 预测出的最可能输入的键("O")的　　　　(b) 未经优化的位移向量
位移以及其他键(如 "P")的缩放　　　　　　及优化后的位移向量

图 8-2　调整键盘布局的示例

4. 进一步优化细节

在实现布局调整策略的过程中，发现一些重要的可以提升用户体验的实现细节。

(1) 如果某次触摸位置在上一个被输入的键的周围区域，那么键盘应该调整为同上次一样的布局。这一设计基于这样一个观察：大多数用户通过上一次触摸的位置来定位一个在它附近的键。因此，如果用户触摸在相同的位置却得到不同的键名，用户会感到困惑。在原型系统中，根据预实验的经验将这一"附近区域"设定为上一次触摸的键所对应的区域。

(2) 为了最小化键盘的调整，位移向量的最优选择是从原始键的边界到触摸点。然而，这会使得触摸点位于调整后的布局上的键之间的边界上，手指抖动会导致用户输入的键(以及对应的语音反馈)在键之间频繁切换。为了避免这一问题，故意将向量起始点向键内部区域移动了大约 20%的按键尺寸，从而得到了一个经过优化的位移向量(图 8-2(b))。

(3) 在缩放键盘上的其他键时，键的宽度和高度会随之变化。如果某个键的变化幅度较小，那么对于用户而言就更不易察觉到区别，因而用户手指移过该键时可以获得更一致的体验。假设目标键和预测出的键的距离并不是特别远，需要采用一个梯度缩放策略：距离预测键更近的键相比更远的键的缩放幅度更小。

8.2　触摸模型测量实验

我们进行一项预实验以收集视障用户的触摸数据。这些数据不仅可以用于拟合出一个触摸模型，还可以帮助理解视障用户的触摸行为。我们将使用拟合出的模型来实现原型系统。

1. 被试和实验设备

实验招募 8 名视障用户(4 名男性，4 名女性)使用同传统读屏键盘一样的界面来输入单词。用户的平均年龄是 23.8 岁(标准差为 1.4 岁)。4 名用户是全盲用户，其他 4 名视力非常低。所有实验参与用户都在日常生活中使用读屏键盘，并且了解 QWERTY 布局的键盘上每一个键的大概位置。我们将给每名用户一定金额的报酬。

本实验中使用一台 5.8in 触摸屏，运行安卓 7.0 系统的华为 P20 手机[8]。为了获得完全的控制，在一个安卓应用中实现了实验用的键盘。该键盘布局和 Gboard 键盘(Google 键盘)的布局一样。使用 Google 的从文本到语音(text to speech，TTS)引擎来将文本转化成语音输出。实验设置和界面如图 8-3 所示。

2. 实验设计和流程

在介绍完整个系统后，实验用户通过大约 3min 的时间来熟悉键盘的尺寸、布局以及 TTS 引擎的输出。之后要求每个用户通过该键盘输入 100 个单词。对于

(a) 实验设置　　　　　　　　(b) 实验用界面

图 8-3　实验设置和界面

每个单词，系统首先会读出整个单词，然后读出该单词的拼写方式。我们要求每名用户在"自己感觉尽可能准确的位置"输入单词中的每个键。如果某些触摸的位置超出了键盘界面的边界，系统会读出"出界"，并且该次数据不会被记录。否则，无论用户点击的位置在哪里，系统都会给出正确的语音反馈。系统会记录目标字符和对应的触摸位置。用户可以在觉得自己拼写有错误时重新开始该任务单词。为了保证标注的有效性，我们会舍弃包含错误拼写的数据。

用户在实验中输入的 100 个单词来源于美国国家语料库中的高频单词，选择其中的一部分以保证这些单词可以包含有足够数量的所有 26 个字母。

3. 实验结果

实验移除了距离目标键中心 3 倍键宽之外的噪声数据，一共获得了来自 26 个不同字母的 5383 个触摸点。用户平均输入速度是 20.83WPM(标准差为 3.29WPM)，这一速度比视障用户的正常输入速度要快得多[2,3]。造成这一区别的主要原因是正确的语音反馈移除了打字过程中的校准时间。平均错误率是 62.8%(标准差为 13.2%)，该错误率的计算方法为输入点是否在目标键的边界之中。另外还发现用户 90%的输入错误都发生在距离目标键中心 2.5 倍键宽的范围内。这些结果都与文献[8]中的结果一致。结果中尤其高的错误率也表明自动更正算法对于视障用户提升输入性能而言是必要的。

同样将数据拟合成 26 个二维高斯分布，如图 8-4 所示，图中的椭圆展示了分布的 1 倍标准差，箭头展示了从每个键中心到对应的分布中心的偏移。每个键宽为 6.39mm，键高为 10.07mm，平均的水平方向偏移为-0.90mm，平均的竖直方向偏移为 3.37mm(水平方向的正向为向右，竖直方向的正向为向下)。这一结果表明用户的触摸倾向于向着键盘的底部偏移。在水平方向的平均标准差为 2.92mm，竖直方向为 6.47mm，这表明竖直方向的输入噪声比水平方向更大。

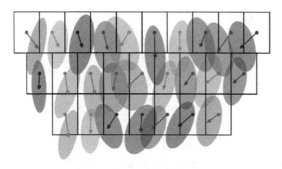

图 8-4 拟合出的触摸模型

8.3 输入性能评估实验

我们进行了一项评估 VIPBoard 的文本输入性能的用户实验。在评估中，首先实现 VIPBoard 的一个支持英文和中文输入的原型系统。之后进行一个被试内设计的用户实验来比较 VIPBoard 和传统读屏键盘的性能。

1. 被试

从一所特殊教育学院招募 14 名视障学生(7 名男性，7 名女性)，他们的平均年龄为 23.7 岁(标准差为 1.1 岁)。8 名被试是全盲的，其他被试有非常低的视力。这些被试中没有人参与过触摸模型测量实验。他们汇报自己使用触摸键盘的平均时间为 4.9 年(标准差为 1.6 年)。所有实验被试均熟知 QWERTY 键盘布局，并且知道每一个键的大概位置。所有被试都是中国人，并且了解英文单词的拼写。我们将付给每名被试一定金额的报酬。

2. 实验设备

评估中所用的设备和触摸模型测量实验中相同。实验用的界面与图 8-3(b)中类似。使用同样的界面实现了英文和中文的输入。两个键盘都使用了 Google 的 TTS 引擎来将文本转化成语音输出。

对于英文输入，使用美国国家语料库中使用频率最高的 50000 个单词作为 VIPBoard 的词库。对于中文输入，使用拼音输入法输入。中文词语的词库和拼音输入部分由 Google Pinyin IME 中移植而来。我们使用了触摸模型测量实验中收集的通用的触摸模型。

在采访了一些视障被试后，设计并实现一套他们可接受的手势交互方法。被试在使用键盘时，可以在屏幕上任意位置做如下手势。

(1) 左滑：退格。

(2) 右滑：空格/确认。

(3) 上滑/下滑：在候选词间导航(只针对中文输入)。

(4) 双指左滑：删除所有输入的内容。

(5) 双指上滑：读出所有输入的内容。

3. 实验设计

使用双因素(变量为输入阶段和使用的技术)被试内设计来测试 VIPBoard 的性能。要求用户通过传统读屏键盘和 VIPBoard，分别用英文和中文输入 4 个阶段，每个阶段中输入 5 个句子。英文输入的测试句子集是文献[9]中的 T-40 集合，中文输入的测试句子集是从文献[10]中解析的长度合适的句子集合。实验中，一共输入了 14 名用户 × 20 个句子/条件 × 2 种键盘 × 2 种语言=1120 个测试句子。

4. 实验过程

在向被试介绍了键盘的基本使用和交互后,要求被试通过输入 2~4 句话来熟悉交互方式、键盘大小以及 TTS 引擎的输出。之后通知他们将使用两种交互方式相同的键盘，但是并不告知他们使用键盘的顺序。每名被试在不同的条件下输入测试句子,使用不同键盘的顺序在所有被试间进行了平衡。在不同的输入阶段间,我们要求被试至少休息 2min。在完成所有句子的输入后，被试通过问卷和采访提供自己对于两种键盘的主观反馈。在他们完成实验，并给出反馈意见后，再告诉他们所使用的键盘的顺序。

要求被试用最舒服的姿势尽可能又快又准地输入文本。允许被试在打字过程中修改错误，或者在愿意的情况下留下错误不做修改。每一个句子都是按词输入的。当输入每一个句子时，系统会首先为被试读出整个句子，之后把当前的任务切分成单词。当被试确认输入单词(通过右滑手势)后，系统会切换到下一个词并读出来。被试可以使用双指下滑的手势重新听当前的任务内容。

5. 实验结果

1) 评测指标

除了传统的文本输入评测指标(如输入速度、正确率和学习效应)，我们同样对如下指标感兴趣。

点击错误率：在尝试输入阶段的和目标键不一致的触摸所占的比例。根据 8.1 节交互设计部分的分析，较低的点击错误率表明更少的点击需要进入校准阶段，从而导致更少的输入时间和更高的输入速度。更低的点击错误率同样可以为被试提供更加自信和顺滑的输入体验。这一指标正是 VIPBoard 所优化的目标。

时间分配：可以反映出打字过程中不同部分的时间消耗，从而让我们对于

VIPBoard 和传统技术之间打字速度的不同有一个更好的理解。

在接下来的分析里，将英文和中文输入分开，考虑其中的两个因素：输入阶段和使用的技术。在做过检查测试后，除了主观评分之外的实验结果，我们都会采用 RM-ANOVA 来进行显著性测试。

2) 总体输入速度

文本输入的速度的计算方法为[11]

$$\text{WPM} = \frac{|T|-1}{S} \times 60 \times \frac{1}{5} \tag{8-3}$$

其中，$|T|$ 是最后输入的字符串的长度；S 是以秒为单位的一次输入中从第一次到最后一次触摸的时间间隔。

对于中文输入，使用拼音串作为最后的输入字符串，如图 8-5 所示。文本输入的速度按词计算，并且没有考虑选择候选词的时间。

简单英文句子：call for more details
简单中文句子：希望　你　可以　做　一个　好梦
对应的拼音串：xiwang ni　keyi　zuo　yige　haomeng

图 8-5　英文、中文测试句子和中文句子对应的拼音串的示例

RM-ANOVA 分析结果表明，在两种语言下，使用 VIPBoard 的文本输入速度都比使用传统读屏键盘要显著高(对于英文输入 $F_{1,13} = 23.67, p < 0.01$；对于中文输入 $F_{1,13} = 9.51, p < 0.01$)。如表 8-1 所示(表内括号中为标准差)，使用英文(中文)输入时，使用 VIPBoard 的平均文本输入速度比使用传统读屏键盘高 12.6%(13.7%)。在 VIPBoard 上，被试平均一分钟大约多输入 5 个字符。

表 8-1　两种键盘的平均文本输入速度　　　　　　(单位：WPM)

输入语言	VIPBoard	传统读屏键盘
英文	8.14 (1.62)	7.23 (1.67)
中文	8.61 (2.04)	7.57 (1.95)

3) 总体输入错误率

使用已纠正错误率(CER)和未纠正错误率(UER)来衡量字符级的输入错误率[12]。被试倾向于修正大部分输入过程中的错误,在最后输入的字符串只留下少量错误,如表 8-2 所示(表内括号中为标准差)。RM-ANOVA 的分析表明两种键盘上的 CER(对于英文输入 $p = 0.99$；对于中文输入 $p = 0.95$)和 UER(对于英文输入 $p = 0.11$；对于中文输入 $p = 0.37$)均没有显著区别。这一结果表明对于视障用户来说，在两种键盘上的错误处理没有区别。

表 8-2　　两种键盘上的平均 CER 和 UER　　　　　　　　(单位：%)

错误率	输入语言	VIPBoard	传统读屏键盘
CER	英文	3.51 (1.92)	3.54 (2.25)
	中文	4.46 (2.30)	4.48 (2.60)
UER	英文	1.30 (2.36)	1.94 (2.28)
	中文	1.28 (1.88)	1.03 (1.52)

4) 点击错误率

如表 8-3 所示，VIPBoard 相对于传统读屏键盘可以减少英文(中文)输入中 56.7% (57.2%)的点击错误。RM-ANOVA 分析结果表明在两种语言下 VIPBoard 相比于传统读屏键盘有着显著的提升(对于英文输入 $F_{1,13}=152.73, p<0.01$；对于中文输入 $F_{1,13}=67.34, p<0.01$)。我们同样计算了两种技术中每个键的点击错误率，如图 8-6 所示。从图中可以总结出除了 "Q" 键，VIPBoard 中每个键的点击错误率均比传统读屏键盘上的低。这可能是由于 "Q" 键在实验中的采样点数量过小(小于 100 个点)导致结果出现偏差。

表 8-3　　两种键盘的平均点击错误率　　　　　　　　(单位：%)

输入语言	VIPBoard	传统读屏键盘
英文	14.2 (8.10)	32.8 (12.9)
中文	14.8 (6.30)	34.6 (14.1)

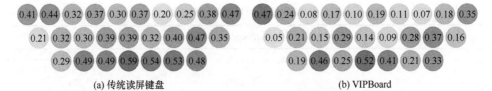

(a) 传统读屏键盘　　　　　　　　　　　(b) VIPBoard

图 8-6　　每个键的点击错误率

5) 时间分配

把输入一整个单词的过程划分为四部分。

(1) 输入时间(entering time)：输入每个字符的时间，从按下事件开始，到抬起事件结束。

(2) 间隔时间(interval time)：相邻触摸输入间的间隔时间。

(3) 确认时间(confirm time)：右滑的时间(对于英文输入而言)或者从候选词列表中开始选择到右滑所用的时间(对于中文输入而言)。

(4) 其他时间(other time)：删除的时间或者其他交互所用的时间(如双指上滑或者其他未定义的手势)。

我们计算了输入一个字符时每一部分的平均时间间隔，如图 8-7 所示。RM-ANOVA 分析结果表明，VIPBoard 的输入时间比使用传统读屏键盘显著短(对于英文输入 $F_{1,13} = 21.0, p < 0.01$；对于中文输入 $F_{1,13} = 7.26, p < 0.05$)，而对于其他三个部分而言两种技术间并没有显著差别。这一结果表明 VIPBoard 可以有效地减少平均输入时间，而同时不影响其他部分。这一结果也表明在未来存在更高效的无障碍软键盘设计的可能性，如减少输入中的间隔时间。

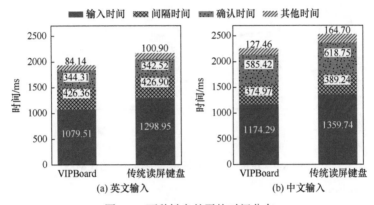

图 8-7 两种键盘的平均时间分布

6) 学习效应

输入速度：我们计算了每一个输入阶段中的平均文本输入速度，如图 8-8 所示(图中误差条表示一倍标准差)。RM-ANOVA 分析结果表明，输入阶段有显著的学习效应(对于英文输入 $F_{3,39} = 4.92, p < 0.01$；对于中文输入 $F_{3,39} = 12.56, p < 0.001$)。使用 Sidak 修正的后验配对比较表明在第 3 阶段和第 4 阶段的文本输入速度显著高于

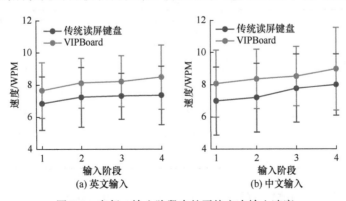

图 8-8 在每一输入阶段中的平均文本输入速度

第 1 阶段，这一结果说明了被试可以在仅练习 5～10min 后就可以达到一个相对较高的输入速度。

点击错误率：我们计算了每个输入阶段中的平均点击错误率，如图 8-9 所示(图中误差条表示一倍标准差)。RM-ANOVA 分析结果表明，点击错误率没有显著的学习效应(对于英文输入 $p = 0.09$ ；对于中文输入 $p = 0.13$)，这说明被试在开始使用 VIPBoard 后很快就可以达到一个相对较低的点击错误率。

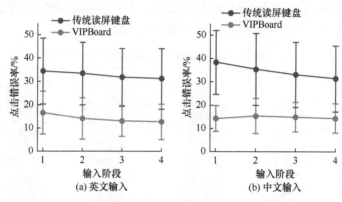

图 8-9　在每一输入阶段中的平均点击错误率

7) 主观反馈

主观打分：在完成了文本输入部分后，每名被试被要求在七级利克特量表上对两种键盘进行打分，打分项目分别为脑力需求、体力需求、时间需求、付出努力、疲劳程度和总体偏好。每一项的平均得分和标准差如表 8-4(分数越高表示该键盘越好用，括号中为标准差)所示。威尔科克森符号秩检验表明 VIPBoard 在每一项上都显著优于传统读屏键盘($p < 0.01$)。

表 8-4　两种键盘的平均主观评分

项目	VIPBoard	传统读屏键盘
脑力需求	5.79 (1.05)	3.79 (1.37)
体力需求	5.36 (1.01)	4.00 (1.04)
时间需求	5.79 (0.89)	3.79 (1.81)
付出努力	5.64 (0.84)	3.71 (1.86)
疲劳程度	5.57 (0.65)	3.36 (1.34)
总体偏好	6.14 (0.77)	3.36 (1.28)

对于布局调整的感知，值得注意的一点是，VIPBoard 中的布局调整对于视障被试来说是"透明的"，因为他们仅依赖于语音反馈来完成输入。当前的调整策

略是为了使用的一致性而设计的，且其中的可视化部分仅供展示使用。几乎所有
(12/14)的实验被试都能感觉到点击错误率的下降，但是他们并没有感知到算法的
作用。在他们的认知中，他们感觉到能够在交互相同的其中一个键盘上"点击得
更加准确"。

　　然而，还有极少数(1/14)的非常熟练的被试可以感知到不同触摸间变化的按键
边界。这种变化可能会给这些被试带来按键位置上的困惑，并稍微影响他们的信
心以及打字的表现。然而，根据采访结果，该被试可以非常快地克服这种不适，
适应当前的界面，因此我们仍然认为 VIPBoard 是视障被试在软键盘上输入文本
的一种较好的解决方案。我们可能需要进行长期实验来研究由布局调整引起的被
试心理模型的变化，这一部分工作我们留作后续处理。

　　定性反馈：在采访之中，被试表现出对于一致性交互设计的较高偏好。

　　"这一键盘非常容易学习和使用，除了使用 VIPBoard 时较高的点击正确率，
我几乎感觉不出两个键盘间的区别。"(P3，P8)

　　实验结果也表明了手势交互是适合于视障被试的一种解决方案。

　　"我喜欢键盘中的手势设计。它们很方便并且能防止误触。"(P7，P9)

　　此外，被试也表达了对于在日常生活中使用 VIPBoard 的强烈期待和意愿。

8.4　本　章　小　结

　　本章提出了 VIPBoard——一个为视障用户设计的应用字符级自动更正算法
来增强读屏键盘的智能键盘。VIPBoard 预测用户最有可能输入的字符，目的在于
减少视障用户输入时的校准时间。之后设计了一个自适应的布局调整策略，该策
略可以为用户提供与传统读屏键盘一致的交互和体验。在一项有 14 名视障用户参
与的评估实验中，我们发现 VIPBoard 可以提升 12.6%的文本输入速度，并减少
56.7%的点击错误率。用户可以在少量练习后掌握 VIPBoard 的使用，并且相比于
传统读屏键盘，用户提供了更积极的反馈。VIPBoard 将自动纠错加入到读屏键盘
中，即使只是在字符级，也可以提升输入性能，被视障用户广泛接受，并有望将
智能带到读屏键盘上，为更多的视障用户造福。

参　考　文　献

[1] Banovic N, Grossman T, Fitzmaurice G. The effect of time-based cost of error in target-directed pointing tasks//Proceedings of the SIGCHI Conference on Human Factors in Computing Systems, 2013: 1373-1382.

[2] Bonner M N, Brudvik J T, Abowd G D, et al. No-look notes: Accessible eyes-free multi-touch text

entry//Floréen P, Krüger A, Spasojevic M. International Conference on Pervasive Computing. Berlin: Springer, 2010: 409-426.

[3] Oliveira J, Guerreiro T, Nicolau H, et al. Blind people and mobile touch-based text entry: Acknowledging the need for different flavors//The Proceedings of the 13th International ACM SIGACCESS Conference on Computers and Accessibility, 2011: 179-186.

[4] Goodman J, Venolia G, Steury K, et al. Language modeling for soft keyboards//Proceedings of the 7th International Conference on Intelligent User Interfaces, 2002: 194-195.

[5] Yi X, Yu C, Xu W J, et al. COMPASS: Rotational keyboard on non-touch smartwatches// Proceedings of the 2017 CHI Conference on Human Factors in Computing Systems, 2017: 705-715.

[6] Azenkot S, Zhai S M. Touch behavior with different postures on soft smartphone keyboards// Proceedings of the 14th International Conference on Human-computer Interaction with Mobile Devices and Services, 2012: 251-260.

[7] Gunawardana A, Paek T, Meek C. Usability guided key-target resizing for soft keyboards// Proceedings of the 15th International Conference on Intelligent User Interfaces, 2010: 111-118.

[8] Nicolau H, Montague K, Guerreiro T, et al. Typing performance of blind users: An analysis of touch behaviors, learning effect, and in-situ usage//Proceedings of the 17th International ACM SIGACCESS Conference on Computers and Accessibility, 2015: 273-280.

[9] Yi X, Yu C, Shi W N, et al. Word clarity as a metric in sampling keyboard test sets// Proceedings of the 2017 CHI Conference on Human Factors in Computing Systems, 2017: 4216-4228.

[10] Chen T, Kan M Y. Creating a live, public short message service corpus: The NUS SMS corpus. Language Resources and Evaluation, 2011, 47: 299-335.

[11] MacKenzie I S. A Note on Calculating Text Entry Speed. Toronto: York University, 2002.

[12] Wobbrock J O, Myers B A. Analyzing the input stream for character-level errors in unconstrained text entry evaluations. ACM Transactions on Computer-Human Interaction, 2006, 13(4): 458-489.

第 9 章 间接手势输入中的轨迹补偿方法

现如今，随着普适的显示设备与输入表面的普及，间接触摸(即触摸输入表面与视觉反馈输出面是分离、解耦的两个平面)正变得越来越普遍。举例来说，用户可以使用手中的遥控器与智能电视、头戴式显示器或智能眼镜进行交互，如图 9-1 所示。与直接触摸(如使用智能手机的触摸屏)不同的是，用户视觉注意力往往集中于显示屏面上，而非手中的输入设备上。

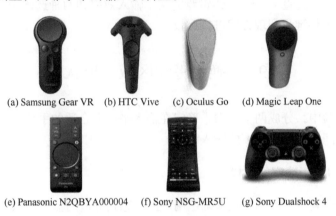

(a) Samsung Gear VR (b) HTC Vive (c) Oculus Go (d) Magic Leap One

(e) Panasonic N2QBYA000004 (f) Sony NSG-MR5U (g) Sony Dualshock 4

图 9-1 具有触摸屏或触摸板的输入设备

研究者已研究了间接触摸情景下的许多基本交互任务，如间接指点[1-3]、间接平移[4,5]等。然而，据我们所知，其中一个重要的交互任务——间接触摸条件下的文本输入受到的关注较少(尤其是基于 QWERTY 键盘的文本输入)且仍然有许多挑战。其中最主要的问题是，在不看触摸板的情况下，用户无法准确地定位每个按键。先前的研究表明，在不看触摸板的情况下，用户使用拇指去点击 12.5mm × 18.5mm 目标的成功率仅为 85%[6]。同样，为了在使用食指点击按键时能达到 95%的正确率，所需的最小目标尺寸为 22.3mm[2]。相比之下，现今的智能手机上软键盘的按键要比这些数据小得多(4~8mm)。

手势键盘[7]是一项在触摸屏设备上被广泛使用的文本输入技术。在使用手势键盘时，用户以词为单位进行文本输入：通过绘制一条遍历某个单词所有字母的连续路径来输入该词。与传统的点击打字相比，手势键盘在间接触摸文本输入上有更大的潜力，其原因有三。①手势输入只需用户绘制大致形状的轨迹即可进行输入，对输入噪声的容忍度较高。同时，这也鼓励用户更快地绘制轨迹(尤其是对于较长的单词)。②在绘制轨迹时，用户可以从显示端上收到所绘制轨迹的视觉反馈，并据此实时地调整自己的输入行为。这一显示的路径也将使用户在移动手指进行轨迹绘制时更有信心。③一项研究[8]表明，手势打字相比点击打字更快，并且随着时间的推移，手势打字会受到更多用户的青睐。

本章递进地开展了三个用户实验来研究间接触摸手势输入的可行性。在第一个实验中，测试用户在使用不同形状的 QWERTY 键盘时的输入表现和偏好。在第二个实验中，比较直接触摸输入和间接触摸输入两种条件下用户的打字行为。基于该研究的结果，提出一项新设计：G-键盘。该设计通过固定轨迹的起点以解决第一触点不准确的问题，同时使手势键盘的其他组成部分保持不变以方便用户学习。在第三个实验中，检验 G-键盘的文本输入效率和两种选词交互方式，并将其与传统的手势键盘实现方案进行比较。

9.1　确定键盘区域的形状

在该实验中，分成两个步骤来确定在输入平面上合适的手势键盘形状，同时研究用户在间接触摸条件下的输入能力。

9.1.1　阶段 1：运动空间形状

首先，开展一个用户实验来确定用户拇指感到舒适的输入区域。14 名被试(4 名女性，10 名男性，年龄在 18～34 岁，均为右利手)参加这个用户实验。使用一台 4.3in 的 Mi 2 智能手机作为输入平面。在之前的一个预备实验中，该手机在四种触摸屏尺寸(3.5in、4.3in、5.1in、5.7in)中具有最高的主观评分。

要求 14 名被试右手拿着智能手机，眼看另一个显示器屏幕，同时使用右手拇指在触摸屏上进行假想的手势键盘轨迹输入。之后，被试在触摸屏上画下自己想象中的适合输入的键盘的轮廓[9]。每位被试被要求使用他们的右手拇指画五次。

我们首先移除了每个用户绘制的轮廓中离质心太远(10%)的点，然后计算出包围盒。所有用户的平均结果的单键长宽比为 1∶2.91，如图 9-2 所示，左图为依据被试绘制的轮廓生成键盘形状的示例图；右图为所有被试的生成结果，比常规软键盘上的单键要高得多(1∶1～1∶1.5)。这一结果与触摸屏上的盲输入[10-12]和隐形键盘相近[13]。推测其原因与人类拇指的运动学特征有关：触摸屏上拇指的物理舒适区域接近一个在 X 轴上和 Y 轴上跨度相近的椭圆形[14]。

图 9-2　依据被试绘制的轮廓生成键盘形状

9.1.2　阶段 2：评测不同的键盘形状

在这一阶段中，测试从阶段 1 中得出的键盘形状是否适合进行手势输入。要求被试使用不同形状的键盘进行间接触摸手势键入，并评估其输入性能和用户偏好。为了检验用户在理想条件下的打字行为，采用了 Wizard-of-Oz[1]设计：无论用户输入什么，都显示正确的输出[10,12,13,15,16]。这样就能保证用户在实验过程中不会有对任何算法的学习行为。

1. 被试

从校园中招募了 18 名被试(其中 6 名女性，12 名男性，年龄在 20～25 岁，均为右利手)。根据被试填写的五级利克特量表，他们对 QWERTY 键盘的熟悉程度的平均值为 4.1(从"1-差"到"5-优异")。被试对手势键盘的熟悉程度的平均值是 2.6，其中 6 名被试对手势键盘比较熟悉(评分在 4 分及以上)。给予每位被试一定金额的报酬。

2. 实验设备

使用与阶段 1 相同的输入设备(Mi 2)，该手机的尺寸为 126.0mm × 62.0mm × 10.2mm，分辨率为 1280 × 720 像素，质量为 145g。实验使用的显示设备是一个 23.8in 的普通商用显示器。这两个设备通过无线网络连接。整个实验系统基于 Unity 搭建。

图 9-3 展示了实验一阶段 2 的实验环境。被试在观看显示器的同时，使用拇指在触摸屏上进行手势输入。在输入时，触摸屏上拇指触摸点在键盘中的位置会等比例、一对一地映射到显示端键盘上的白色圆形光标。同时，显示器上还会实时地渲染紫色的光标轨迹。要求被试按顺序输入显示器上显示的单词，其中当前

---

① 在人机交互领域，Wizard-of-Oz 实验指用户与实验系统交互时，认为或相信其是自主的、完整实现的，但实际上该系统是部分实现的，或是通过模拟、仿真乃至人工操作以达到相同或接近的交互效果，甚至于是完全基于想象的。

需要输入的单词以红色高亮标出(图 9-4 仅作说明用,在实验中手机上的键盘是不显示的)。为了保证被试的视线始终在显示器而不是触摸屏上,隐藏手机触摸屏上的键盘。这模拟了一个类似于虚拟现实下的输入环境,或是在触摸板不具备显示功能的情况下。

图 9-3　实验一阶段 2 的实验环境

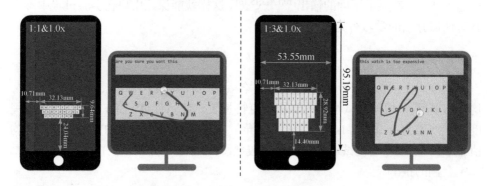

图 9-4　实验一阶段 2 的实验平台

3. 实验设计与过程

在本实验中共测试输入设备上的 6 种键盘形状:2 种单键宽高比(1∶1、1∶3)×3 种尺寸(0.75×、1.0×、1.25×)。其中,1∶3 & 1.0×是阶段 1 得到的平均键盘形状。一个尺寸为 0.75×键盘的宽度与高度是一个 1.0×键盘宽度与高度的 3/4,一个尺寸为 1.25×键盘的宽度与高度是一个 1.0×键盘宽度与高度的 1.25 倍。在相同的尺寸下,1∶3 键盘的宽度与 1∶1 键盘相同,高度是 1∶1 键盘的 3 倍。触摸屏上的键盘与显示端上的键盘具有相同的宽高比[2]。尺寸只影响输入端上的键盘大小。

采用 2×3 的被试内实验设计。两个独立变量分别为单键宽高比与键盘尺寸。使用拉丁方设计[17](Latin square design),使六个键盘的实验顺序在所有被试之间达到平衡。对于每种键盘形状,被试首先要练习约 2min 以熟悉新的键盘,然后输入从 MacKenzie 与 Soukoreff 短语集[18]中随机选取的 8 句话以及 2 句全字母短句(囊括所有 26 个字母的句子)。我们指示被试尽可能自然地进行文本输入。当发生错误时，被试需重新输入这句话。在每次使用新的键盘前，被试会短暂地休息一下。本次实验会持续 70~90min。打分均基于五级利克特量表(1 分最差，5 分最好)，共分为以下四项：感知的速度、感知的准确性、疲劳程度和偏好程度。

4. 阶段 2 结果

实验收集了 1080 句已转录的句子(18 名被试×6 种键盘形状×10 个句子)，共包含 6264 个单词-轨迹对。

1) 轨迹输入时间

定义轨迹输入时间为从手指按下到手指抬起的时间。表 9-1 展示了每个单词的平均轨迹输入时间。通常来说，更大的键盘尺寸与 1∶3 单键宽高比有着更短的轨迹输入时间。其中 1∶3 & 1.0×键盘是最快的。键盘尺寸越大，则用户在绘制轨迹时就能越快(不需要精细输入)，但是需要绘制的轨迹长度就会越长。因为 1∶3 & 1.0×是所有键盘中最快的，所以其在轨迹长度与用户心理模型上达到了较好的平衡。RM-ANOVA 分析显示，尺寸 ($F_{2,34} = 4.95, p < 0.05, \eta_p^2 = 0.23$) 和宽高比 ($F_{1,17} = 12.9, p < 0.005, \eta_p^2 = 0.43$) 均对轨迹输入时间起显著作用(其中 η_p^2 是偏平方)。若将轨迹输入时间除以单词长度(字母数)，会得到相近的结论(详见表 9-1 中括号内的数字)：尺寸 ($F_{2,34} = 10.9, p < 0.0005, \eta_p^2 = 0.39$) 和宽高比 ($F_{1,17} = 15.0, p < 0.005, \eta_p^2 = 0.47$) 依然起显著作用。

表 9-1　阶段 2 每个单词的平均轨迹输入时间　　　　　　　　(单位：s)

宽高比	0.75×	1.0×	1.25×
1∶1	2.47 (0.60)	2.21 (0.54)	2.19 (0.54)
1∶3	2.18 (0.53)	2.01 (0.48)	2.06 (0.50)

2) 输入正确率

使用一个线性的单词-轨迹匹配算法[7]来深入了解用户的输入正确率[19-21]。

用户输入的轨迹 p 与每个单词的模板轨迹 t 均被重新采样为 $N = 32$ 个等距点[21]。用户输入的轨迹 p 与单词的模板轨迹 t 之间的距离定义为

$$\text{dist}(p,t) = \sum_{i=1}^{N} \| p_i - t_i \|_2 \cdot \frac{1}{N} \tag{9-1}$$

距离越短，意味着 p 和 t 之间的相似度越高。选取美国国家语料库中的前 10000 个常用单词(可覆盖英语书面材料 90%以上的内容)构成测试的语料库。匹配算法

将以从小到大的距离顺序预测目标单词。

图 9-5 展示了模拟的结果(图中误差线表示一倍标准差)。top-K 表示目标单词出现在匹配算法预测的前 K 个候选词中。为了与后续的实验保持一致,使用 top-1、top-5 和 top-13 来展示输入正确率:top-5 意味着 top-1 加上 4 个可以直接访问选取的候选词;top-13 意味着 top-1 加上全部 12 个可访问选取的候选词。

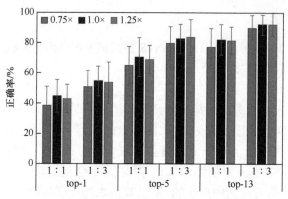

图 9-5　阶段 2 使用线性匹配算法得出的模拟正确率

结果表明,1∶3 键盘的正确率显著高于 1∶1 键盘(top-1: $F_{1,17} = 65.5, p < 0.0001$, $\eta_p^2 = 0.79$; top-5: $F_{1,17} = 184, p < 0.0001$, $\eta_p^2 = 0.92$; top-13: $F_{1,17} = 86.6, p < 0.0001$, $\eta_p^2 = 0.84$)。其中, 1∶3 & 1.0×键盘的正确率与 1∶3 & 0.75×键盘有显著的差异(如 top-1: $F_{1,17} = 6.57, p < 0.05$, $\eta_p^2 = 0.28$),但其与 1∶3 & 1.25×键盘的正确率差异却并不显著(top-1: $F_{1,17} = 0.126$, n.s., $\eta_p^2 = 0.007$)。这表明 1∶3 & 1.0×的键盘大小已经能够为用户的间接滑动手势输入提供足够的分辨能力,继续增加键盘的大小将不再能显著提升用户输入的正确率。

3) 主观评价

图 9-6 展示了用户对 6 个键盘的主观评分,圆圈内的数字表示平均值。被试一致认为使用每个键盘所引起的疲劳程度是可以接受的(平均分 3.43,标准差为1.11),并愿意使用除了最小的 1∶1 键盘外的所有键盘(偏好程度平均分 3.58,标准差 0.84)。弗里德曼检验表明,键盘尺寸对用户主观的感知的速度($\chi^2 = 8.15$, $p <0.05$)、感知的正确率($\chi^2 = 43.91$, $p < 0.001$)和偏好程度($\chi^2 = 12.79$, $p <0.005$)均有显著影响。这些结果表明,对于输入区域仅仅 25%的改变就可以导致显著的差异。威尔科克森符号秩检验结果表明,宽高比对感知的速度($Z = -3.42$, $p < 0.001$, $r = 0.47$)、感知的正确率($Z = -5.30$, $p < 0.0001$, $r = 0.72$)、疲劳程度($Z = -2.05$, $p < 0.05$, $r = 0.28$)以及偏好程度($Z = -4.38$, $p < 0.0001$, $r = 0.60$)均有显

著的影响(其中 r 是相关系数)。被试相对 1∶1 键盘而言普遍更喜欢 1∶3 键盘，其中 1∶3 & 1.0×键盘在每个维度的评价中都取得了最高的分数。

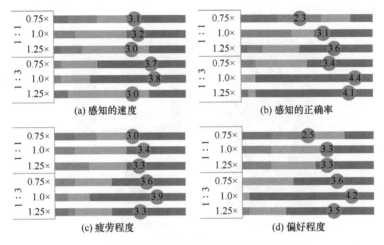

图 9-6　阶段 2 中 6 个键盘的主观评分

4) 小结

在六个键盘形状中，1∶3 & 1.0×键盘在轨迹输入时间、输入正确率和主观评价上都有着最优的表现。因此，我们认为 1∶3 & 1.0×键盘是适合间接触摸手势输入的输入区域，后续的实验中将使用这种键盘。其相应的键盘大小(32mm × 29mm)能与目前的大多数输入设备兼容(如 HTC Vive 控制器的触摸板的直径为 42mm)。此外，其 top-1 正确率为 55%。考虑到这是仅使用了最简单的线性匹配算法且并未使用语言模型中的频率数据，这一结果相当可观，体现了手势键盘对于间接触摸文本输入上的应用潜力。

9.2　建模间接手势输入行为特征

实验一展示了手势输入对于间接触摸的应用潜力。本节开展第二个实验以进一步了解在使用最佳键盘情况下的间接手势输入行为。具体来说，本实验有两个目标：①收集更多间接手势输入的数据，并据此揭示更多的行为细节；②研究直接与间接手势输入的区别。

1. 实验设置

采用与实验一相近的 Wizard-of-Oz 实验设计，分别观察被试在直接触摸输入和间接触摸输入条件下的手势键入行为。在间接触摸输入条件下，实验设置与实验一相同；在直接触摸输入条件下，实验平台直接显示在手机的触摸屏上，如图 9-7(a)所示：被试看着手机屏幕并直接在触摸屏上绘制轨迹。两个条件使用的均为 1∶3 & 1.0×的键盘。

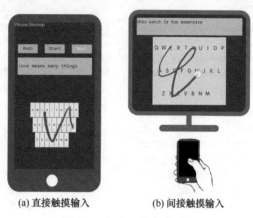

(a) 直接触摸输入　　　　　　　(b) 间接触摸输入

图 9-7　实验二的实验平台

2. 被试与实验任务

从校园里招募 14 名被试(5 名女性，9 名男性)参与本次实验，年龄在 20～26 岁，均为右利手。他们对 QWERTY 键盘的熟悉程度平均值是 3.9(从 "1-差" 到 "5-优异")。被试对手势键盘的熟悉程度平均值是 2.1，其中三名被试对手势键盘比较熟悉(评分>3)。给每位被试一定金额的报酬。实验的任务和设备与实验一相同。

3. 实验设计与过程

采用单因素被试内实验设计。其中两种输入条件(直接触摸输入与间接触摸输入)是唯一的自变量。被试需在这两种输入条件下分别完成一个手势输入任务。这两个条件的实验顺序在所有被试中是平衡的。每个手势输入任务包含 4 组输入任务，每组任务中被试需要输入 10 个句子(其中 8 句随机取自 MacKenzie 和 Soukoreff 短语集[18]，另外 2 句为全字母短句)。当出现错误时，被试需重新输入该句。在完成每一组任务后，被试会放下手机并适当休息。该实验持续 45～60min。

4. 实验结果

实验收集了 1120 句已转录的句子(14 名被试×2 种输入条件×4 组×10 个句子)，共包含 6258 个单词-轨迹对。

1) 开始/结束绘制的触摸精度

图 9-8 展示了每个按键开始/结束绘制的触摸点分布情况，图中显示的是 95% 置信度椭圆及其质心。我们移除了其中在 X 轴方向或 Y 轴方向上距质心三倍标准

差以外的点(约为总数的 1.79%)。

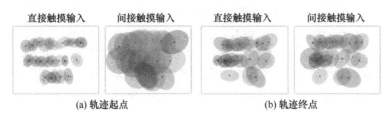

直接触摸输入　　间接触摸输入　　　直接触摸输入　　间接触摸输入

(a) 轨迹起点　　　　　　　　　　　(b) 轨迹终点

图 9-8　轨迹起点/终点的散点图与 95%置信度椭圆

对于轨迹起点，直接触摸输入条件下每个键的平均标准差为 0.404(X 轴方向)和 0.461(Y 轴方向)，单位为单键的宽度(即键宽)。而间接触摸输入条件下相对应的平均标准差为 0.961 和 0.959，分别是直接触摸输入条件的 2.38 倍和 2.08 倍，并且都有着显著的差异(X 轴方向：$F_{1,13}=181$，$p<0.0001$，$\eta_p^2=0.93$；Y 轴方向：$F_{1,13}=155$，$p<0.0001$，$\eta_p^2=0.92$)。与之相对应的，轨迹终点的分布差异要小得多：直接触摸输入条件下每个键的平均标准差为 0.604 和 0.567，间接触摸输入条件下每个键的平均标准差为 0.634 和 0.632。

间接触摸输入条件下的轨迹起点分布较大，证明了在没有视觉反馈的情况下输入的精度较低。与之相反，在光标视觉反馈的帮助下，被试可以在绘制轨迹时实时进行调整，从而获得相对精准的轨迹终点分布。

在开始绘制每个单词的轨迹时，被试经常会向该单词的首字母绘制轨迹来补偿不精确的第一落点。如图 9-9 所示(图 9-9(a)显示了第一落点不精确的一个例子)，被试打算输入单词"one"，但起点却落在"I"附近而非"O"。被试会将光标向预期要输入的字母"O"移动，之后再向下一个字母绘制。根据我们的观察与被试反馈，是否采用这样的输入策略取决于第一落点究竟与预期要输入的首字母偏差多少。

  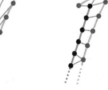

(a) 第一落点不精确的一个例子　　(b) 线性匹配算法　(c) 弹性匹配算法
(用户想要输入单词"one"，但第一落点却在"I"键附近)

图 9-9　手势起点偏离于单词首字母的情况

2) 输入正确率

图 9-9(b)显示了线性匹配算法[7]的匹配结果。由于第一落点与首字母的偏差较大，

再加上被试采用的输入策略，两个点序列之间的线性匹配结果常常会有较大的全局偏移，且这一全局偏移无法通过重新分配不同点的权重来进行修正[7,20,22]。

为了解决这一问题，使用弹性匹配算法[7,23-27]，亦即动态时间规整(dynamic time warping, DTW)算法。DTW 算法是一种被广泛使用的算法，用于测量两个时间序列之间的相似性，可以实现多对多的顺序映射，从而在匹配中具有一定的弹性[7,24,28]。输入轨迹 p 与单词模板 t 之间的距离通过如下所示的动态规划过程计算得出：

$$D(i,j) = \left\| p_i - t_j \right\|_2 + \min\left[D(i-1, j), D(i, j-1), D(i-1, j-1) \right] \tag{9-2}$$

其中，$D(0,0) = 0$，$D(N,N)$ 即为两个序列的距离。

图 9-9(c)显示了弹性匹配算法的匹配结果。与线性匹配算法相比，弹性匹配对于全局偏移和局部位移均有更好的鲁棒性，进而能更直观地反映两个点序列的相似度[29]。用弹性匹配代替线性匹配，能使得间接触摸输入条件下的 top-1 正确率从 45.52%提升到 51.44%，直接触摸输入条件下的 top-1 正确率从 65.32%提升到 68.64%。间接触摸输入条件下的提升幅度更大，这与图 9-9(a)中所显示的"不精确第一落点"问题相符。因此，选择使用弹性匹配算法来说明间接触摸手势文本输入的可行性。

此外，实验二中线性匹配的正确率要比实验一中低(图 9-5)。我们推测有两个原因：①实验二的被试在手势输入方面的经验要少于实验一的被试(平均分数：2.1分对 2.6 分)；②不同的实验设计也可能会影响被试的行为。与实验一相比，实验二中的被试同时还会在直接触摸输入的条件下进行打字任务，这可能会鼓励他们在间接触摸输入的条件下打字更加放松。

在确定了采用弹性匹配算法之后，根据贝叶斯算法推导出语言模型。一个单词 W 相对于被试输入的轨迹 I 的分数为

$$B(W|I) = L(W) - \gamma S(W|I) \tag{9-3}$$

其中，$L(W)$ 是语料库中单词 W 的频率的负对数；$S(W|I)$ 是使用弹性匹配算法计算得出的空间距离；γ 是空间模型(相对语言模型)的权重。

通过模拟算法，求得使用三种不同的语言模型(字典模型、一元模型和二元模型)的正确率。这三种语言模型均使用了总计 10000 个单词的词库。字典模型仅启用空间模型，即 $L(W) = 0$。一元模型使用美国国家语料库中的单词词频。二元模型使用来自 Google Web 1T 5-gram 数据库的前 100 万个二元频率数据，并使用 Katz 回退模型[30]进行数据平滑。图 9-10 显示了模拟的结果(图中误差线为一倍标准差)，其目的是分析不同的语言模型以及输入模态对正确率的影响。其中，二元模型的 top-1 正确率在直接触摸条件下是 84.30% (标准差为 5.98%)，在间接触摸条件下是 77.69% (标准差为 6.46%)，相应的 top-5 正确率分别为 96.72%(标准差为 3.54%)

和 93.54% (标准差为 3.33%)，top-13 正确率分别为 97.98% (标准差为 2.84%)和 96.78% (标准差为 1.65%)。

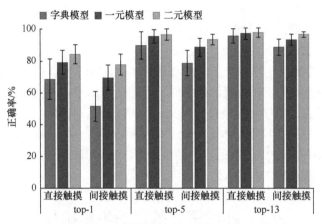

图 9-10　top-K 弹性匹配算法结合不同语言模型的模拟结果

3) 轨迹绘制速度

图 9-11 展示了在直接触摸条件和间接触摸条件下绘制一个轨迹的速度曲线。两个条件下的绘制速度曲线有相近的分布：在绘制的开头和结尾较慢，在绘制过程中间较快。推测其原因是被试对于起点和终点的视觉关注程度要高于其余位置[7]。间接触摸条件下的平均绘制速度(9.50 键宽/s)是直接触摸条件(15.29 键宽/s)下的 62.13%。推测这是因为在间接触摸条件下，被试需要在绘制时将运动空间和显示的键盘进行映射。根据刺激-响应相容性(stimulus-response compatibility)[31,32]，这一行为并不容易。

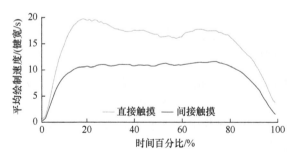

图 9-11　绘制轨迹期间的平均绘制速度

4) 准备时间

定义准备时间为从完成一次轨迹绘制到开始下一次轨迹绘制之间的时间间隔。间接触摸条件下的平均准备时间(平均值为 0.73s，标准差为 0.29s)显著地 ($F_{1,13} = 10.2$, $p < 0.01$, $\eta_p^2 = 0.44$)比直接触摸条件(平均值为 0.94s，标准差为

0.51s)下要短。这有三种可能的原因：①在两种条件下被试所期待的第一落点的精度不同；②在间接触摸条件下，被试仅使用肌肉记忆进行绘制，比直接触摸条件下的"搜索-定位"过程所需的时间更短；③胖手指(fat-finger)问题亦会影响直接触摸条件下的准备时间。

5) 句子输入时间

将输入一个句子的所有准备时间和轨迹绘制时间求和，得出该句的句子输入时间。间接触摸条件相比直接触摸条件，有着更短的准备时间但绘制轨迹的速度更慢。总体考虑，直接触摸条件下输入一个句子的平均时间是 11.12s(标准差为3.83s)，而间接触摸条件下输入一个句子的平均时间是 14.39s(标准差为 4.36s)，约为直接触摸条件的 130%。参照这一结果，可以估算出相比直接触摸输入的效率，间接触摸手势输入的文本输入效率是可以接受的。

9.3　补偿第一落点的不精确性

如前文所述，由于缺少视觉反馈，在间接触摸条件下绘制轨迹的第一落点的精确度很低。一个直接且直观的解决方案是：限制每个轨迹从同一个固定的起点开始。无论被试在开始绘制轨迹时手指按在触摸屏何处，光标始终从某个固定点出发开始绘制轨迹。每个单词的模板轨迹会添加一个前缀：假设固定的起点是"X"，则单词"the"的模板轨迹将会是"Xthe"。这种固定起点的方法完全消除了第一落点的不精确问题，但同时不可避免地增加了轨迹的长度以及不同单词模板轨迹之间的相似度。因此，接下来讨论如何选取合适的轨迹固定起点。

1. 轨迹长度

首先，考虑因固定起点而增长的轨迹长度。对于键盘上一个固定的起始点 s，其导致的轨迹长度加权量总和可用如下公式计算：

$$\text{IncreasedLength}(s) = \sum_{\text{key}=a,\cdots,z} \left\| \text{pos}_s - \text{pos}_{\text{key}} \right\|_2 \cdot f_{\text{key}} \tag{9-4}$$

其中，pos_s 和 pos_{key} 是起点 s 和字母 key 在键盘上的位置；f_{key} 是首字母为 key 的所有单词的词频之和。

图 9-12(a)为以每个按键作为起点时，手势长度增加部分占原手势长度的百分比(%)；图(b)为以每个按键作为起点时的手势区分度(键宽)。使得轨迹长度增加最少的起始点位于字母 G、T 和 F 之间，其相比于未使用固定起点时，增加的前缀长度占比约为原单词轨迹的 20.4%(10000 个词库的模拟结果，按词频加权)。

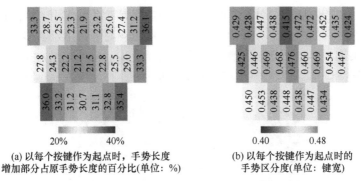

(a) 以每个按键作为起点时，手势长度
增加部分占原手势长度的百分比(单位：%)

(b) 以每个按键作为起点时的
手势区分度(单位：键宽)

图 9-12　不同手势起点时的手势长度与手势区分度

2. 轨迹分辨度

固定每个单词的模板轨迹从同一个点开始，会降低不同轨迹之间的分辨度(因为匹配算法并不能区分轨迹的哪些部分是新增的前缀，哪些部分是单词原本的轨迹)。举例来说，如果固定的起点设置在字母 T，则一些单词的模板轨迹会变得相近(如"tap"与"so")甚至完全相同(如"the"与"he"，"your"与"or")。使用轨迹分辨度(clarity)[21]来量化这一属性。轨迹分辨度为每个单词与其最相近的邻居单词的距离的平均值：

$$\text{clarity} = \sum_{w \in L} f_w d_w, \quad d_w = \min_{x \in L-w} \text{dist}(w, x), \quad \min_{w \in L} f_w = 1 \tag{9-5}$$

其中，L 是 10000 个单词的词库；f_w 是单词 w 的词频；d_w 是单词 w 的模板轨迹与其最相近的邻居单词的模板轨迹的距离。

轨迹分辨度越低，意味着单词之间的模板轨迹越相近，越难区分彼此。图 9-12 图(b)显示了结果。其中，使用"G"作为固定起点时的轨迹分辨度是最高的，为 0.476 键宽，相比不使用固定起点时的结果(0.543 键宽)约下降了 12%，这是可以接受的。为了与前人工作[21]保持一致，图 9-12 中所显示的是使用线性匹配算法的结果。使用弹性匹配算法的结果与之相似，且使用字母 G 作为固定起点依然有着最高的轨迹分辨度。

3. 改进手势键盘设计：G-键盘

字母 G 在轨迹长度和轨迹分辨度两个度量标准下都有着优异的表现。此外，字母 G 还位于键盘的最中央，有利于交互设计。因此，将轨迹的起点固定在字母 G。显示端上的光标将初始化在字母 G 上，且会在完成每次轨迹绘制后自动重置。在打字过程中，无论用户触摸输入屏幕何处，轨迹都会从"G"开始；随后，光标将随着用户手指的移动相对地进行移动。将这种设计命名为 G-键盘。相对地，在之前的实验中所使用的设计被命名为传统键盘。图 9-13 展示了两者的区别。

在使用 G-键盘时，字母 G 起到了一个空间参考系的作用。推测这将使得用户自发地在屏幕的中央部分开始绘制轨迹，从而在两侧留出足够多的空间来绘制轨迹。如果第一落点非常接近触摸屏的两侧，设计了一种交互方式：按住触摸屏边缘使光标持续地沿着之前的运动方向移动。

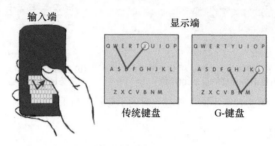

图 9-13　传统键盘与 G-键盘

9.4　间接触摸手势输入性能评测

在该实验中，评测用户在间接触摸条件下使用真实的键盘输入技术的输入效率。同时，还对比 G-键盘和传统键盘的输入性能和用户偏好：这两者代表了第一落点精度与轨迹长度/分辨度之间的权衡。

1. 实验设备

图 9-14 展示了本实验的实验环境。所使用的显示设备是一台 50in 的商用电视。输入设备是一台 4.3in 的手机，与前两个实验相同。被试坐在距离电视 1.5～2.5m 的椅子上进行文本输入。这一实验设置更接近真实的远端交互场景。

图 9-14　实验三的实验环境

2. 实验设计与任务

采用 2×2 混合因子实验设计(mixed factorial design),包含一个被试内因素,即键盘技术(传统键盘和 G-键盘)和一个被试间因素,即选词菜单(环形菜单和列表菜单)。

在该实验中,被试分别使用传统键盘和 G-键盘完成句子输入任务。我们指示被试准确、快速地输入。两种键盘技术均使用弹性匹配算法与二元语言模型来预测候选词。

两种选词菜单代表了不同的选词交互方式,如图 9-15 所示。环形菜单是一个两步过程:当绘制单词的轨迹完成后,会显示一个环形菜单,光标复位到正中央(图 9-15(a):在环形菜单中央释放光标将会替换一组候选词,但位于右侧着色区域的第一候选词(top-1)始终保持不变)。用户可以右滑来选取第一候选词(top-1),左滑来取消本次选词,或者滑向其他四个方向来选取对应的候选词(图 9-15(b):往六个方向滑动将进行/取消选词)。用户可以在环形菜单的中央圆圈区域释放光标来替换除了第一候选词之外的四个候选词。算法将会提供至多三组候选词,即最多共 $3 \times 4+1=13$ 个候选词。因为光标一开始就位于环形菜单中央,所以简单地点击一下触摸屏就可以更换候选词。环形菜单是一种非常适合 G-键盘交互设计的选择技术:两者的光标都会复位至键盘中央的字母 G 处。

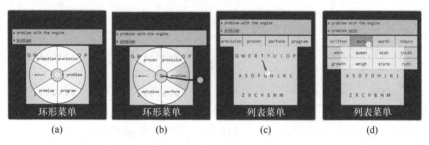

图 9-15 实验三中使用的两种选词方法:环形菜单和列表菜单

因为环形菜单可能有利于 G-键盘,同时使用另一种选词菜单方案——列表菜单,以便更公平地比较 G-键盘和传统键盘。列表菜单是大多数软键盘使用的默认选词方案。第一候选词会自动键入输入区域,候选词列表显示 top-2 到 top-5 的候选词(图 9-15(c):第一候选词(top-1)将自动键入)。如果光标在任意一个候选词上停留400ms,候选词列表将会展开成 3×4 的候选词面板(即 top-13)。用户可以在任意候选词上释放光标来选取该词(图 9-15(d):光标在任意候选词上停留将展开候选词面板)。

在使用环形菜单和列表菜单时,用户都可以左滑来取消/删除一个单词,右滑来确认输入一个单词/句子。

正如上文所述,选词菜单在本实验中是一个被试间因素,这样的设计能有效避免用户在先后使用不同的选词菜单时可能存在的对滑动手势不同的学习效果，进而最大化对于每种键盘技术本身性能测量的有效性。对于每种键盘技术，被试都将完成 4 组文本输入任务，每组包含 10 句从 MacKenzie 和 Soukoreff 短语集随机选出的句子。两种键盘技术的顺序在所有被试之间进行了平衡。在正式实验之前，被试会先进行 2min 的练习。在完成每组输入任务之后，被试会放下手机并适当休息。本实验持续 50～70min。在实验之后，被试要填写一份五级利克特量表以汇报自己的主观评价。

3. 被试

从校园里招募 24 名被试(7 名女性，17 名男性)，年龄在 20～27 岁，均为右利手。他们对 QWERTY 键盘的熟悉程度的平均值是 4.3(从 "1-差" 到 "5-优异")。被试对手势键盘的平均使用经验是 2.8，其中 8 名被试对手势键盘比较熟悉(评分>3)。根据被试对 QWERTY 键盘(平均值差值< 0.1)和手势键盘(平均值差值< 0.2)的熟练程度将 24 名被试均衡地分为两组，其中 12 名被试使用环形菜单，另外 12 名被试使用列表菜单。在实验结束后，给每位被试一定金额的报酬。

4. 实验结果

1) 文本输入速度

每句话的输入速度计算公式[8]如下：

$$WPM = \frac{|T|-1}{S} \times 60 \times \frac{1}{5} \tag{9-6}$$

其中，$|T|$ 是输入的字符串长度(字符数)；S 是输入这句话所花费的总时间。

图 9-16 展示了不同键盘技术和选词菜单的输入速度(图中误差线表示平均值的 95%置信区间)。G-键盘的输入速度显著高于传统键盘($F_{1,22} = 7.19$，$p < 0.05$，

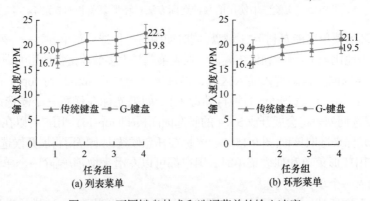

图 9-16　不同键盘技术和选词菜单的输入速度

$\eta_p^2 = 0.25$)。在输入 30 个句子后，G-键盘加上列表菜单的输入速度能达到 22.3WPM，明显优于文献[33]和[34]中的间接文本输入技术。

RM-ANOVA 的结果表明，任务组对所有 2×2 个输入条件的文本输入效率都有显著影响。对于传统键盘来说，使用列表菜单和环形菜单两种选词方案的输入速度在整个实验中提升了约 3.1WPM；而对于 G-键盘来说，环形菜单在实验开始时的表现略优于列表菜单，但其输入速度的提升(1.7WPM)要低于列表菜单(3.3WPM)。这是因为当 top-1 候选词就是用户想要输入的单词时，列表菜单支持用户跳过选词环节直接开始输入下一个动词。而环形菜单则要求用户进行确认(右滑选取)。这表明列表菜单对于滑动输入的专家用户而言有着更高的输入性能上限；不过环形菜单相对来说也有着更好的上手使用表现。

有手势键盘使用经验(评分>3)的被试在使用 G-键盘与环形菜单时的平均输入速度为 28.9~31.7WPM。因为在第一组任务就有着相当高的输入速度(28.9WPM)，所以用户应该可以轻松地将其直接触摸输入条件下的轨迹输入经验应用到间接触摸输入条件。传统键盘与环形菜单的相应数值为 21.9~26.9WPM，同样远高于所有用户的平均值。

2) 输入正确率

对于环形菜单和列表菜单，top-5 都为 top-1 加上 4 个可以直接访问选取的候选词；top-13 都为 top-1 加上 12 个可访问选取的候选词。如表 9-2 所示，G-键盘的正确率显著高于传统键盘的正确率(top-1: $F_{1,22} = 35.1$, $p < 0.0001$, $\eta_p^2 = 0.61$; top-5: $F_{1,22} = 46.6$, $p < 0.0001$, $\eta_p^2 = 0.68$; top-13: $F_{1,22} = 26.1$, $p < 0.0001$, $\eta_p^2 = 0.54$)。这一结果表明，G-键盘能有效地解决第一落点不精确的问题，且其相对降低的轨迹分辨度而言在输入正确率上起着更大的作用。

表 9-2　不同键盘技术和选词菜单的输入正确率　　　　　(单位: %)

键盘类型	top-1		top-5		top-13	
	列表菜单	环形菜单	列表菜单	环形菜单	列表菜单	环形菜单
传统键盘	69.66 (11.12)	69.21 (6.27)	87.89 (7.31)	87.81 (4.81)	92.89 (5.56)	93.50 (3.46)
G-键盘	76.05 (6.48)	76.88 (6.36)	91.74 (4.66)	93.98 (2.96)	95.92 (2.87)	97.09 (1.77)

本次实验中传统键盘的正确率比实验二(图 9-10)中的要低，其原因有两个。①本实验中的轨迹绘制速度的平均值为 11.96 键宽/s，比实验二中的要快 26%。这表明用户对输入的正确率比较满意，因此倾向于以更快的速度绘制轨迹。②在实验二中，被试会在犯错误时重做任务(重新输入本句)。而在本次实验中，被试犯错时可通过删除/取消来回退而非重新输入整句话，因此这些错误也会被统计并影响平均正

确率。

3) 文本输入错误率

以词为单位的平均未校正错误率(标准差)分别为: 传统键盘+列表菜单: 0.41% (标准差为 0.40%); 传统键盘+环形菜单: 0.23% (标准差为 0.31%); G-键盘+列表菜单: 0.27% (标准差为 0.41%); G-键盘+环形菜单: 0.08% (标准差为 0.18%)。所有条件下的未校正错误率都很低。RM-ANOVA 的结果显示, 键盘技术和选词菜单对未校正错误率均无显著作用。

如此低的未校正错误率意味着用户在打字过程中使用了删除、取消等操作纠正了输入错误。为了了解用户的纠正行为有多么频繁, 使用式(9-7)计算(以词为单位)纠正行为频率:

$$\text{Ratio} = \frac{N_{\text{cancel}} + N_{\text{delete}}}{\text{WordsCount}(T)} \tag{9-7}$$

其中, N_{cancel} 和 N_{delete} 分别是在输入一句话的过程中取消选词的次数和删除的次数; $\text{WordsCount}(T)$ 是输入的字符串 T 中的单词数。

四种条件下的平均纠正行为频率(标准差)分别为: 传统键盘+列表菜单: 19.56% (标准差为 15.61%); 传统键盘+环形菜单: 12.90% (标准差为 7.54%); G-键盘+列表菜单: 10.91% (标准差为 6.63%); G-键盘+环形菜单: 7.06% (标准差为 4.85%)。以 G-键盘+列表菜单为例, 用户大约每输入 10 个词会进行一次纠正操作(取消选词或删除)。传统键盘条件下的纠正行为频率要显著高于 G-键盘条件下的纠正行为频率($F_{1,22} = 19.1$, $p < 0.0005$, $\eta_p^2 = 0.46$), 这与两者之间的输入正确率差别(表 9-2)相符。另外, 列表菜单的纠正行为频率高于环形菜单, 但两者之间的差距并不显著($F_{1,22} = 2.20$, n.s., $\eta_p^2 = 0.09$)。

4) 用户行为

为了进一步了解用户是如何使用每种键盘技术和选词菜单的, 将用户在打字过程中的行为分为手势、准备、选词、取消和删除五类(表 9-3)。

表 9-3　实验三中每种用户行为的平均花费时间

(a)对比两种键盘技术: 传统键盘和 G-键盘

		传统键盘 花费时间/s	G-键盘 花费时间/s	RM-ANOVA		
				$F_{1,11}$	p	η_p^2
手势	列表菜单	1.73	1.76	0.04	0.852	0.004
	环形菜单	1.61	1.84	2.76	0.125	0.201
准备	列表菜单	0.95	0.82	7.07	0.022*	0.391
	环形菜单	0.62	0.51	10.85	0.007*	0.497
总计	列表菜单	2.68	2.58	0.39	0.547	0.034
	环形菜单	2.23	2.35	0.62	0.447	0.053

(b) 对比两种选词菜单:列表菜单和环形菜单

		列表菜单花费时间/s	环形菜单花费时间/s	RM-ANOVA		
				$F_{1,22}$	p	η_p^2
选词	传统键盘	1.92	1.15	50.27		0.696
	G-键盘	1.76	1.00	32.30	<0.0001*	0.595
取消	传统键盘	4.74	2.29	40.18		0.646
	G-键盘	4.17	1.93	45.74		0.675
删除	传统键盘	1.46	1.07	3.22	0.089	0.128
	G-键盘	1.54	1.45	0.11	0.739	0.005

*表示存在显著关系。

"手势"表示绘制轨迹所花费的时间。在开始绘制轨迹时,G-键盘的平均轨迹绘制速度(14.3 键宽/s)是传统键盘条件下(8.7 键宽/s)的 1.64 倍。因此,虽然在 G-键盘条件下需要绘制更长的轨迹(21%),但两者所花费的平均"手势"时间并没有显著差别。

"准备"是上一个行动结束到开始绘制下一个单词的轨迹之间的时间间隔。由于在 G-键盘条件下不需要定位首字母,它的"准备"时间要显著低于传统键盘条件。这一优势弥补了其在"手势"时间上的损失。环形菜单的"准备"时间同样显著低于列表菜单($F_{1,22}$ = 11.8, p <0.005, η_p^2 = 0.35)。

在选择候选词时,若用户最终选择了某个候选词,则这段时间会被记为"选词";若用户取消了这次选词,则这段时间会被记为"取消"。因为环形菜单在每次轨迹绘制后都会弹出选词环形菜单,因此在每次"手势"后必然会有一个"选词"或"取消"。而对于列表菜单而言,虽然"选词"花费的时间要多得多,但是在第一候选词(top-1)就是正确的目标单词时,"选词"就可以被跳过了。而"取消"表示用户打开了候选词面板但没选择任何候选词所花费的总时间。列表菜单的"取消"时间同样显著多于环形菜单的"取消"时间。由于存在这种时间差异,使用列表菜单的用户会在想输入的目标单词不在候选词列表(top-5)中时,直接删除刚键入的词而不去打开候选词面板(top-13):在列表菜单条件下,不打开候选词列表直接"删除"的总次数为 412;与之相对的,环形菜单条件下不更换环形菜单中的候选词而直接"取消"的总次数为 327(约少了 21%)。

5) 主观评价

图 9-17 显示了被试的主观评分,图中的"列表"和"环形"分别代表列表菜单和环形菜单,圆圈内的数字为该项的平均值。就如其中一名被试所说:"输入法应该易学好用",所有被试一致认为使用 G-键盘输入更省心也更准确。因此,

相比传统键盘被试们更喜欢 G-键盘。威尔科克森符号秩检验的结果表明，键盘技术对感知的速度($Z = -2.13$，$p < 0.05$，$r = 0.44$)、感知的正确率($Z = -3.27$，$p < 0.0005$，$r = 0.67$)和偏好程度($Z = -2.75$，$p < 0.005$，$r = 0.56$)均有显著影响。此外，相对于列表菜单被试更喜欢环形菜单，但两者之间的差别并不显著。

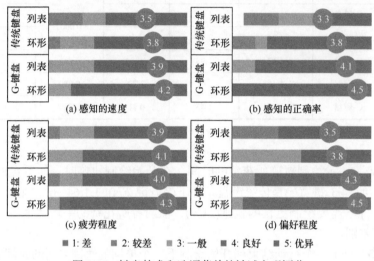

图 9-17　键盘技术和选词菜单的被试主观评分

6) 小结

本实验评测了间接触摸轨迹文本输入的两种输入技术和两种选词方案。简单概括每种技术与方案的特点如下：G-键盘有更高的输入速度、更高的正确率且更受用户喜爱；传统键盘输入的单词轨迹更短，具有更高的轨迹分辨度。列表菜单因自动键入第一候选词而拥有更高的输入性能潜力和更长的学习曲线；环形菜单更容易上手使用，选词和取消选词的速度更快。

我们先后递进地开展了三个用户实验来研究间接触摸输入模式下的手势键盘。在实验一中，测试了用户在使用不同形状的键盘时的打字表现，并发现单键宽高比为 1：3 的 32mm × 29mm 键盘有着最佳的表现。在实验二中，发现与直接触摸手势键盘相比，间接触摸输入有着相近的轨迹终点分布，但是在轨迹起点的精确度上差得多。针对此问题，提出了 G-键盘设计，即固定每次绘制轨迹时都从字母 G 开始。实验三的结果表明，G-键盘的输入速度可以达到 22WPM，并在输入速度、正确率和用户偏好等方面均胜过传统键盘。研究结果证明了间接触摸手势文本输入的可行性，并提供了包括键盘形状和选词方案在内的关于间接触摸手势键盘的设计指导。

参 考 文 献

[1] Camilleri M, Chu B, Ramesh A, et al. Indirect touch pointing with desktop computing: Effects of trackpad size and input mapping on performance, posture, discomfort, and preference//Proceedings of the Human Factors and Ergonomics Society Annual Meeting, 2012: 1114-1118.

[2] Gilliot J, Casiez G, Roussel N. Impact of form factors and input conditions on absolute indirect-touch pointing tasks//Proceedings of the SIGCHI Conference on Human Factors in Computing Systems, 2014: 723-732.

[3] Wolf K, Henze N. Comparing pointing techniques for grasping hands on tablets//Proceedings of the 16th International Conference on Human-computer Interaction with Mobile Devices, 2014: 53-62.

[4] Palleis H, Hussmann H. Indirect 2D touch panning: How does it affect spatial memory and navigation performance?//Proceedings of the 2016 CHI Conference on Human Factors in Computing Systems, 2016: 1947-1951.

[5] Zagermann J, Pfeil U, Fink D, et al. Memory in motion: The influence of gesture-and touch-based input modalities on spatial memory// Proceedings of the 2017 CHI Conference on Human Factors in Computing Systems, 2017: 1899-1910.

[6] Wang Y, Yu C, Liu J, et al. Understanding performance of eyes-free, absolute position control on touchable mobile phones//Proceedings of the 15th International Conference on Human-computer Interaction with Mobile Devices and Services, 2013: 79-88.

[7] Kristensson P O, Zhai S. Shark2: A large vocabulary shorthand writing system for pen-based computers//Proceedings of the 17th Annual ACM Symposium on User Interface Software and Technology, 2004: 43-52.

[8] Reyal S, Zhai S M, Kristensson P O. Performance and user experience of touchscreen and gesture keyboards in a lab setting and in the wild//Proceedings of the 33rd Annual ACM Conference on Human Factors in Computing Systems, 2015: 679-688.

[9] Quill L L, Biers D W. On-screen keyboards: Which arrangements should be used?//Proceedings of the Human Factors and Ergonomics Society Annual Meeting, 1993: 1142-1146.

[10] Lu Y Q, Yu C, Yi X, et al. BlindType: Eyes-free text entry on handheld touchpad by leveraging thumb's muscle memory//Proceedings of the ACM on Interactive, Mobile, Wearable and Ubiquitous Technologies, 2017,1(2):1-24.

[11] Vertanen K, Memmi H, Kristensson P O. The feasibility of eyes-free touchscreen keyboard typing//Proceedings of the 15th International ACM SIGACCESS Conference on Computers and Accessibility, 2013: 1-2.

[12] Zhu S W, Zheng J J, Zhai S M, et al. I'sFree: Eyes-free gesture typing via a touch-enabled remote control//Proceedings of the 2019 CHI Conference on Human Factors in Computing Systems, 2019: 1-12.

[13] Zhu S W, Luo T Y, Bi X J, et al. Typing on an invisible keyboard//Proceedings of the 2018 CHI

Conference on Human Factors in Computing Systems, 2018: 1-13.

[14] Yu N H, Huang D Y, Hsu J J, et al. Rapid selection of hard-to-access targets by thumb on mobile touch-screens//Proceedings of the 15th International Conference on Human-computer Interaction with Moblie Devices and Services, 2013: 400-403.

[15] Azenkot S, Zhai S. Touch behavior with different postures on soft smartphone keyboards//Proceedings of the 14th International Conference on Human-computer Interaction with Mobile Devices and Services, 2012: 251-260.

[16] Findlater L, Wobbrock J O, Wigdor D. Typing on flat glass: Examining ten-finger expert typing patterns on touch surfaces//Proceedings of the SIGCHI Conference on Human Factors in Computing Systems, 2011: 2453-2462.

[17] Dodge Y. Latin Square Designs. New York: Springer, 2008.

[18] MacKenzie I S, Soukoreff R W. Phrase sets for evaluating text entry techniques//Extended Abstracts on Human Factors in Computing Systems, 2003: 754-755.

[19] Alvina J, Malloch J, Mackay W E. Expressive keyboards: Enriching gesture-typing on mobile devices//Proceedings of the 29th Annual Symposium on User Interface Software and Technology, 2016: 583-593.

[20] Markussen A, Jakobsen M R, Hornbæk K. Vulture: A mid-air word-gesture keyboard//Proceedings of the SIGCHI Conference on Human Factors in Computing Systems, 2014: 1073-1082.

[21] Smith B A, Bi X J, Zhai S M. Optimizing touchscreen keyboards for gesture typing//Proceedings of the 33rd Annual ACM Conference on Human Factors in Computing Systems, 2015: 3365-3374.

[22] Yu C, Gu Y Z, Yang Z C, et al. Tap, dwell or gesture? Exploring head-based text entry techniques for HMDs//Proceedings of the 2017 CHI Conference on Human Factors in Computing Systems, 2017: 4479-4488.

[23] Kristensson P O. Discrete and Continuous Shape Writing for Text Entry and Control. Lunds: Lunds Universitet, 2007.

[24] Zhai S M, Kristensson P O. Shorthand writing on stylus keyboard// Proceedings of the SIGCHI Conference on Human Factors in Computing Systems, 2003: 97-104.

[25] Kristensson P O, Zhai S M. Relaxing stylus typing precision by geometric pattern matching//Proceedings of the 10th International Conference on Intelligent User Interfaces, 2005:151-158.

[26] Vintsyuk T K. Speech discrimination by dynamic programming. Cybernetics, 1968, 4(1): 52-57.

[27] Berndt D J, Clifford J. Using dynamic time warping to find patterns in time series//Proceedings of the 3rd International Conference on Knowledge Discovery and Data Mining, 1994: 359-370.

[28] Tappert C C. Cursive script recognition by elastic matching. IBM Journal of Research and Development, 1982, 26(6): 765-771.

[29] Salvador S, Chan P. Toward accurate dynamic time warping in linear time and space. Intelligent Data Analysis, 2007, 11(5): 561-580.

[30] Katz S. Estimation of probabilities from sparse data for the language model component of a

speech recognizer. IEEE Transactions on Acoustics, Speech, and Signal Processing, 1987, 35(3): 400-401.

[31] Proctor R W, Vu K P L. Stimulus-response Compatibility Principles: Data, Theory, and Application. Boca Raton: CRC Press, 2006.

[32] John B E, Rosenbloom P S, Newell A. A theory of stimulus-response compatibility applied to human-computer interaction//Proceedings of the SIGCHI Conference on Human Factors in Computing Systems, 1985: 213-219.

[33] Barrero A, Melendi D, Pañeda X G, et al. An empirical investigation into text input methods for interactive digital television applications. International Journal of Human-Computer Interaction, 2014, 30(4): 321-341.

[34] Ahn S, Heo S, Lee G. Typing on a smartwatch for smart glasses//Proceedings of the 2017 ACM International Conference on Interactive Surfaces and Spaces, 2017: 201-209.

第 10 章　空中裸手十指盲打

本章提出一种使空中裸手十指盲打成为可能的新型技术——ATK。首先通过用户实验研究用户在空中十指盲打的打字模式并建立手部运动模型，包括单指击键行为的运动学特征、不同手指间的协同运动，以及点击落点的三维分布。基于这些结果，提出一种概率化的点击检测算法，并且扩展 Goodman 的基本贝叶斯输入识别模型，以引入手指运动的信息和考虑多手指输入信号带来的歧义性。最终，通过包含 8 名被试和 4 个环节的用户实验评测 ATK 的效果。实验结果表明，使用 ATK 输入文本时，被试可以达到 23.0WPM 的输入速度，未修正单词级别错误率为 0.3%。在一定的练习之后，被试可以在保证正确率的前提下，将输入速度提升到 29.2WPM。结果证明，ATK 在输入速度和正确率方面都超过了已有的空中文本输入技术，第一次实现了已经提出数十年的交互概念。

10.1　ATK：空中十指盲打输入技术

ATK 是一种基于三维手部数据进行空中十指盲打文本输入的技术，可以与任何能追踪手指和手掌的传感器(如 Leap Motion)相结合。使用 ATK 输入文本的方法如图 10-1 所示，图(b)~(e)上方为屏幕内容，下方为手部的运动。图 10-1(a)为用户保持双手稳定 1s 以注册初始位置；图 10-1(b)为用户像在物理键盘上一样输入"our"；图 10-1(c)为用户点击左手拇指一次，以在候选词列表中选择"our"；图 10-1(d)为用户点击右手拇指以确认选择，同时会自动追加一个空格；图 10-1(e)为用户将右手从右向左滑动以删除整个单词。首先，用户将双手伸向前方，并且将他们放在一个想象的水平 QWERTY 键盘的中间行上。保持这个姿势 1s 后，系统将进入输入模式，同时将两个手掌的当前位置注册为初始位置。然后，用户就像在物理键盘上一样，在这个想象的空中键盘上进行十指盲打。系统每识别到一次点击，会发出点击的音效，同时候选词列表会显示与输入最相符的 5 个候选词。根据已有工作的报告，更多的候选词并不会带来明显的正确率提升[1]。默认情况下，候选词列表中的第一个词是被选中状态，用户也可以点击左手的拇指来循环地选择列表中其他的词。最终，用户点击右手拇指来确认选择，同时系统会在输入的单词之后自动追加一个空格。输入过程中，用户也可以将任意一只手从右向左挥动，以清空当前的输入或删除上一个输入的单词。

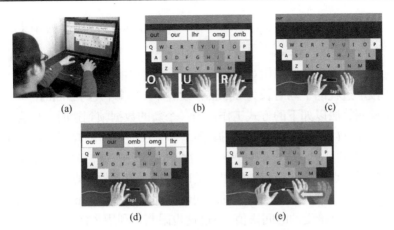

图 10-1　用户输入 "our" 的过程

算法 10.1 展示了 ATK 算法的流程。在每个数据帧到达时，它首先确认是否两只手都能被传感器追踪到。然后，手势(如手掌挥动和点击拇指)识别将在击键检测之前被执行。

算法 10.1　ATK 算法流程

```
procedure   onFrame(FrameData D)
    if   NumOfHands() == 2 then
        if   DetectGesture() != NIL then
            HandleGesture()
        else
        if DetectTap() == TRUE then
            ReconstructWord()
    return
```

由于手指之间存在协同运动，识别点击的主动手指比单检测击键行为要困难得多。为了在不受协同运动影响的情况下研究手部和手指的运动数据，我们将点击检测和手指区分两个问题分开，并分别解决。

1. 点击检测

在进行击键动作时，手指在按下阶段比在抬起阶段运动更快。因此，我们通过检测点击手指的相对 Y 坐标的下降沿来检测击键行为。为了检测点击(下降沿)，我们对已有工作中的峰值检测算法[2]进行调整，定义峰值函数为

$$S(i) = \begin{cases} \max(p_{i-k} - p_i, p_{i-k+1} - p_i, \cdots, p_{i-1} - p_i), & p_i \text{位于下降沿上} \\ 0, & \text{其他} \end{cases} \quad (10\text{-}1)$$

其中，p_i 是手指在第 i 帧的相对 Y 坐标；k 是帧窗口的大小。

由于按下过程的平均时长为 205ms，设置 $k = 20$ 帧(大约 200ms)。

点击检测算法以如下的方式工作：当一个新的数据帧到达时，检查所有八个手指的信号序列(我们单独处理两个拇指)。如果任何手指的峰值超过了预定义的阈值(后续会提到)，那么就认为发生了一次点击。进一步，为了避免误检测，算法在检测到一次点击后，会在一段很短的时间内拒绝其他的点击。Li 等[3]发现，在点击行为中，主动和被动手指运动之间的时间差很小(<40ms)。经验结果表明，200ms 是一个可以接受的时间阈值，不过这也限制了利用 ATK 进行文本输入的理论速度上限为 60WPM。

表 10-1 展示了从所有收集的点击数据中统计得到的，每个手指点击峰值的均值和标准差。我们发现不同手指的峰值大小有显著性差别($F_{3,105} = 63.4$，$p < 0.0001$)，这提示我们对不同的手指应该使用不同的阈值进行点击检测。

表 10-1　每个手指点击峰值的均值和标准差

参数	食指	中指	无名指	小指
均值	59.3	59.5	54.2	42.8
标准差	25.7	26.0	25.3	25

对每个手指分别设置点击检测的阈值。对每个手指 f，将它的点击检测阈值定为 $\text{thres}_f = \alpha \times \text{value}_f$，其中 value_f 是表 10-1 中该手指所对应的峰值，α 是一个收缩因子。如果 α 太大(如 1.0)，那么阈值就将太高，从而系统会拒绝大约一半的点击。然而，如果 α 太小(如 0.2)，那么系统又会变得过于敏感，从而检测正确率将会非常低。为了确定合适的 α 值，基于实验数据，测试不同 α 下的 F_1 值，该值是机器学习中广为使用的一个指标，定义为

$$F_1 = \frac{2TP}{2TP + FP + FN} \quad (10\text{-}2)$$

其中，TP、FP 和 FN 分别表示真阳性、假阳性和假阴性的数量。

图 10-2 展示了不同 α 下的 F_1 值。其中 $\alpha = 0.45$ 时 F_1 取到了最大值 0.969。表 10-2 展示了当 $\alpha = 0.45$ 时的混淆矩阵，其召回率与正确率分别为 96.7%和 97.0%，表明点击检测的效果是可信赖的。

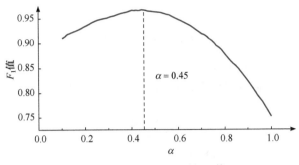

图 10-2　$\alpha \in [0.1, 1.0]$的 F_1 值

表 10-2　$\alpha = 0.45$ 时的混淆矩阵

	点击	非点击
检测到	2992	92
未检测到	101	—

2. 扩展的贝叶斯模型

在进行单词级别输入识别时，可以利用三方面的信息。①触发点击的手指序列信息本身对于单词消歧具有十分有用的信息量[4]。虽然确定性地识别出正确的手指序列有一定的困难，但计算可能的手指序列的概率，并用概率的方法进行单词级别纠错仍然是可能的。②不同字母的三维落点分布整体上满足QWERTY 布局。因此，落点的绝对坐标也可以被用来推断目标字母。③具有词频信息的语言模型可以有效地在大部分情况下提升单词级别输入的预测正确率[5]。

为了表述清晰，重新定义空中十指盲打时的单词级别输入识别问题：若一共检测到 n 次点击，每次点击包含 8 个手指的运动峰值和落点坐标，那么如何推断目标单词呢？ Goodman 等[5]提出利用贝叶斯方法进行输入识别的方法(见式(1-2))。然而，该公式中并没有显式地对手指的运动信息进行建模。与 Goodman 等的方法一样，在 ATK 算法设计中并没有考虑插入和删除错误，因而仅测试了与输入序列长度相同的单词。改进之处在于，当预测目标单词时，除了仅仅考虑落点的位置信息(I)之外，还引入手指的运动信息(D)，从而将计算结果变为 $P(W|I,D)$。

在描述算法之前，首先定义一些术语和符号。这里，$W = W_1W_2\cdots W_n$ 是在预定义的词典中长度为 n 的一个单词，W_i 是 W 的第 i 个字母。I 是一个 $8 \times n$ 的矩阵，I_{ij} 表示在点击字母 W_j 时，第 i 个手指的绝对坐标。$D \in \mathbf{R}^{8 \times n}$ 是一个手指运动信息的矩阵，D_{ij} 表示当点击字母 W_i 时手指 i 的运动峰值。I 和 D 的数值都在每次检测到点击时计算和更新。

根据贝叶斯理论，有

$$P(W|I,D) \propto P(W) \times P(I,D|W) \tag{10-3}$$

其中，$P(W)$是W在词典中的频率。

与文献[5]一样，假设每次点击是相互独立的，从而有

$$P(I,D|W) = \prod_{i=1}^{n} P(I_{\cdot i}, D_{\cdot i}|W_i) \tag{10-4}$$

其中，$I_{\cdot i}$和$D_{\cdot i}$分别表示I和D的第i列。

简单起见，假设$I_{\cdot i}$和$D_{\cdot i}$是相互独立的，从而有

$$P(I_{\cdot i}, D_{\cdot i}|W_i) = P(I_{\cdot i}|W_i) \times P(D_{\cdot i}|W_i) \tag{10-5}$$

可以发现，$P(I_{\cdot i}|W_i)$为落点空间位置的似然度；$P(D_{\cdot i}|W_i)$为手指运动信息的似然度。假设按照标准指法，W_i对应于手指 k，在计算$P(I_{\cdot i}|W_i)$时只考虑对应的坐标，则有

$$P(I_{\cdot i}|W_i) = P(I_{ki}|W_i) \tag{10-6}$$

考虑到手指之间的协同运动，在计算$P(D_{\cdot i}|W_i)$时，相比于仅仅考虑手指 k，有必要同时考虑同一只手的所有四个手指：

$$P(D_{\cdot i}|W_i) = \prod_{j} P(D_{ji}|W_i) \tag{10-7}$$

在用户实验中，分析每个按键对应的三维落点分布(图 2-15)，以及每个主动-被动手指组合的运动峰值(表 10-1 和图 2-14)。已有工作已经证明，在触摸屏软键盘上，对应于每个按键的落点分布满足二维高斯分布[5,6]。因此，对于每个字母，利用三维高斯分布来计算$P(I_{\cdot i}|W_i)$，并且对于每个手指，用一维高斯分布来计算$P(D_{\cdot i}|W_i)$。在实验采集到的数据上对这些假设进行验证。虽然数据没有通过所有的正态性测试，但是数据分布的直方图整体上符合高斯分布。

式(10-3)～式(10-7)组成了扩展贝叶斯模型。据我们所知，这是在基于有噪声的三维运动数据进行输入意图推理时，第一个考虑手指运动信息的概率模型。此外，该模型在概念上也可以适用于其他的文本输入技术，以通过利用手指序列的信息提升输入预测的效果(如在 Microsoft Surface[7]上进行十指打字)。

10.2　输入效果评测实验

到现在，我们已经基于对用户十指盲打行为的建模，设计了 ATK 的点击检测和单词级别输入识别算法。接下来通过第二个用户实验来评测 ATK 在实际使用中的效果。通过预备实验发现，虽然被试的输入速度在 6 个环节之后还在上升，但

是上升的趋势在 4 个环节后就有明显的减弱。因而，我们决定将实验数量限制为 4 个环节。

1. 被试

从校园招募了另外 8 名被试(称为 P0～P7)，平均年龄为 23 岁(标准差为 1.4 岁)。所有被试都能使用正确的指法进行十指盲打，并且全都没有参与过第一个用户实验。在 TextTest[8]测试中，被试在物理键盘上平均达到了 65.7WPM(标准差为 17.6WPM)的输入速度和 0.3%(标准差为 1.0%)的未修正错误率。每名被试将获得一定金额的报酬。

2. 实验设计

在本实验中，被试使用 ATK 来完成真实的文本输入任务。我们实现了前面描述的点击检测和单词级别纠错算法，并基于实验数据设计了拇指点击检测和手部挥动检测算法。我们基于美国国家语料库建立了语言模型，该数据是从超过 2200 万个书面美式英语单词中统计得来。我们选取了具有最高词频的 10000 个单词，根据文献[9]中的报告，这些单词足够涵盖超过 90%的常用文本。在实验中，被试总共完成 4 个环节的文本输入任务。在每个环节中，被试输入从 MacKenzie 短语集[10]中随机抽取的 15 个句子，需确保每个句子仅由语言模型中包含的单词构成。句子的示例如 "for your information only" 和 "he is just like everyone else"。

3. 实验流程

在测试之前，被试有 5min 的时间来熟悉 ATK 的使用方法。然后，被试完成 4 个环节的文本输入任务。被试被要求又快又准地输入，如果输入中出现错误，需要删除并且重新输入。每个环节完成之后，被试有 5min 的休息时间，同时对被试进行采访，以了解他们对于 ATK 的输入速度和正确率的感受，同时听取他们给出的任何建议。实验平均持续 1h，包含 8 名被试×4 个环节×15 个句子=480 个句子。

4. 实验结果

1) 输入速度

输入速度以 WPM 衡量。根据 MacKenzie 的方法[11]计算式为

$$\text{WPM} = \frac{|T|-1}{S} \times 60 \times \frac{1}{5}$$

其中，$|T|$是最终输入的字符串的长度；S 是这句话中从第一次到最后一次点击的

时间差(以秒为单位)，包括花在修改输入错误上的时间(如删除)。

　　与预期的一样，环节对于输入速度有显著的影响($F_{3,42} = 52.5, p < 0.0001$)。图 10-3 展示了每个被试在每个环节中的平均输入速度。被试在 4 个环节中，平均输入速度分别达到了 23.0WPM(标准差为 2.2WPM)、24.4WPM(标准差为 2.4WPM)、26.4WPM(标准差为 2.2WPM)和 29.2WPM(标准差为 2.3WPM)，在最后一个环节中，输入速度比第一个环节快了 27%。图 10-3 中的趋势表明，随着更多的练习，输入速度还有望进一步提升。

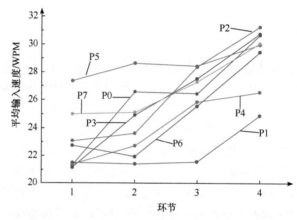

图 10-3　不同被试在每个环节中的平均输入速度

　　2) 单词级别正确率

　　由于被试在输入中可以修改错误，我们以未修正错误率作为输入正确率的评价指标。另外，由于 ATK 进行的是单词级别的预测，所以我们统计了单词级别的正确率，而不是字符级别正确率。将单词级别正确率定义为最终输入的句子中正确的单词与单词总数的比例。

　　整体而言，被试使用 ATK 的正确率非常高。在 4 个环节中，单词级别正确率分别为 99.7%(标准差为 0.5%)、99.6%(标准差为 0.6%)、99.6%(标准差为 0.6%)和 99.6%(标准差为 0.8%)。不同环节的正确率没有显著性的差别，表明输入的准确性很稳定。在实验过程中，被试倾向于主动纠正绝大部分的输入错误：在所有 480 个输入的句子中，469 句最终是完全正确的。Soukoreff 等[12]也在实验中发现了这个行为，他们得到的未修正错误率也与我们类似。

　　3) 交互行为统计

　　进一步分析被试使用 ATK 输入时的交互行为统计，如表 10-3 所示。其中，出现最频繁的交互操作是吻合，即输入一个单词并且确认为第一候选词(88.21%)。在 5.74%的操作行为中，被试选择了列表中其他的候选词。在 4.31%的操作行为中，可能是由于目标单词没有出现在候选词中，被试撤销了他们的点击行为(没有选词就进行了删除)。在 1.69%的操作行为中，被试删除了一个之前确认过的单词，以修正输入字符串中的错误。

在吻合类别中，61/2661 是不正确的，即被试选择了错误的单词。这可能是由于被试在没有进行确认的情况下就选择了第一个候选词，体现出被试对 ATK 的纠错能力很有信心。整体上，大约 86%的单词可以在不从候选词列表选词的情况下就准确输入(通过点击空格)。

在选择类别中，只有 1/174 是不正确的，这表明在选择候选词列表中非默认的单词时，被试会十分小心仔细。

撤销行为的比例(4.31%)比删除行为的比例(1.69%)高很多，这表明在大部分情况下，被试可以在选择单词之前就发现错误，并且撤销错误。我们注意到，被试的未修正错误率小于 0.5%，因而它再一次证明了被试在实验过程中有很强的修正错误的倾向，只在最后输入的字符串中留下很少的错误。

表 10-3 使用 ATK 输入时的交互行为统计(N=3016)

参数	吻合		选择		撤销	删除
	是	否	是	否		
数量	2600	61	173	1	130	51
比例/%	86.21	2.02	5.74	0.03	4.31	1.69

4) 采访反馈

我们汇总被试采访中的一些主观反馈。

虽然所有被试都是物理键盘的熟练用户，但是由于缺乏物理反馈，大部分被试一开始都不太习惯空中十指打字。然而，他们可以很快地学会这种打字方法。这也同时验证了我们的假设，即熟练的打字者可以将他们在物理键盘上的十指盲打经验转移到空中。

"一开始，我对空中打字没有信心。然而，随着练习，我可以很快地习惯使用 ATK，其中视觉和声音反馈对我的帮助都很大。"(P7)

虽然没有触觉反馈，但是被试可以在视觉和声音反馈的帮助下放松地输入。在实验中，被试对输入的速度和正确率都很满意。

"大部分情况下目标单词都出现在第一个候选，这太令人惊奇了，也让我能很放松地输入。在声音反馈的帮助下，我可以像在物理键盘上一样打字。"(P5)

在实验之后，一些被试甚至开始设想其他能使用 ATK 的场景。

"我很期待在 Oculus Rift 中使用 ATK 打字。当我使用智能电视时，使用 ATK 来输入节目名字也是一个有吸引力的选择。"(P3)

被试觉得挥动手掌的手势设计是自然的，但是删除单词的操作很明显地影响了输入的速度。

"我可以通过挥动手掌来删除单词，这非常自然。但与手指点击相比，这个手势太慢了。"(P4)

与大部分空中交互技术[13]类似，手臂的疲劳对于 ATK 也是一个比较明显的挑战。

"当我双手伸在空中打字时，我大约 10 分钟就会觉得疲劳。所以可能我不会用它(ATK)输入很长的文字。"(P2)

与很多带纠错功能的键盘技术[4]一样，只有在最后一个字母被输入之后，目标单词才会出现在候选词列表中，这可能为被试带来了额外的精神负担。

"我只有在输完整个单词后才会发现我打错了，这影响了我的输入速度。我希望 ATK 可以加入自动补全功能。"(P1)

本章探索了在空中进行裸手十指盲打文本输入的可能性，系统地研究了用户的空中十指盲打行为，包括手指击键行为的运动学特征、手指之间的协同运动，以及落点的三维分布，这些对于设计空中盲打的算法都是重要的因素。基于这些建模的结果，我们首先提出一种概率化的击键检测算法，然后通过扩展 Goodman 的经典贝叶斯模型以引入手指的运动信息，从而消除检测点击手指时的歧义性。用户实验评测结果显示，用户在一定的练习后可以达到 29.2WPM 的输入速度和很低的错误率(0.4%)。该结果证明了我们的假设，即虽然没有触觉反馈，但用户还是可以将物理键盘十指盲打的能力转移到空中。结果同时显示，虽然用户的空中打字行为数据中包含可观的输入噪声，但是通过结合语言模型、扩展先验知识的点击模型和多输入信号融合的贝叶斯算法，我们仍然能够有效地推断出用户的输入意图。

参 考 文 献

[1] MacKenzie, I S, Chen J, Oniszczak A. Unipad: Single stroke text entry with language-based acceleration//Proceedings of the 4th Nordic Conference on Human-computer Interaction, 2006: 78-85.

[2] Palshikar G. Simple algorithms for peak detection in time-series//Proceedings of the 1st International Conference Advanced Data Analysis, Business Analytics and Intelligence, 2009: 1-13.

[3] Li Z M, Dun S C, Harkness D A, et al. Motion enslaving among multiple fingers of the human hand. Motor Control, 2004, 8(1): 1-15.

[4] Li F C Y, Guy R T, Yatani K, et al. The 1line keyboard: A QWERTY layout in a single line//Proceedings of the 24th Annual ACM Symposium on User Interface Software and

Technology, 2011: 461-470.

[5] Goodman J, Venolia G, Steury K, et al. Language modeling for soft keyboards//Proceedings of the 7th International Conference on Intelligent User Interfaces, 2002: 194-195.

[6] Azenkot S, Zhai S M. Touch behavior with different postures on soft smartphone keyboards//Proceedings of the 14th International Conference on Human-computer Interaction with Mobile Devices and Services, 2012: 251-260.

[7] Findlater L, Wobbrock J O, Wigdor D. Typing on flat glass: Examining ten-finger expert typing patterns on touch surfaces//Proceedings of the SIGCHI Conference on Human Factors in Computing Systems, 2011: 2453-2462.

[8] Tinwala H, MacKenzie I S. Eyes-free text entry with error correction on touchscreen mobile devices//Proceedings of the 6th Nordic Conference on Human-Computer Interaction: Extending Boundaries, 2010: 511-520.

[9] Nation P, Waring R. Vocabulary size, text coverage and word lists//Schmitt N, McCarthy M. Vocabulary: Description, Acquisition and Pedagogy. Cambridge: Cambridge University Press, 1997: 6-19.

[10] MacKenzie I, Scott R, Soukoreff W. Phrase sets for evaluating text entry techniques//Extended Abstracts on Human Factors in Computing Systems, 2003: 754-755.

[11] MacKenzie I S. A Note on Calculating Text Entry Speed. Toronto: York University, 2002.

[12] Soukoreff R W, MacKenzie I S. Metrics for text entry research: An evaluation of MSD and KSPC, and a new unified error metric//Proceedings of the SIGCHI Conference on Human Factors in Computing Systems, 2003: 113-120.

[13] Hincapié-Ramos J D, Guo X, Moghadasian P, et al. Consumed endurance: A metric to quantify arm fatigue of mid-air interactions//Proceedings of the SIGCHI Conference on Human Factors in Computing Systems, 2014: 1063-1072.

第 11 章　基于智能指环的泛在表面十指盲打

人机交互中手势指的是点击、长按、滑动等人向计算机表达多样性意图的交互动作。作为最有前景的智能终端之一，头戴式显示设备(如混合现实、虚拟现实头盔)的手势交互急需改进，现有的头戴式显示设备主要支持头动手势[1]、空中手势[2]。然而，基于头动和空中点击的手势交互会导致人的疲劳，不利于长时间连续交互。相比之下，触摸手势具有更高的交互效率和主观用户体验。

为满足指环触摸交互技术的高效能需求，本章提出以指环为载体的高准确低延迟泛在表面触摸检测。高准确、低延迟是该技术与先前研究的主要区别，该技术的检测正确率超过 99%，延迟低至 10ms，而人无法在触摸交互中察觉到 10ms 的延迟，因此该技术在延迟上提供了最佳的用户体验。

基于指环上的触摸手势识别方法，本章拓展实现指环上的文本输入方法，并将其命名为智能打字指环。作为最复杂、最快速的触摸交互任务之一，文本输入可以综合地评测触摸手势识别的可用性。如图 11-1 所示是智能打字指环的交互流程，这是一种基于六轴惯性传感器指环的泛在表面文本输入技术。智能打字指环适用于任何类似桌面的交互表面，交互表面要求是刚体的、平坦的且足够宽敞，至少需要能够容纳一个手机的大小。用户通过触摸泛在交互表面键入字符，并从单词推荐列表中选中所需的单词。在使用过程中，用户将惯性传感指环佩戴在食指的第二指骨上，并通过外部显示器(如混合现实头盔、增强现实头盔、智能电视)接收视觉反馈。用户将手腕轻放在交互表面上，想象其食指可触及区域内有一个二十六键键盘，然后用食指打字。用户无法在交互表面上看到键盘布局，而是凭借对二十六键布局的记忆来打字。软件系统通过惯性传感指环的信号检测触摸，并根据指环在手指连续几次触摸中的方向预测用户所需的单词。

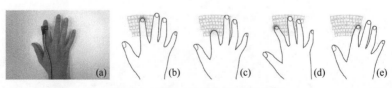

图 11-1　智能打字指环的交互流程

11.1　基于 FTM 模型的触摸检测

本书提到，FTM 模型为触摸检测提供了完整的判断依据。模型指出，触摸运动过程由两部分构成：手指的向下运动和瞬停。基于上述规律，本节将介绍 FTM 模型下的触摸检测。

11.1.1　触摸检测算法

基于 FTM 模型的触摸检测适用于运动传感信号，包括位移、速度和加速度信号。其中，基于摄像头的视觉方法可传感位移信号，惯性传感器可收集加速度信号。本章所提出的混合现实头盔加上惯性传感指环的系统可以获取触摸运动的位移和加速度信号，可用于支持低延迟触摸检测。本节将分三种传感信道的情况讨论 FTM 模型如何指导触摸检测，这三种情况分别是：①仅有位移传感信号；②仅有加速度传感信号；③融合位移和加速度传感信号。

(1) 若仅有位移传感信号：在追踪手指的过程中，设当前时刻的时间为 t_{now}，利用 50ms 时间窗口 $t \in \left[t_{\text{now}} - 60, t_{\text{now}} - 10 \right]$ 内的位移信号拟合无约束运动方程

$$x(\tau) = x_0 + (x_1 - x_0)\left(6\tau^5 - 15\tau^4 + 10\tau^3 \right)\left(\tau = \frac{t}{t_1} \right)$$，使用信赖域方法[3]进行拟合。值

得注意的是，此处不使用最近 10ms 内的位移信号，因为此刻触摸可能已经发生了，最近极短时间内的位移信号可能本就不符合方程。若成功拟合出触摸运动方程，则说明此时手指正处于无约束地向下运动过程，需要进一步观察手指是否发生瞬停。若当前位移测量值 $x_m(\tau_{\text{now}})$ 与运动方程的预测值 $x(\tau_{\text{now}})$ 相差超过三倍标准误差，则可判定触摸已经发生。

若在成功拟合无约束运动方程后，始终不发生上述公式所述情况，说明人的手指做出了空中点击的动作，而非真正的触摸点击。由此可见，基于 FTM 模型的技术不仅能准确检测触摸，还能有效避免将空中动作误识别为触摸。实验表明，触摸瞬间手指速度的经典值为 0.15m/s，若位移传感信号的标准误差为 0.5mm，则根据上述公式，触摸检测的延迟为 10ms 左右。

(2) 若仅有加速度传感信号：在记录手指加速度的过程中，设当前时刻的时间为 t_{now}，用 $t \in \left[t_{\text{now}} - 60, t_{\text{now}} - 10 \right]$ ms 时间内的加速度信号拟合无约束运动的加

速度方程 $a(\tau) = (x_1 - x_0)\left(120\tau^3 - 180\tau^2 + 60\tau \right)\left(\tau = \frac{t}{t_1} \right)$，使用信赖域方法进行拟

合，若拟合成功，则说明此时手指正处于无约束运动过程中，需要进一步观察手指是否发生瞬停。若当前加速度测量值 $a_m(\tau_{\text{now}})$ 与运动方程的预测值 $a(\tau_{\text{now}})$ 相差

超过三倍标准误差，可判定触摸已经发生，即

$$\left| a_m\left(\tau_{\text{now}}\right) - a\left(\tau_{\text{now}}\right) \right| > 3\sigma_a \tag{11-1}$$

由于触摸运动的位移方程在触摸瞬间 $t = t_c$ 不可导，式(11-1)揭示此时的加速度无限大。但实际上，手指不是理想的刚体，所以加速度不可能是无限大，而仅仅是相当大。若惯性传感器紧贴在食指的第一关节骨上，它的加速度会在碰撞发生后的 10ms 内达峰值。式(11-1)往往在加速度信号达到峰值前就成立了，因此触摸检测的延迟应为 10ms 以内。

(3) 融合位移和加速度传感信号：若同时有位移信号和加速度信号，可以融合两种信号，在保持正确率不变的情况下降低触摸检测的延迟。在当前时刻 t_{now}，位移信号服从正态分布 $N\left(x\left(\tau_{\text{now}}\right), \sigma_x\right)$，设位移信号的概率密度函数为

$$f_x\left(x_m\left(\tau_{\text{now}}\right)\right) = \frac{1}{\sqrt{2\pi}\sigma_x} \exp\left(-\frac{\left(x_m\left(\tau_{\text{now}}\right) - x\left(\tau_{\text{now}}\right)\right)^2}{2\sigma_x}\right) \tag{11-2}$$

同理，设加速度信号误差的概率密度函数为 $f_a\left(a_m\left(\tau_{\text{now}}\right)\right)$，则有

$$\int_{\left|x_m\left(\tau_{\text{now}}\right) - x\left(\tau_{\text{now}}\right)\right| < 3\sigma_x} f_a\left(x_m\left(\tau_{\text{now}}\right)\right) > 99.7\% \tag{11-3}$$

$$\int_{\left|a_m\left(\tau_{\text{now}}\right) - a\left(\tau_{\text{now}}\right)\right| < 3\sigma_x} f_a\left(a_m\left(\tau_{\text{now}}\right)\right) > 99.7\% \tag{11-4}$$

由于卡尔曼滤波已经有效利用位移信号和加速度信号的互信息降低误差，此时可认为位移与加速度的误差相互独立，因此下述公式成立时可判定触摸已经发生，即

$$\int_{\frac{\left|x_m\left(\tau_{\text{now}}\right) - x\left(\tau_{\text{now}}\right)\right|^2}{\left(3\sigma_x\right)^2} + \frac{\left|a_m\left(\tau_{\text{now}}\right) - a\left(\tau_{\text{now}}\right)\right|^2}{\left(3\sigma_a\right)^2} < 1} f_x\left(x_m\left(\tau_{\text{now}}\right)\right) f_a\left(a_m\left(\tau_{\text{now}}\right)\right) > 99.7\% \tag{11-5}$$

简化以上公式得到，当下述公式成立时可判定触摸发生，即

$$\frac{\left|x_m\left(\tau_{\text{now}}\right) - x\left(\tau_{\text{now}}\right)\right|^2}{\left(3\sigma_x\right)^2} + \frac{\left|a_m\left(\tau_{\text{now}}\right) - a\left(\tau_{\text{now}}\right)\right|^2}{\left(3\sigma_a\right)^2} > 1 \tag{11-6}$$

综合上述形式化分析，基于触摸检测算法可以概括为以下两个步骤。

(1) 首先判断手指是否处于向下运动过程。利用 50ms 时间窗口内的信号拟合触摸运动方程，若拟合成功，说明手指正在向下运动。

(2) 在确认手指处于向下运动过程后，时刻关注手指是否发生瞬停。判断测量信号与触摸运动方程预测值之间是否差距过大，若相差超过标准误差的三倍，则说明触摸已经发生。

上述流程的计算量比机器学习方法稍大，主要的运算量来自实时对触摸运动方程进行拟合。在计算性能一般的机器中，也可以先用偏向高召回率的机器学习方法进行快速判断，如果判定为触摸发生，再用本节方法进行二次判断以提高精确率。本章的实验数据既包含基于视觉的位移信号，也包含基于惯性传感器的加速度信号，理论上可用式(11-6)融合两种信号检测触摸。但考虑到本章的初衷是探索指环触摸检测，在接下来的评测实验中，本技术只利用指环上的加速信号，使用式(11-1)检测触摸。

从式(11-6)可以看出，在基于模型的触摸检测中，正确率和延迟是此消彼长的关系：公式中的三倍标准差对应 99.7% 的理论精确率，虽然从公式中无法预测触摸检测的召回率，但是由于手指瞬停产生的位移和加速度变化很大，其测量值和触摸运动方程预测值之间的差总是在有限的时间内超过标准误差的三倍，所以该触摸检测方法的召回率也是能够保证的。该触摸检测中对正确率或延迟的优化力度是可以调整的，例如，若将标准差的倍数调整为 2.5 倍，则理论正确率会下降至 98.8%，但相应地，上述公式成立的时间也会更早，对应更低的检测延迟。为了在正确率和延迟两者的平衡中找到最有益于用户体验的解，可以适当调整标准差的倍数，使得在延迟低于人可察觉阈值的前提下，尽可能地提高检测的正确率。在接下来的评测实验中，本技术采用的是三倍标准差。

11.1.2　触摸检测算法性能评测

本节通过用户实验评测本章所提出的触摸检测算法，实验共对比了三种不同的触摸检测方法，分别是：①基线(baseline)技术，即先前研究中基于视觉的触摸检测算法[4]；②基于机器学习的触摸检测算法；③基于 FTM 模型的触摸检测算法。为了让上述技术在尽可能苛刻的条件下接受评测，实验者选取了一款名为"别碰白键"的游戏作为实验的交互任务，该游戏要求被试尽可能快速地连续触摸点击。

1. 实验设计和过程

从校园中招募 12 名被试(3 名女性，9 名男性)，被试的年龄从 20 岁到 28 岁不等，平均年龄为 23.2 岁。这一批被试未参与过之前的任何一个用户实验。实验共分为两大部分，被试分别在水平的桌面和垂直的墙面上进行游戏。每一部分实验又包含三个阶段，每个阶段采用不同的触摸检测算法。采取组内实验设计，即每一名被试都要使用不同的触摸检测算法进行实验，为了避免学习效应，实验者采用拉丁方来平衡不同触摸检测算法的实验顺序。

实验中，被试佩戴惯性传感指环，同时，在头上佩戴手型追踪摄像头 Leap Motion。被试将指环佩戴在食指第一关节上，通过最常用的触摸姿态，即食指指腹点击进行触摸交互。如图 11-2 所示，本实验在一个显示器上展示了"别碰白键"这款游戏，同时也在游戏中渲染了被试的虚拟手，显控比为 1∶1。"别碰白键"这款游戏的目标是尽可能快速地通过触摸来点击从屏幕顶部出现的黑色按键，同时避开白色按键。每点中一个黑色按键，新一行的按键就会从屏幕的顶部弹出；如果被试不慎点中了白色按键，屏幕就会闪烁一秒以报告错误。游戏中，被试需要点击 100 个黑色按键来完成游戏，游戏的目标是尽快点击完这 100 个黑色按键。

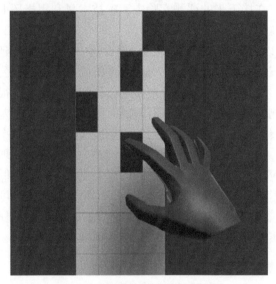

图 11-2　触摸检测评测实验任务

本实验的总时长为 20min，通过触摸检测的正确率、延迟，以及被试完成任务的时间来评价三种不同触摸测试技术的性能。

2. 实验结果

表 11-1 展示了实验的评测结果，括号中的数值为标准差。在检测正确率(F_1 综合评价指标)方面，方差分析表明，无论是基于 FTM 模型的触摸检测（$F_{1,11}=87.9, p<0.001$），还是基于机器学习的触摸检测（$F_{1,11}=53.6, p<0.001$），都显著优于先前研究中基于视觉的触摸检测。通过分析视觉方法中的错误案例能发现，本实验的交互任务要求被试连续快速触摸，基于视觉的触摸检测不能很好地处理这种情况，例如，基于视觉的触摸检测认为手指离开交互表面超过 15mm 才算一次触摸动作完成，但在连续快速触摸任务中，连续两次触摸之间被试的手指可能从未离开交互表面超过 15mm，这影响了对下一次触摸的检测。而对本章所

提出的两种触摸检测进行比较,基于 FTM 模型的触摸检测的正确率超过 99%,显著高于基于机器学习的触摸检测的正确率($F_{1,11}=5.6,p<0.05$)。数据分析发现,这一差异主要来源于对于较轻的触摸的检测,基于 FTM 模型的触摸检测更准确,这是因为基于 FTM 模型的方法更好地利用了触摸之前手指向下运动的信息。

表 11-1　各触摸检测算法的性能

参数	基于视觉	基于机器学习	基于 FTM 模型
正确率/%	85.42(10.42)	98.62(2.50)	99.32(0.74)
召回率/%	84.08(9.42)	98.61(1.33)	99.17(0.88)
任务完成时间/s	44.30(19.19)	35.74(13.69)	36.21(14.82)
检测延迟/ms	5.48(15.07)	9.11(3.41)	9.02(3.16)

在被试完成实验任务的时间方面,方差分析表明,基于 FTM 模型的触摸检测($F_{1,11}=7.9,p<0.05$)和基于机器学习的触摸检测($F_{1,11}=8.3,p<0.05$),都显著优于先前研究中基于视觉的触摸检测。这是因为在基于视觉的触摸检测中,过高的检测错误率让被试经常需要纠正错误,延误了完成任务的时间。而在本章所提出的两种触摸检测的比较中,被试完成任务的时间没有显著性差异。

在检测延迟这方面,基于机器学习或基于 FTM 模型的触摸检测的延迟都稳定在 10ms 以内。而基于视觉的触摸检测的延迟非常不稳定,从表 11-1 可以看到,基于视觉的触摸检测的延迟平均值为 5.48ms,但是其标准差高达 15.07ms。有的时候基于视觉的触摸检测甚至会提前汇报触摸事件,导致负延迟的情况,这是因为基于视觉的触摸检测规定,当手指与交互表面下降到 10mm 阈值以下时,即报告触摸事件。采访被试发现,没有被试能在基于机器学习或 FTM 模型的触摸检测下察觉到延迟的存在,但在基于视觉方法的触摸检测中,则能明显感受到延迟忽快忽慢。

综合上述实验结果,基于 FTM 模型的触摸检测具有很高的检测正确率,显著高于先前研究,也显著高于基于简单机器学习的方法。而在检测延迟方面,基于 FTM 模型的触摸检测也显著优于先前研究。这说明,指环上的高正确率、低延迟触摸检测具有很好的实用前景。

11.2　智能打字指环的交互设计

本节首先介绍智能打字指环的交互设计,包括硬件配置、键盘布局和交互流程;然后,再介绍设计准则,即为什么要采取交互设计。在硬件上,智能打字指环是嵌入了六轴惯性传感的智能指环,交互时用户将指环佩戴在食指第二指骨上。如图 11-1 所示是智能打字指环的交互流程:用户将手腕放在桌子上,想象在其食指可触及区域内有一个 QWERTY 26 键键盘。用户不能真的在桌面上看到一个 26 键的键盘布局,而是凭借想象判断 26 个英文字母按键的位置,本节将此键盘布局称为想象键盘。用户通过额外的显示设备来查看键盘布局。为了减少用户定位想象键盘上每个字母位置的认知负担,键盘的 26 个按键被设计成占满了食指的整个可触及区域,图 11-1 中的(b)~(e)展示了想象键盘的边界:第一排键位于食指指腹的最远触摸范围上;第三排键位于食指指尖轻敲的位置上;键盘的左右边界刚好在用户转动手腕时食指能够轻松够到的范围内。

1. 键盘布局

用户从外部显示器(如增强现实头盔、显示器或智能电视)观看如图 11-3 所示的键盘布局作为视觉反馈,其中第一候选词是最有可能的候选词。键盘由 26 键布局图和候选词选择区域组成。26 键布局图的作用是提醒不会盲打的用户 26 个字母按键所在的位置。在文本输入的过程中,系统将始终预测当前输入序列对应的前五名候选词,显示在候选词选择区域上,从左到右的候选词排序是第四名、第二名、第一名、第三名、第五名。也就是说,最有可能的候选词是放在中间的,次有可能的候选词放在两边,这一设置旨在节省选择单词所需的时间。在文本输入的过程中,用户可以将注意力集中在显示器上,而不需要将注意力放在自己的手上。

图 11-3　智能打字指环的键盘布局

2. 交互流程

用户按以下步骤输入单词。

(1) 在想象的 26 键键盘上按顺序点击所想单词的各个字母。

(2) 长按 200ms 触发候选词选择功能,先不抬起手指,这时在第一名候选词上会出现一个光标。

(3) (可选)若第一名候选词不是想要的单词，通过左右滑动控制光标选择其他单词。当指环沿着竖直轴旋转 7.5°时，光标移动一格。

(4) 抬起手指选中光标所在的候选词上屏。

用户通过左滑手势删除单词。与许多其他依赖智能联系的文本输入技术一样[1,5,6]，如果用户所需单词不在候选词列表中，用户需要删除错误的单词，并重新输入。在使用智能打字指环输入文本时有一个限制，由于指环上的惯性传感器只能传感食指的指向，但不能传感手指的平移，用户需要将手腕放在交互表面上不要平移，只通过转动手腕来触及不同的按键。只有有了这个约束，惯性传感指环才可能区分同行不同列的键位。用户需要一些时间来适应这一要求，本章将在后面讨论熟悉阶段的学习效应。

3. 设计准则

本节将讨论智能打字指环的设计准则，即对本技术的交互设计细节做出解释。以下讨论可能会涉及打字行为数据收集实验的结论，该实验收集并分析了用户的打字数据，读者可以在本章后续内容中分析相关信息。

(1) 为什么使用长按、滑动等触摸手势选词和删除单词，而不使用按钮？在智能打字指环的键盘布局中，26 个键已经占满了整个食指的可触及区域，因此，没有额外的空间来安放用于选词的数字按钮和删除单词按钮。首先，这一设计降低了用户在定位所想字母时所需要的认知负担，例如，因为在 26 键的上方没有数字按钮，所以用户在输入键盘中第一行的字母时，只需将手指尽可能伸直，而无须担心手指点中了数字按钮；其次，这一设计提高了单词联想的正确率，因为先前研究已经证明，小屏幕文本输入中键盘布局越大，单词联系的正确率也越大[7]。

(2) 为什么可选的候选词是五个？一方面，如果候选词较少，则用户想要的词很有可能未出现在候选词列表中。根据对打字行为数据集的分析，单词解码器将用户所需单词排在候选词前五名的概率为 97.5%，而排在前三名的概率仅为 93%。如果用户所需单词不在候选词列表中，用户只能重新输入，影响打字效率。另一方面，如果候选词较多，用户在选词过程中，可能会因为对手指指向控制不够准确而选错单词。综合上述原因，五个候选词是交互效率最高的选择。

(3) 为什么选词过程中，手指旋转 7.5°对应光标移动一格候选词？对打字行为数据集的数据分析显示，被试手腕舒适的左右旋转角度在 30°左右，因此，智能打字指环将候选词区域中的五个格子映射到-15°、-7.5°、0°、7.5°和 15°的旋转角度上。

(4) 为什么将智能指环佩戴在食指第二指骨上？为什么要求用户在打字的时候手腕不能平移？首先，这两条约束性的交互设计对于智能打字指环的单词联想来说是必需的, 智能打字指环的工作原理是将惯性传感指环的方位角(偏航角和俯仰角)映射到键盘布局的 X 轴和 Y 轴上。如果将智能指环佩戴在食指第一指骨上, 用户打字过程中无论手指点击哪一行, 智能打字指环的俯仰角都不会发生很大的变化, 因此指环信号不能提供用户点击了哪一行字母的有效信息; 如果用户在打字过程中通过手腕左右平移来点击不同列上的字母, 则智能打字指环的偏航角不会发生很大变化, 无法提供用户点击了哪一列字母的有效信息。其次, 这两条约束性的交互设计对用户的主观体验而言尚可接受。通过指环佩戴位置主观喜好程度调研发现, 智能指环最被用户接受的佩戴位置是手指的第一指骨, 其次就是第二指骨。手腕不允许平移的设计也是可以接受的, 后续实验表明, 手腕左右旋转在 30°的范围内是舒适的。

11.3　智能打字指环的解码器设计

11.3.1　建立打字行为数据集

本节通过实验建立被试的打字行为数据, 用以设计文本输入单词解码器。在使用智能打字指环输入文本时, 用户不能在泛在表面上看到键盘布局, 而是需要回忆平时打字时每个字母的键位, 在桌面上想象一个键盘来打字。本实验通过收集用户打字的数据来确定想象键盘的空间位置参数, 并观察被试的打字行为。

1. 实验设计和过程

从校园中招募 12 名被试(其中 4 名女性, 8 名男性), 被试的年龄从 19 岁到 29 岁不等, 平均年龄为 23.67 岁, 标准差为 3.14 岁。以上被试均未参与过之前的用户实验。在正式实验开始前, 有一个简短的熟悉阶段。首先向被试介绍想象键盘的概念, 特别是向被试介绍清楚想象键盘的边界(如图 11-1 中(b)~(e)所示)。然后, 被试按顺序键入从 A 到 Z 26 个英文字母, 以熟悉自己心中想象键盘中每个按键的位置。通过平移手腕而不是旋转手腕来打字是智能打字指环的用法中禁止的, 但时常被被试忽略, 因此, 在熟悉阶段中要纠正被试平移手腕的问题。熟悉阶段的时长大约为 5min, 实验由五个重复的步骤组成。在每段实验中, 被试需要誊写 10 个短句, 这些短句是从 MacKenzie 短语集[8]中随机抽取的。

如图 11-4 所示, 被试佩戴惯性传感指环在一张普通桌子上打字, 通过一个显示器接收视觉反馈。被试坐在可调节的座椅上进行实验, 可将椅子调整到最舒适的高度和角度。一台显示器中展示了用户界面, 包括 26 键键盘的布局、任务中要求誊写的句子, 以及已经输入的单词。被试佩戴智能打字指环, 在一张普通的桌子上打字, 要求被试尽可能又快又准地誊写短句。在本实验中, 系统还没有单词解码器，被试不能真的按自己的意愿输入单词：无论被试如何打字，系统都将始终显示正确的字符。但是，如果被试主观上发现自己打错了，则应该纠正正在输入的短句。之前也有研究[9-11]采用相同的方法来收集理想的打字行为数据。实验中，被试将视觉注意力集中在显示器上，而不是自己的手部。整个实验的时长约为 1h。

图 11-4　建立打字行为数据集的实验设置

2. 数据处理

智能打字指环的基本思想是通过惯性传感指环的方位角来预测被试想要输入的单词。惯性传感器的俯仰角和偏航角对单词解码器来说有用：①俯仰角(Pitch)指手指指向与水平面的夹角，当被试在想象键盘上点击位于不同行的字母时，惯性传感指环的俯仰角是不同的；②偏航角(Yaw)指手指绕竖直轴的旋转角度，当被试在想象键盘上点击位于不同列的字母时，偏航角是不同的。实验中使用Madgwick 滤波器[12]来获取惯性传感器的俯仰角。然而，惯性传感器所提供信息无法获取绝对的偏航角，通过偏航角上角速度的积分来估计两次点击之间的偏航角增量(ΔYaw)：

$$\Delta\text{Yaw} = \sum_{i=1}^{T} G_{zi}\Delta t_i \tag{11-7}$$

其中，T 是连续两次点击之间的信号帧数；G_{zi} 是第 i 帧中惯性传感器角速度的 z 轴分量；Δt_i 是第 i 帧的持续时长。

接下来，首先形式化本节可能涉及的量。假设实验中，被试点击字母 u 共计 N_u 次，将所有敲击字母 U 时惯性传感指环的俯仰角集合表示为 $P_u = \{\text{Pitch}_{u_i}\}_{i=1}^{N_u}$，将偏航角的集合表示为 $Y_u = \{\text{Yaw}_{u_i}\}_{i=1}^{N_u}$。假设实验中，被试共有 $N_{u,v}$ 次连续点击 U 和 V 这两个字母，使用 $\Delta Y_{u,v} = \{\text{Yaw}_{u,v_i}\}_{i=1}^{N_{u,v}}$ 来表示它们的偏航角增量的集合。受限于惯性传感器的能力，实验所收集的数据包括绝对俯仰角 P_u 和相对偏航角 $\Delta Y_{u,v}$，但不包括绝对偏航角 Y_u，这是因为，六轴的惯性传感数据不可能还原出绝对偏航角。对于每个被试的 P_u 和 $\Delta Y_{u,v}$，实验都剔除了三个标准差以外的极端数据。

3. 实验结果

同一个被试想要键入同一个字母 U 时，其手指的方位角是类似的。因此，P_u 和 Y_u 应服从某种概率分布。根据文献[10]中所介绍的相对触点模型，$\Delta Y_{u,v}$ 也服从某种概率分布。为了简化计算，假设 P_u 和 $\Delta Y_{u,v}$ 都符合二维正态分布，这是文本输入相关工作中常用的假设[1,10]。由于 P_u 和 $\Delta Y_{u,v}$ 是由实验直接测得的，实验者拟合了它们的二维正态分布 $(\overline{P_u}, \sigma P_u)$ 和 $(\overline{Y_{u,v}}, \sigma Y_{u,v})$。然而，$Y_u$ 不可由实验设备直接测得，可以间接地通过求解以下最优化问题来估计它的取值，使之最符合实验的观测结果：

$$\begin{cases} \overline{Y_u} \\ \min\sum_u\sum_v N_{u,v}\left(\left(\overline{Y_v}-\overline{Y_u}\right)-\overline{\Delta Y_{u,v}}\right)^2 \end{cases} \tag{11-8}$$

其中，$\overline{Y_u}$ 是点云 Y_u 的均值，实验者通过最速下降算法求解上述最优化问题。

如图 11-5 所示是所有被试平均情况下的 26 键触点点云 $(\overline{Y_u}, \overline{P_u})$，它反映了平均意义下被试心中想象键盘的布局，其中，误差条表示俯仰角的标准差。如我们所期待，惯性传感器的俯仰角和偏航角很好地表征了用户想输入按键的行号和列号。想象键盘的左边边界在字母 Z 上，右边边界在字母 P 上，其偏航角跨度为 32.4°。想象键盘的上下边界在字母 Q 和 M 上，分别对应 24.1° 和 62.6° 俯仰角，其跨度为 38.4°。

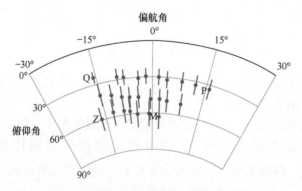

图 11-5　平均意义下的打字行为触点点云

图 11-6 展示了四名典型被试的 26 键触点点云(误差条表示俯仰角的标准差)。从图中可以看出，被试心中的想象键盘在大小和形状上都存在较大差异。最大的想象键盘(被试 P3)的偏航角跨度和俯仰角跨度为 40.1°×45.7°，而最小的想象键盘(被试 P4)为 25.3°×33.4°。被试 P1 通常以差不多的俯仰角点击位于键盘同一行的按键，也就是说，他的想象键盘是扇形的。被试 P2 在点击左上角的按键时手指伸得更远，我们推测，这位被试的想象键盘是一个向左偏的矩形，因此他认为左上角的键是最远的。

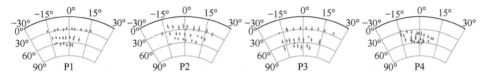

图 11-6　不同被试的打字行为触点点云

11.3.2　智能打字指环单词解码算法

智能打字指环单词解码器的工作原理是贝叶斯方法，该方法通过以下公式评估单词 W 作为用户所想单词的概率，然后选出概率最大的五个候选词供用户选择，即

$$P(W|I) \propto P(I|W) \times P(W) \tag{11-9}$$

其中，I 是用户输入此单词时的触点序列，每个触点用手指接触交互表面时惯性传感器的偏航角和俯仰角表示。

本节将从触点模型 $P(I|W)$ 和语言模型 $P(W)$ 两个方面介绍单词解码器。本节中涉及的模拟实验评测都基于打字行为数据集。

1. 触点模型

$P(I|W)$ 是贝叶斯单词解码器的触点模型部分，即

$$P(I|W) = \prod_{i=1}^{n} P(I_i|W_i) \tag{11-10}$$

其中，n 是单词 W 的长度；W_i 是单词的第 i 个字母；I_i 是用户输入该单词时的第 i 次触点。

在类似的研究中，研究者一般认为触点服从二维高斯分布[9,13]，这是绝对触点模型；同时，也有研究者指出，连续两次触点之间的向量也服从二维高斯分布[10]，这是相对触点模型。在本节所介绍的单词解码器中，受限于惯性传感指环的识别能力，假设绝对触点模型适用于触点的俯仰角，而相对触点模型适用于偏航角。也就是说，触点俯仰角集合 P_u 和相邻两次触点之间的偏航角增量集合 $\Delta Y_{u,v}$

都服从二维正态分布，因此，$P(I|W)$可以表示为

$$P(I|W) = \prod_{i=1}^{n} P(\text{Pitch}_i|W_i) \prod_{i=1}^{n-1} P(\Delta\text{Yaw}_{i,i+1}|W_{i,i+1}) \tag{11-11}$$

其中，Pitch_i是用户输入字母W_i时惯性传感指环的俯仰角；$\Delta\text{Yaw}_{i,i+1}$是用户在输入字母W_i和W_{i+1}的时间段内手指的偏航角增量。单词解码器可以利用打字行为数据集中整理出来的P_{W_i}和$Y_{W_i,W_{i+1}}$来计算上述公式中的值$P(\text{Pitch}_i|W_i)$和$P(\Delta\text{Yaw}_{i,i+1}|W_{i,i+1})$。

2. 语言模型

$P(W)$是单词解码器中的语言模型部分。通过模拟实验测试了一元、二元、三元语言模型的性能[14]。一元语言模型通过大型语料库中每个单词的出现频次来估计每个单词出现的概率$P(W)$，二元语言模型中的$P(W)$是将前一个已输入单词作为前提条件下各单词为W的概率，三元语言模型则是考虑前两个已输入的单词。如图11-7所示是应用不同语言模型时，解码器在不同词库大小下的单词预测正确率。其中，top-1、top-3、top-5正确率指的是用户所想单词出现在候选词列表第一位、前三位和前五位的概率。

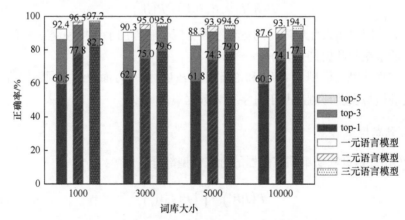

图11-7　不同语言模型下单词解码器的预测正确率

二元重复测量方差分析显示，语言模型对解码器的top-1正确率有显著性影响（$F_{2,22}=86.53,p<0.001$）。三元语言模型显著优于二元语言模型（$p<0.001$）和一元语言模型（$p<0.001$），在词库大小为5000的情况下它的top-1正确率达到79.0%，top-5正确率达到94.6%。也就是说，当用户使用智能打字指环输入一篇词汇量在5000个单词以内的文章时，单词解码器将用户手指敲击桌面的信号直接

转化为他想要的单词的概率是 79.0%，用户能通过选词功能选中所需单词的概率是 94.6%。由于三元语言模型的表现是最好的，在本章的剩余内容中都默认使用三元语言模型。方差分析还显示，词库大小对解码器 top-1 正确率的影响只是一个趋势($F_{3,33} = 2.41, p = 0.085$)，还不是显著的。这是因为在本实验的测试短句中，以及在日常打字过程中，出现低频词汇的概率是很低的。

3. 用户个性化

被试的打字行为差异很大，这启发我们研究解码器是否应该针对用户个性化做出优化。本章将通用化模型定义为通过打字行为数据集训练得到的单词解码器；而个性化模型是在通用化模型的基础上，不断通过特定用户输入数据更新自身参数的单词解码器。在实际应用场景中，所有用户刚开始只能使用通用化模型作为智能打字指环的单词解码器，个性化模型不断收集用户的打字数据，并试图在数据量足够大的时候更新某些按键的触点分布 P_u 或 $\Delta Y_{u,v}$。更具体地，当特定用户个人的触点集合 P_u 或 $\Delta Y_{u,v}$ 大于等于 8 时，个性化的单词解码器就会根据触点集合重新计算其分布，其中，阈值 8 是模拟实验得到的最佳阈值。

图 11-8 展示了通用化模型和个性化模型的预测正确率对比。实验通过五折交叉验证来评测个性化模型的性能，即将打字行为数据集中每个人的四段实验数据(40 句话)作为训练集，将剩下一段实验数据(10 句话)作为测试集。从图中可以看出，个性化的单词解码器的正确率更高。下一个实验将通过正式的用户实验来进一步评测智能打字指环的性能，同时比较通用化模型和个性化模型。

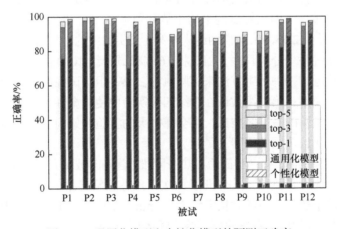

图 11-8　通用化模型和个性化模型的预测正确率

11.4　文本输入性能评测实验

11.4.1　评测实验介绍

本节介绍用于评测智能打字指环的用户实验,有两个目的:一是评测指环上的泛在表面文本输入的速度和学习曲线;二是对比 11.3 节所述的通用化模型和个性化模型。

实验为期五天,采用组间实验设计来对比通用化模型和个性化模型。从校园中招募 16 名被试(6 名女性,10 名男性)参与实验,被试的年龄从 20 岁到 27 岁不等,平均年龄为 22.86 岁,标准差为 2.09 岁。被试没有参与过之前的任何用户实验。在每一天的实验中,被试都会誊写 30 句话,这 30 句话是从 MacKenzie 短语集[8]中随机抽取的。

本实验的设置和打字行为数据集实验相似(图 11-4)。被试坐在可调节的桌椅上,将惯性传感指环佩戴在食指第二骨节上,在一张普通的桌子上输入文本。被试通过一台显示器接收视觉反馈。要求被试尽可能又快又准地完成文本输入任务,在实验中,被试被要求将视线集中在屏幕上,而不要过多地关注自己的手部。与打字行为数据集实验不同的是,本实验已经应用了智能打字指环文本输入技术,被试需要真正地去打字,单词打错了要删除后重打,而不会像在先前实验中一样无论怎样输入都显示正确的字母。

在实验的第 1 天,所有用户都使用基于通用化模型的单词解码器进行实验。通用化模型是由打字行为数据集拟合而成的。从第 2 天开始,将被试分为两组,每组都有八名被试。两组被试的平均年龄分别是 22.50 岁(标准差为 1.77 岁)和 23.25 岁(标准差为 2.55 岁),他们两组人在第 1 天实验中的平均打字速度是接近的。具体而言,通过一个分组程序,随机将 16 名被试分组 1000 次,选取两组人平均打字速度最接近的一种分组方法来实际执行。第一组被试在后续四天的实验中继续使用通用化模型;第二组被试在后续四天实验中使用个性化模型。对于使用个性化模型进行实验的每一名被试,都会在每天的实验开始前,用该被试已有数据重新拟合个性化的单词解码器。

在正式实验之前,有一个简短的热身阶段。首先向被试介绍想象键盘的概念。在指导下,被试从 A 到 Z 点击字母各两次以熟悉想象键盘。然后,被试会尝试输入五句话。整个热身阶段的时长大约为 10min。在每天的正式实验中,被试分三段实验来誊写 30 句话,在每两段实验之间休息 5min 的时间。每天实验的时长为 30min,五天实验的总时长为 150min。

11.4.2 智能打字指环的评测结果

使用混合方差分析来评估组间因素(解码器模型)和组内因素(实验天数)对打字速度、未纠正错误率(UER)和已纠正错误率(CER)的显著性影响。由于 UER 和 CER 不服从正态分布,在方差分析之前使用对齐秩变换算法[15]校正数据。如果有任何独立变量或变量的组合对实验结果有显著性影响($p < 0.05$),采用 Bonferroni 校正后的后验测试来做成对比较。

1. 输入速度

输入速度的计算公式为[16]

$$\text{WPM} = \frac{|S| - 1}{T} \times 60 \times \frac{1}{5} \tag{11-12}$$

其中,$|S|$ 是所誊写句子的字符长度(包括空格);T 是用户完成誊写的时长。

如图 11-9 所示是五天实验中被试输入速度的变化。通用化模型下被试第 1 天的输入速度为 13.75WPM(标准差为 2.65WPM),第 5 天的输入速度为 20.83WPM (标准差为 4.20WPM)。个性化模型下被试第 1 天的输入速度为 13.74WPM(标准差为 5.33WPM);第 5 天的输入速度为 20.83WPM(标准差为 4.14WPM)。模型对输入速度没有显著性影响($F_{1,14} = 0.09, p = 0.77$)。实验天数对通用化模型下的输入速度($F_{4,28} = 27.00, p < 0.001$)和个性化模型下的输入速度($F_{4,28} = 41.17, p < 0.001$)都有显著性影响。对于通用化模型,后验测试显示以下实验天数之间存在显著差异:1~3($p<0.05$)、1~4($p<0.005$)、1~5($p<0.005$)、2~4($p<0.05$)、2~5($p<0.05$)、3~5($p<0.05$)和 4~5($p<0.05$)。对于个性化模型,以下实验天数之间存在显著性差异:1~3($p<0.01$)、1~4($p<0.005$)、1~5($p<0.001$)、2~3($p<0.005$)、2~4($p<0.005$)、

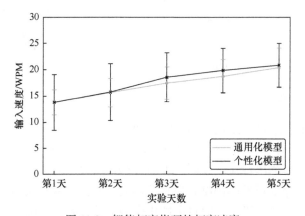

图 11-9 智能打字指环的打字速度

$2\sim5(p<0.005)$、$3\sim5(p<0.05)$。模型和实验天数之间不存在显著的交互作用（$F_{4,56}=0.60,p=0.66$）。图中的学习曲线在最后一天中并未收敛，因此该技术的专家级输入速度可能比实验第五天的结果更高。

2. 错误率

两种指标被用于评测本文本输入法的错误率：①UER，即遗留在所誊写文本中的错误，等于未经纠正的单词数量除以所誊写句子的单词数量；②CER，即那些在打字过程中被纠正(如通过删除)的错误，等于被纠正的单词数量除以所誊写句子的单词数量。

如图 11-10 所示是五天实验中 UER 和 CER 的变化。模型和实验天数都对 UER 没有显著性影响。通用化模型下平均 UER 为 1.17%(标准差为 1.02%)，个性化模型下平均 UER 为 1.50%(标准差为 1.40%)。模型对 CER 没有显著性影响，但实验天数对 CER 存在显著性影响($F_{4,56}=6.84,p<0.005$)。后验测试表明以下实验天数之间 CER 存在显著性差异：$1\sim3(p<0.005)$、$1\sim4(p<0.05)$、$1\sim5(p<0.005)$、$2\sim3(p<0.05)$和$2\sim5(p<0.05)$。在第 5 天的实验中，通用化模型下平均 CER 为 3.22%(标准差为 2.92%)，个性化模型下平均 CER 为 2.92%(标准差为 1.65%)，也就是说，被试每输入 30 个英文单词才需要纠错一次。

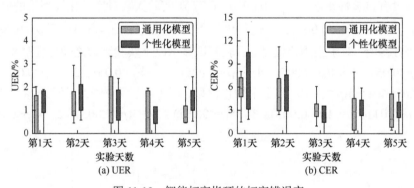

图 11-10　智能打字指环的打字错误率

3. 解码器正确率

如图 11-11 所示是通用化单词解码器和个性化单词解码器的正确率随实验天数而变化的柱状图。正确率指标包括 top-1、top-3 和 top-5 正确率，其中 top-K 正确率指被试所需单词出现在候选词列表前 K 位的概率。混合方差分析显示模型对 top-1、top-3 和 top-5 正确率都没有显著性影响。实验天数对通用化模型下的单词解码正确率没有显著性影响，但对个性化模型下的 top-1 正确率存在显著性影响（$F_{4,28}=3.45,p<0.05$）。结果说明，个性化单词解码器会随着用户的使用而自我改

进。混合方差分析显示，从第 3 天开始，个性化模型的解码正确率就存在超过通用化模型的趋势($F_{1,14} = 3.22, p = 0.09$)。

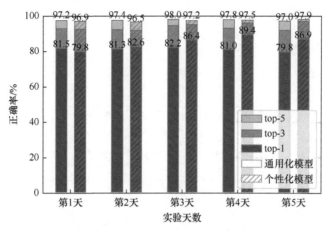

图 11-11　单词解码器的预测正确率

4. 时间构成

为了深入探讨本技术的用户输入速度问题，将被试的文本输入耗时拆分成三个构成部分：键入时间、选词时间和停顿时间。键入时间指被试点击单词各个字母所用的时间，是从被试点击单词首字母到点击单词尾字母之间的时间。选词时间是被试从候选词列表中选中所需单词的时间。停顿时间是从完成一个单词的选词到输入下一个单词首字母所需的时间。上述时间指的都是每输入一个英文单词所消耗的时间。

如图 11-12 所示是文本输入时间构成随着实验天数变化的曲线(误差条表示95%置信区间)。方差分析显示，实验天数对键入时间($F_{4,52} = 8.01, p < 0.001$)、选词时间($F_{4,52} = 24.80, p < 0.001$)和停留时间($F_{4,52} = 18.86, p < 0.001$)都有显著性影响。模型对上述时间构成都没有显著性影响。结果说明，被试在不断打字的过程中学会了更快地键入字母和选中单词，同时不牺牲选词的正确率。

图 11-13 进一步探讨了被试所需单词出现在候选词列表不同排位上时被试的平均选词时间(误差条表示 95%置信区间)。图中从左到右柱形条和候选词列表中从左到右单词的顺序相对应，分别对应单词解码排名为第 4、第 2、第 1、第 3、第 5 的单词。从图中可以看出，被试选择排名第 1 的单词所需的时间是最短的，这是因为在选词开始时，指针已经在该候选词上了。对于排名为第 2~5 名的候选词，发现有两个因素影响被试的选词时间。第一个影响因素是该候选词距离中央候选词的距离($F_{1,15} = 69.47, p < 0.001$)。第二个影响因素是该候选词位于中央候选

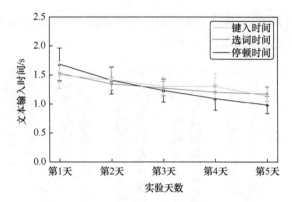

图 11-12　智能打字指环的打字行为时间构成

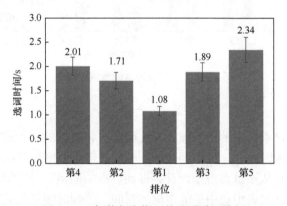

图 11-13　智能打字指环的选词时间分析

词的左侧还是右侧($F_{1,15} = 39.76, p < 0.001$)，被试选择左侧候选词比选择右侧候选词更快，这是由人的手腕在左右旋转的限制上存在不对称性导致的[17]。以上结果说明，在智能打字指环候选词区域的交互设计中，将排名第 1 的候选词放在中央，将排名第 2、第 4 的候选词放在左侧，排名第 3、第 5 的候选词放在右侧，是十分科学的。

5. 主观评分和反馈

在第 1 天和第 5 天的实验结束后，被试都通过一张七级利克特量表对使用本技术时的感知的速度、感知的正确率、疲劳程度和偏好程度打分(1 分-最差; 7 分-最好)，如图 11-14 所示。在第 1 天中，各项主观评价的分数就已经达到了可接受的程度，而且这些分数在第 5 天的时候得到了提高。对于通用化模型，威尔科克森符号秩检验测试表明，感知的速度($Z = -2.56, p < 0.05$)和偏好程度($Z = -2.07, p < 0.05$)在五天的使用过程中得到了改进。对于个性化模型，感知的速度($Z = -2.21, p < 0.05$)、感知的正确率($Z = -2.41, p < 0.05$)和偏好程度($Z = -2.41, p < 0.05$)在五天的使用

过程中得到了改进。模型对所有主观评分都没有显著性影响。

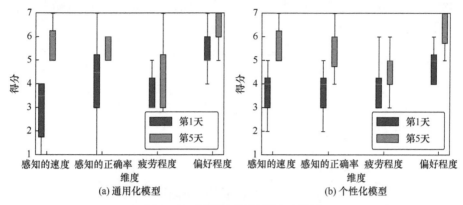

图 11-14 智能打字指环的主观评分

有两名被试在第一天的实验当中汇报他们在打字 20min 后感到疲劳，从第 2 天开始他们的疲劳感有所消退。实验观测发现，这是因为这两名被试心中的想象键盘布局太大了，当他们逐渐意识到想象键盘实际上可以小一些，并不影响打字的正确率时，他们感受到的疲劳程度就降低了。打字速度最快的被试第 1 天的打字速度为 19.37WPM，第 5 天时达到 29.12WPM，他从第 1 天开始就严格遵循了实验指导。打字速度最慢的被试第 1 天打字速度为 7.54WPM，第 5 天时为 16.67WPM。这名被试在第 1 天中存在平移手腕的错误，这是智能打字指环使用方法中禁止的，会导致惯性传感指环很难获取表征用户点击位置的有效信息。然而在接下来的实验中，这名被试逐渐克服了困难，并且达到了一个可以接受的打字速度。

11.4.3 与手机打字速度进行比较

下面组织了一场额外的用户实验来评测智能手机上食指打字的速度，实验的目的是比较智能打字指环和常用文本输入技术。实验中选择智能手机上的食指打字为基线技术，这是因为：①智能手机上的文本输入是常用的，为被试所熟悉；②因为智能打字指环中被试使用食指输入文本，本实验也采用食指打字的方案。智能打字指环评测实验中的 16 名被试参与了本实验, 实验任务是分三个阶段誊写 30 句话，每两个阶段之间休息 1min。实验前，被试有 10min 的热身时间，正式实验大约持续了 20min。

图 11-15 展示了智能手机食指打字速度与智能打字指环打字速度(误差条表示 95%置信区间)。被试在三个阶段中平均打字速度达到了 23.81WPM。方差分析表明实验阶段对打字速度没有显著影响($F_{2,30} = 0.20, p = 0.82$)，也就是说，被试已

经达到了其手机食指打字速度的上限。智能打字指环的打字速度是这一结果的 86.48%，这表明智能打字指环提供了一种可穿戴的文本输入方法，其输入效率接近手机上的食指打字速度。

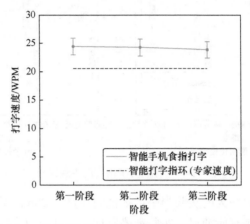

图 11-15　比较智能打字指环与智能手机食指打字速度

参 考 文 献

[1] Yu C, Gu Y Z, Yang Z C, et al. Tap, dwell or gesture? Exploring head-based text entry techniques for HMDs//Proceedings of the 2017 CHI Conference on Human Factors in Computing Systems, 2017: 4479-4488.

[2] Gupta A, Ji C, Yeo H S, et al. RotoSwype: Word-gesture typing using a ring//Proceedings of the 2019 CHI Conference on Human Factors in Computing Systems, 2019: 1-12.

[3] Conn A R, Gould N I M, Toint P L. Trust Region Methods. Philadelphia: Society for Industrial and Applied Mathematics, 2000.

[4] Xiao R, Schwarz J, Throm N, et al. MRTouch: Adding touch input to head-mounted mixed reality. IEEE Transactions on Visualization and Computer Graphics, 2018, 24(4): 1653-1660.

[5] Yi X, Yu C, Xu W J, et al. COMPASS: Rotational keyboard on non-touch smartwatches//Proceedings of the 2017 CHI Conference on Human Factors in Computing Systems, 2017: 705-715.

[6] Markussen A, Jakobsen M R, Hornbæk K. Vulture: A mid-air word-gesture keyboard// Proceedings of the SIGCHI Conference on Human Factors in Computing Systems, 2014: 1073-1082.

[7] Yi X, Yu C, Shi W N, et al. Is it too small? Investigating the performances and preferences of users when typing on tiny QWERTY keyboards. International Journal of Human-Computer Studies, 2017, 106: 44-62.

[8] MacKenzie I S, Soukoreff R W. Phrase sets for evaluating text entry techniques//CHI'03 Extended Abstracts on Human Factors in Computing Systems, 2003: 754-755.

[9] Azenkot S, Zhai S M. Touch behavior with different postures on soft smartphone keyboards//Proceedings of the 14th International Conference on Human-Computer Interaction with Mobile Devices and Services, 2012: 251-260.

[10] Lu Y Q, Yu C, Yi X, et al. Blindtype: Eyes-free text entry on handheld touchpad by leveraging thumb's muscle memory//Proceedings of the ACM on Interactive, Mobile, Wearable and Ubiquitous Technologies , 2017, 1(2): 1-24.

[11] Findlater L, Wobbrock J O, Wigdor D. Typing on flat glass: Examining ten-finger expert typing patterns on touch surfaces//Proceedings of the SIGCHI Conference on Human Factors in Computing Systems, 2011: 2453-2462.

[12] Madgwick S. An efficient orientation filter for inertial and inertial/magnetic sensor arrays. Bristol: University of Bristol, 2010: 113-118.

[13] Goodman J, Venolia G, Steury K, et al. Language modeling for soft keyboards//Proceedings of the 7th International Conference on Intelligent User Interfaces, 2002: 194-195.

[14] Ide N.The American national corpus: Then, now, and tomorrow//Proceedings of the 2008 HCSNet Workshop on Designing the Australian National Corpus, 2008: 108-113.

[15] Wobbrock J O, Findlater L, Gergle D, et al. The aligned rank transform for nonparametric factorial analyses using only anova procedures//Proceedings of the SIGCHI Conference on Human Factors in Computing Systems, 2011: 143-146.

[16] Arif A S, Stuerzlinger W. Analysis of text entry performance metrics//2009 IEEE Toronto International Conference Science and Technology for Humanity, 2009: 100-105.

[17] Grandjean E, Kroemer K H. Fitting the Task to the Human: A Textbook of Occupational Ergonomics. Boca Raton: CRC Press, 1997.

第 12 章　讨论与总结

文本输入是人机交互中的基础任务之一，本书从输入行为建模和输入意图推理方法的角度，系统介绍了面向自然文本输入的智能交互技术。其中，对于用户行为的建模和基于模糊、带噪声的输入信号的交互意图推理，不仅适用于文本输入任务，同时对于更广泛的人机交互任务研究也具有启发性和推广性。此外，本书所提的智能手机、虚拟现实/增强现实等典型交互界面上的文本输入方法和技术，也直接推动了相关领域商业产品的性能提升。为此，本章针对本书的研究内容进行讨论与总结，从学术与实用意义角度分别展开讨论。

12.1　扩展为自然交互意图的贝叶斯推理引擎

文本输入的智能推理涉及用户行为建模、意图理解算法等多方面研究内容，所采用的方法和技术大多也可以推广和应用到其他自然交互接口上。如图 12-1 所示，我们提出自然交互意图贝叶斯推理引擎和计算框架。这一计算框架的意义在于明确意图表达过程中，人和任务的关键因素和关系，明确了优化自然交互技术的原理和方法。其核心思想是将交互自然性的优化问题拆解为更易于求解的子项，分而治之。

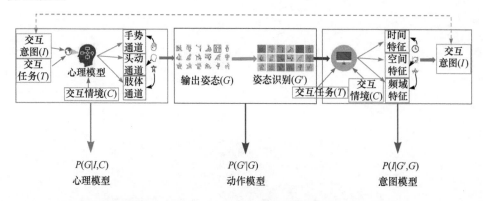

图 12-1　自然交互意图贝叶斯推理引擎和计算框架

自然交互意图的贝叶斯推理从交互意图的表达过程入手，将其拆解为心理模型、动作模型和意图模型三部分。这个分解可以看成对人机交互领域经典任务模型 GOMS 的扩充，使其泛化到多种模态的交互方式。这三个模型对应的步骤描述了交互意图的表达和处理过程，通过贝叶斯推理相互关联地构成了交互自然性优化的整体框架。

上述推理过程将交互自然性的优化归结到三个子问题上，包括：自然动作精度模型和意图推理、交互任务效率模型和界面优化、多模态自然交互行为智能感知。通过求解这三个问题，就可以实现交互自然性的优化。针对用户交互意图的行为表达过程，建立用户心理模型；针对机器将交互行为感知为行为数据的过程，建立机器感知模型；针对机器将行为数据理解为交互指令的过程，建立机器推理模型。

具体而言，用户心理模型描述了意图编码和运动控制两个过程：意图编码是指在交互情境和任务的影响下，用户的交互意图便于其选择手势、语音、动作等交互表达方式；运动控制是指在确定表达方式后，用户通过肢体、脸部、语音等输入通道完成表达行为过程。上述意图编码与用户运动控制能力分别反映了接口自然性和效率的特征，但是，在实际交互过程中内隐于用户，因此需要以可计算的先验知识形式提供给机器推理。机器感知模型描述了机器对于交互行为的准确感知能力。机器推理模型描述了在交互情境和任务的影响下，机器将交互行为理解为交互指令的过程。基于贝叶斯方法，机器推理模型可被计算为用户心理模型、机器感知模型和情境任务模型的乘积。此处，情境任务模型主要描述用户所处情境与任务对用户当前交互意图的概率影响，需要基于用户数据进行建模。

针对交互接口，现有研究强调机器感知的任务，利用计算传感技术将用户的交互行为识别为行为数据。例如，通过计算机视觉方法，可以非常精确地将用户当前的手势动作(即每个指关节的相对位置信息)从手势图像中识别出来，将用户的交互手势感知为对应的手势数据。然而需要指出的是，行为数据与用户的交互意图仍不相同，同一交互行为在不同情境、任务以及用户状态下，想要传达的交互意图可能不同。因此，在优化机器感知模型的基础上，引入用户心理运动模型和情景任务模型，最终提出从用户交互意图到计算机执行的交互指令的整体意图推理框架。

基于贝叶斯推理的自然交互意图理解计算框架具有若干优点。

(1) 该框架是"白盒"模型，它的构造具有可解释性，对其结构和子项的进一步研究是原理性的，有助于产生科学发现和规律解释。

(2) 由于"白盒"属性，其求解方式是知识结合数据的，在很多情况下，只需要相对较少的数据就可以获得满意的解，这非常符合人机交互新技术研发的需求，因为在技术部署之前是难以收集大量数据的。

(3) 其结果具有推广性，或者说所获得的知识经验是可以迁移的。在该框架下，多模态自然交互接口引擎的多项成果达到世界领先水平，例如，基于贝叶斯的意图推理方法、实现基于小数据的高精度推理、四项多模态文本输入技术等达到了世界领先的输入性能，验证了该框架的有效性。

12.2　关键方法和技术验证

自然交互意图的贝叶斯推理实现了小数据样本上可解释的、高准确率的意图推理。该计算框架通过引入心理认知匹配度、基于任务信息熵构建的交互路径生成方法，实现了自然性、高效性和适应性的统一，在多项关键交互技术上得到了有效性验证。

(1) 提出了基于手指运动控制能力贝叶斯模型的智能文本输入方法，在国际上率先将贝叶斯推理方法系统地应用到自然文本输入任务中。文本输入是用户终端上的基础交互任务。触摸屏的出现，使得用户可以脱离物理键盘直接用手指输入，但由于虚拟键盘尺寸小、触摸精度低(也称"胖"手指问题)，文本输入速度不高。兼顾交互自然性和高效性、解决"胖"手指难题是自然文本输入研究的难点。

自然交互意图的贝叶斯推理引擎建立了文本输入中的手指运动控制模型，量化了触摸屏上输入接口尺寸、输入速度、视觉注意力等因素对用户输入运动控制能力的影响，为输入精度优化提供了理论和计算基础。同时，首次引入手指落点分布的一阶相关性，有效解决了参考位置不明、手部漂移等问题对运动控制参数估计带来的影响，以及"胖"手指和视觉分散问题造成的手指输入不准难题。

进一步结合语言模型作为文本输入的情境任务模型，以及采用触摸屏上的机器感知模型，实现基于贝叶斯解码的无需视觉注意力文本输入方法，可扩展到多种交互接口上，不仅大幅度提高了通用接口上文本输入的准确率和速度，而且为智能眼镜等非触摸屏终端创新了性能卓越的盲输入方式。研发了基于手指精细运动建模的贝叶斯推理方法、基于压力控制的文本输入技术和基于头动控制的快速文本输入技术。基于贝叶斯推理的文本输入解码算法应用在搜狗和华为的手机输入法中，能大幅提升自动纠错能力，服务于 6 亿多个智能手机终端用户，市场占有率居世界第一。该方法集成到手机、平板等多种终端的输入法中，显著提升了文本输入纠错能力，手机软键盘输入精度较谷歌提高 10%以上，无需视觉瞄准的智能文本输入速度在平板电脑上达到苹果 iPad 的 2.6 倍，大屏和头戴显示器上达到微软 Hololens 的 2.4 倍;还支撑研发了世界上首款面向视障用户的智能输入法，其于 2020 年发布。

(2) 提出了基于运动参数时序模型的动作意图准确识别方法，建立了前置、同步和后置动作与有意输入动作在时间和空间上的关联性，支持在小规模的训练数据集上获得准确区分用户有意无意输入的算法模型，解决了连续感知接口上交互意图判断难题。基于该方法实现的虚拟现实技术中无需视觉注意力的虚拟物体抓取技术，可将目标获取时间减少 20%；基于握姿识别的触摸屏误触识别算法，利用手机传感器识别用户持握手机的姿态，将姿态作为背景信息识别有意无意触摸，构建的识别算法误触率最大为之前的 1/40，单帧处理时间上限不超过 1ms，本成果已成为华为 EMUI 手机操作系统防误触性能领先国际同类产品的关键部件，部署在超过近亿台的华为旗舰手机上，包括华为于 2019 年发布的 Mate X 折叠屏手机，有效克服了误触问题。